高职高专"工作过程导向"新理念教材 计算机系列

数据库基础与实践
（SQL Server 2012）

杨洋　主编

U0341622

清华大学出版社

北京

内 容 简 介

本书以 SQL Server 2012 为平台,采用"工作过程导向"模式,由浅入深地介绍了数据库基础知识,安装和配置 SQL Server 2012,数据库的操作,数据表的操作,插入、更新和删除表数据,数据库的查询,T-SQL 语言基础,数据库的视图与索引,数据库的数据完整性,数据库的存储过程与触发器,备份与还原数据库,数据库的安全维护这几方面内容。

本书实例丰富,步骤完整,讲解细致,案例有较好的通用性和实用性,辅以大量的实训和课后练习,可以使学生得到充分的训练,掌握使用 SQL Server 2012 解决实际问题的能力。

本书既可作为高等职业院校计算机及相关专业的教材,也可作为等级考试、职业资格考试或认证考试方面的培训教材,还可用于读者自学。

图书在版编目(CIP)数据

数据库基础与实践:SQL Server 2012/杨洋主编.—北京:清华大学出版社,2017
(高职高专"工作过程导向"新理念教材.计算机系列)
ISBN 978-7-302-48330-4

Ⅰ.①数… Ⅱ.①杨… Ⅲ.①关系数据库系统－高等学校职业教育－教材 Ⅳ.①TP311.138

中国版本图书馆 CIP 数据核字(2017)第 216454 号

责任编辑:刘翰鹏
封面设计:傅瑞学
责任校对:刘　静
责任印制:宋　林

出版发行:清华大学出版社
　　　　网　　　址:http://www.tup.com.cn,http://www.wqbook.com
　　　　地　　　址:北京清华大学学研大厦 A 座　　　　　邮　　编:100084
　　　　社 总 机:010-62770175　　　　　　　　　　　邮　　购:010-62786544
　　　　投稿与读者服务:010-62776969,c-service@tup.tsinghua.edu.cn
　　　　质量反馈:010-62772015,zhiliang@tup.tsinghua.edu.cn
　　　　课件下载:http://www.tup.com.cn,010-62770175-4278
印 装 者:三河市金元印装有限公司
经　　销:全国新华书店
开　　本:185mm×260mm　　　　印　张:20　　　　　字　　数:458 千字
版　　次:2017 年 9 月第 1 版　　　　　　　　　　　印　　次:2017 年 9 月第 1 次印刷
印　　数:1～1600
定　　价:48.00 元

产品编号:070303-01

前　言

SQL Server 2012 是 Microsoft 公司推出的 SQL Server 数据库管理系统，它有许多新的特性和关键性改进，集成了商业智能、数据库引擎和分析服务等功能，以其易用性、安全性、高可编程性和相对低廉的价格得到越来越多用户的青睐，许多院校开设了 SQL Server 数据库相关课程。基于这样的背景，作者编写了本书，将理论知识与实践技术紧密结合，力求全面、多方位、由浅入深地引导读者步入数据库技术领域。

本书是作者总结多年来数据库技术教学经验编写而成，结构完整，内容实用，思路清晰，贴近教学和应用实践，形象生动，图文并茂，强调技能，重在操作，实例与实训案例针对性强。

本书共分 12 章，主要包括数据库基础知识，安装和配置 SQL Server 2012，数据库的操作，数据表的操作，插入、更新和删除数据，数据库的查询，T-SQL 语言基础，数据库的视图与索引，数据库的数据完整性，数据库的存储过程与触发器，备份与还原数据库，数据库的安全维护这几方面内容。

本书以关系数据库理论知识为基础，注重操作技能的培养和实际问题的解决，使读者掌握 SQL Server 2012 的使用和管理。每章针对数据库设计和实施中的一个工作过程环节讲解相关的内容，实现实践技能与理论知识的整合，将工作环境与学习环境有机地结合在一起。读者可首先通过阅读每章的"工作实战场景"了解本章内容对应的典型工作；其次，带着"引导问题"进入系统学习环节；最后，通过"实训"进行实际操作，并回到"工作实战场景"，完成"引导问题"，达到学以致用的学习目的。此外，每章配有学习目标、本章小结和习题，帮助读者明确学习目标、巩固学习成果。

与本书配套的还有教师授课电子教案、书中涉及的实例程序代码和样本数据库，供师生在教与学中参考使用。

本书的编写工作由南京城市职业学院（南京广播电视大学）教师杨洋独立完成。

本书在编写过程中参阅了大量专家、学者的著作以及相关书籍和报刊，还从互联网获得了许多资料。这些资料难以一一列举,在此向所有的作者表示衷心的感谢。

由于作者水平有限,虽然经过再三勘误,难免存在疏漏和不足,恳请专家、同行和读者批评指正。

编　者

2017 年 5 月

目　录

第 1 章　数据库基础知识

学习目标

（1）掌握：数据库、数据库系统和数据库管理系统的概念，数据模型的组成要素。

（2）理解：概念结构设计、逻辑结构设计、数据库物理设计。

（3）了解：信息、数据与数据处理的概念，数据库系统的产生和发展，关系数据库理论。

 工作实战场景

某高校日常管理工作效率低下，教务管理工作人员每学期在烦琐的纸质表格中更新、查询学生课程数据。学校领导为提高工作效率，成立了信息管理工作小组，要求信息管理员王明设计出一个系统，以便学生和教师通过该系统完成信息查询和修改。

引导问题

（1）你听说过"数据库"吗？在日常生活和工作中，你用到数据库了吗？

（2）20 世纪人类是如何管理数据的？我们现在又是如何管理数据的？

（3）你有没有想过，人类是通过什么来定义、操纵数据库中的海量数据的？

（4）本书中，我们将研究哪种类型的数据库？它能给我们的工作和生活带来什么样的变化？

（5）从不同的角度看，数据库系统结构各有什么特征？

1.1　数据库的基本概念

随着计算机技术的发展，信息技术的应用日益广泛，作为管理信息资源的数据库技术也发展迅速，应用范围涉及管理信息系统、专家系统、过程控制、联系分析处理等各个领域。数据库技术成为计算机信息系统与应用系统的核心技术和重要基础，成为衡量社会信息化程度的重要标志。

1.1.1　信息、数据与数据处理

数据是数据库中存储的基本对象，是可以被计算机接收，并能够被计算机处理的符号。数据的表现形式多样化，可以是数字、文字、图形、图像、声音等信息。例如，定义学生

的姓名为"张三",性别为"男",年龄为"19",那么,"张三""男"和"19"都是数据。

信息是对数据的解释,是经过加工处理后具有一定含义的数据集合。它具有超出事实数据本身的价值,能提高人们对事物认识的深刻程度,对决策或行为有现实或潜在的价值。

数据与信息既有联系,又有区别。数据是信息的表现形式,信息是加工处理后的数据,是数据所表达的内容。同样的数据因载体的不同表现出不同的形式,信息则不会随信息载体的不同而改变。

将数据转换成信息的过程称为数据处理,是指利用计算机对原始数据进行科学的采集、整理、存储、加工和传输等一系列活动,从繁杂的数据中获取所需的资料和有用的数据,如图 1-1 所示。

图 1-1　数据与信息的关系

1.1.2　数据库、数据库系统和数据库管理系统

1. 数据库

数据库可以理解为是存放数据的仓库,是以一定的方式将相关数据组织在一起并存储在外存储器上所形成的,能被多个用户共享,与应用程序彼此独立的一组相互关联的数据集合。数据库中的数据按一定的数据模型组织、描述和存储,具有较小的冗余度,较高的数据独立性和易扩展性。

2. 数据库系统

数据库系统(DBS)是由数据库及其管理软件组成的系统。它是为适应数据处理的需要而发展起来的一种较为理想的数据处理核心机构,能够有组织地、动态地存储大量数据,提供数据处理和数据共享机制,是存储介质、处理对象和管理系统的集合体。数据库系统结构如图 1-2 所示。

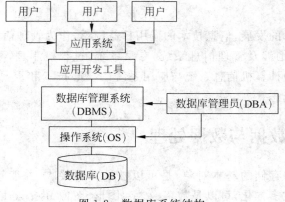

图 1-2　数据库系统结构

3. 数据库管理系统

数据库管理系统(DBMS)是处理数据访问的软件系统,位于用户与操作系统之间。用户必须通过数据库管理系统来统一管理和控制数据库中的数据。常用的数据库管理系统有 MySQL、SQL Server 和 Oracle 等。

1.2 数据库管理技术及发展

数据管理是指数据的收集、整理、组织、存储、检索、维护和传送等操作,是数据处理中的基本环节,是任何数据处理任务必须具有的共同部分。

1.2.1 数据管理技术的发展阶段

随着社会不断进步,人类积累的信息以"几何级数"的速度增长,过去传统的、落后的数据处理方法已经无法适应发展的需要,人们对数据处理现代化的要求日益迫切。

计算机数据管理技术大致经历了下述三个阶段。

1. 人工管理阶段

在计算机出现之前,人们运用常规的手段从事记录、存储和数据加工,也就是利用纸张来记录,利用计算工具来计算,并主要利用人的大脑来管理和利用数据。20 世纪 50 年代中期以前,计算机主要用于数值计算,数据量较少,并且一般不需要长期保存。在硬件方面,外部存储器只有卡片、磁盘和纸带,还没有磁盘等可直接存取的存储设备。在软件方面,没有专门管理数据的软件,数据处理方式基本是批处理。在人工管理阶段,数据与应用程序之间是一一对应的关系,如图 1-3 所示。

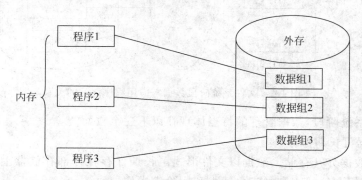

图 1-3 人工管理阶段数据与应用程序之间的关系

在人工管理阶段,数据管理的特点体现在以下四个方面。

(1) 数据不保存

每处理一批数据,都要为这批数据编制相应的应用程序。数据只被本程序使用,无法

3

被其他应用程序利用。因此，数据不保存在计算机中。

（2）没有管理数据的软件系统

数据管理任务包括确定数据存储结构、存取方法及输入/输出方式等。因此，应用程序不仅要管理数据的逻辑结构，还要设计其物理结构、存取方法、输入/输出方式等。这些由程序开发人员全面负责，没有专门的软件来管理，程序高度依赖于数据，即数据和程序不具有独立性，一旦数据发生改变，就必须修改程序，给应用程序开发人员的工作增加了很大的负担。

（3）没有文件的概念

数据的组织方式及在磁盘中的存储方式由程序员自行设计，只有程序的概念，没有文件的概念。

（4）数据是面向应用的

一组数据只对应于一个应用程序。即使两个应用程序涉及某些相同的数据，也必须各自定义，无法相互利用和参照，数据无法共享，导致程序与程序之间存在大量的冗余。

2. 文件系统阶段

20 世纪 50 年代后期至 60 年代中后期，计算机不仅用于科学计算，还用于信息管理。在硬件方面，外存储器有了磁盘、磁鼓等可直接存取的存储设备。在软件方面，操作系统中有了专门的管理外存的数据软件，称为文件系统。数据处理方式有批处理和联机实时处理两种。在文件系统阶段，数据与应用程序之间的关系如图 1-4 所示。

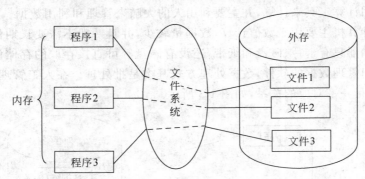

图 1-4　文件系统阶段数据与应用程序之间的关系

在文件系统阶段，数据管理的特点体现在以下三个方面。

（1）数据可长期保存

程序与数据分开存储。数据以文件形式可长期保存在外部存储器上，以便对数据反复处理，并支持文件的查询、修改、插入和删除等操作。

（2）程序之间有一定的独立性

操作系统提供了文件管理功能和访问文件的存取方法，程序和数据之间有了数据存取的接口，程序可以通过文件名和数据打交道，不必再寻找数据的物理存放位置。至此，数据有了物理结构和逻辑结构的区别，但此时程序和数据之间的独立性尚不充分。

（3）有管理数据的软件

有专门的文件系统进行数据管理,文件的物理存储由文件系统管理,文件系统还负责程序和数据之间的转换。程序和数据之间具有一定的独立性,程序只需用文件名访问数据,不必关心数据的物理位置。数据存取基本上以记录为单位,并出现了多种文件组织形式,如索引文件、随机文件和直接存取文件等。

虽然文件系统阶段较人工管理阶段有了很大的改进,但仍显露出很多缺点。例如,由于应用程序的依赖性,导致编写应用程序不方便;存储在文件中的数据如何存放,由程序员自己定义,不统一,难以共享;数据冗余度大,浪费存储空间;不支持对文件的并发访问;文件间联系弱,必须通过应用程序来实现;难以按最终用户视图表示数据;无安全控制功能等。

3. 数据库系统阶段

20 世纪 60 年代后期,计算机用于管理的范围越来越广泛,数据量也急剧增加。在硬件方面,计算机性能进一步提高,更重要的是出现了大容量磁盘,存储容量大大增加,且价格下降。在软件方面,操作系统更加成熟,程序设计语言的功能更加强大。在此基础上,数据库技术应运而生,主要克服了文件系统管理数据时的不足,满足和解决实际应用中多个用户、多个应用程序共享数据的要求,使数据能为尽可能多的应用程序服务;也因此出现了统一管理数据的专门的软件系统,即数据库管理系统(Database Management System, DBMS)。在数据库系统阶段,数据与应用程序之间的关系如图 1-5 所示。

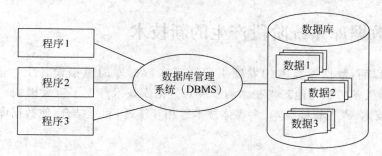

图 1-5　数据库系统阶段数据与应用程序之间的关系

在数据库系统阶段,数据管理的特点体现在以下四个方面。

（1）整体数据结构化

数据结构化是数据库与文件系统的根本区别,是数据库系统的主要特征之一。在人工管理阶段,数据没有结构;在文件系统阶段,数据文件是等长同格式的记录的集合,记录内部有结构,记录之间无联系。

数据库系统实现整体数据的结构化,采用数据模型来表示复杂的数据结构,不但记录内部结构化,而且记录之间建立了关联。

（2）数据共享性高、冗余度低、易扩充

数据库系统从整体角度看待和描述数据,数据不再面向某个应用,而是面向整个系统,因此,数据可以被多个用户、多个应用共享使用。共享可以大大减少数据冗余,节约存储空间,而且可以避免数据的不一致性和不相容性。

采用人工管理或文件系统管理时,由于数据被重复存储,当不同的应用使用和修改不同的复制时,很容易造成数据的不一致。在数据库中,数据共享减少了由于数据冗余造成的不一致现象。

由于数据面向整个系统,是有结构的数据,不但可以被多个应用共享使用,而且容易增加新的应用,使得数据库系统弹性大,易于扩充。

(3) 数据独立性高

数据独立性是指用户的应用程序与数据库中的数据是相互独立的,即当数据的物理结构和逻辑结构发生变化时,不影响应用程序对数据的使用。

数据独立性包括数据的物理独立性和数据的逻辑独立性。物理独立性是指用户的应用程序与存储在磁盘上的数据库中的数据是相互独立的,当数据的物理结构改变时,不影响数据的逻辑结构和应用程序。逻辑独立性是指用户的应用程序与数据库的逻辑结构是相互独立的,即当数据的逻辑结构改变时,应用程序可以保持不变。

(4) 数据控制能力高

数据由 DBMS 统一管理和控制,保证了数据的安全性和完整性;DBMS 对访问数据库的用户进行身份及其操作的合法性检查,保证了数据库中数据的安全性;DBMS 自动检查数据的一致性、相容性,保证数据符合完整性约束条件;DBMS 提供并发控制手段,能有效控制多个用户程序同时对数据库数据的操作,保证共享及并发操作;DBMS 具有数据库恢复功能,当数据库遭到破坏时,DBMS 能自动使数据库从错误状态恢复到正确状态。

1.2.2 数据库系统阶段产生的新技术

1980 年以前,数据库技术的发展主要体现在数据库的模型设计上。进入 20 世纪 90 年代,计算机领域中其他新兴技术的发展对数据库技术产生了重大影响。数据库技术与网络通信技术、人工智能技术、多媒体技术等相互渗透,相互结合,使数据库技术的新内容层出不穷。

1. 分布式数据库

20 世纪 80 年代,人们研制了许多分布式数据库的原型系统,攻克了分布式数据库中的许多理论和技术难点。90 年代开始,主要的数据库厂商对集中式数据库管理系统的核心加以改造,逐步加入分布处理功能,向分布式数据库管理系统方向发展。目前,分布式数据库进入实用阶段。现有的分布式数据库技术尚不能解决异构数据和系统的许多问题。虽然有很多数据库研究单位在进行异构系统集成问题的探索,并且已有一些系统宣称在一定程度上实现了异构系统的互操作,但是异构分布式数据库技术还未成熟。

2. 并行数据库

并行数据库系统是在并行机上运行的具有并行处理能力的数据库系统。最近,一些著名的数据库厂商开始在数据库产品中增加并行处理能力,试图在并行计算机系统上运行。它们只是使用并行数据流方法对原有系统简单地扩充,既没有使用并行数据操作算法,也没有并行数据查询优化的能力,都不是真正的并行数据库系统。目前,并行数据库的研究工作集中在体系结构、并行算法与查询优化等方面。

3. 主动数据库

在传统数据库基础上,人们结合人工智能技术和面向对象技术提出了主动数据库。许多实际的应用领域,如计算机集成制造系统、管理信息系统、办公室自动化系统中常常希望数据库系统在紧急情况下能根据数据库的当前状态,主动、适时地做出反应,执行某些操作,向用户提供有关信息。

4. 多媒体数据库

随着多媒体技术的发展,多媒体应用逐步深入,产生了多媒体数据库技术。多媒体数据库应具备的功能要求为:能表示和理解多媒体数据,能刻画、管理和表现各种媒体数据的特性和相互关系;具备物理数据独立性、逻辑数据独立性和媒体数据独立性,媒体类型可扩展;提供更灵活的模式定义和修改功能,支持模式进化与演变,具备某些长事务处理的能力;提供多媒体访问的多种手段,近似性查询,混合方式访问等。多媒体数据管理系统在多媒体应用中非常重要,它为多媒体应用提供了基本数据支撑。多媒体数据库的研究始于 20 世纪 80 年代中期,经过多年的技术研究和系统开发,取得了很多成果。

5. XML 数据库

近几年,XML 数据库技术取得了很大的进展,已经有若干种 XML 数据库产品问世,并服务于社会生活的各个方面。未来几年,XML 数据库技术有可能在下述方面取得进展:异构数据源的集成;底层索引结构;并发加锁协议。

6. 模糊数据库

模糊数据库是在一般数据库系统中引入"模糊"的概念,进而对模糊数据、数据间的模糊关系与模糊约束实施模糊数据操作和查询的数据库系统。模糊数据库系统中的研究内容涉及模糊数据库的形式定义、模糊数据库的数据模型、模糊数据库语言设计、模糊数据库设计方法及模糊数据库管理系统的实现。

7. 数据仓库和联机分析处理(OLAP)

数据仓库是指从不同的源数据中抽取数据,将其整理、转换成新的存储格式,为决策目的将数据聚合在一种特殊的格式中,这种支持管理决策过程的、面向主题的、集成的、稳定的、不同时间的数据聚合称为数据仓库。在数据仓库中,数据的组织方式有虚拟存储、基于关系表的存储和多维数据库存储三种存储方式。整个仓库系统可分为数据源、数据存储与管理、分析处理三个功能部分。由于数据仓库是集成信息的存储中心,由数据存储管理器收集、整理源信息的数据,成为仓库系统使用的数据格式和数据模型,并自动监测数据源中数据的变化,反映到存储中心,对数据仓库进行更新、维护。联机分析处理

(OLAP)是数据仓库上最重要的应用,是决策分析的关键。数据仓库是为了有效地支持决策分析,而从操作数据库中提取并经过加工所得到的数据集合,是一个特殊的数据库。数据仓库也需要由一个数据库管理系统支持,它有关系型和多维型两类数据库管理系统。

8. 数据挖掘

数据挖掘又称数据开采,是从大量的、不全的、有噪声的、模糊的、随机的数据中提取隐含在其中的人们事先不知道的、但又是潜在有用的信息和知识的过程,提取的知识表现为概念、规则、规律、模式、约束等形式。在人工智能领域,习惯称其为数据库中知识发现(Knowledge Discovery in Database,KDD),其本质类似于人脑对客观世界的反映,从客观事实中抽象出主观的知识,然后指导客观实践。数据挖掘就是从客体的数据库中概括、抽象、提取规律性的东西,供决策支持系统的建立和使用。数据挖掘以数据库中的数据为数据源,整个过程分为数据集成、数据选择、预处理、数据开采、结果表达和解析等。

9. 面向对象数据库及数据可视化技术

面向对象数据库系统将数据作为能自动重新得到和共享的对象存储,包含在对象中的是完成每一项数据库事务处理的指令。这些对象可能包含不同类型的数据,包括传统的数据和处理过程,也包括声音、图形和视频信号。对象可以共享和重用。面向对象的数据库系统的这些特性通过重用和建立新的多媒体应用能力,使软件开发变得容易。这些应用可以将不同类型的数据结合起来。数据可视化是指在计算机屏幕上以图形或图像方式,形象地向用户显示各种数据,使用户快速地理解和吸收数据所表示的信息,以提高人的大脑二次处理信息的速度和能力。数据可视化是提高人类吸收和处理信息的速度与能力的重要途径。目前,被提出的数据可视化技术有:几何可视化技术、基于图标的可视化技术、基于像素的可视化技术和分析可视化技术等。

1.2.3 数据库系统的特点

数据库系统的特点体现在如下五个方面。

1. 数据共享

数据共享是数据库系统区别于文件系统的最大特点之一,也是数据库系统技术先进性的重要体现。共享是指多用户、多种应用、多种语言互相覆盖的共享数据集合,所有用户可以同时存取数据库中的数据。数据库是面向整个系统的,以最优的方式服务于一个或多个应用程序,实现数据共享。

2. 数据结构化

在数据库中,数据不再像文件系统那样从属于特定的应用,而是按照某种数据模型组织成为一个结构化的整体。它不仅描述了数据本身的特性,而且描述了数据与数据之间的种种联系,使数据库具备复杂的结构。

数据结构化有利于实现数据共享,数据实现集中、统一的存储与管理,各种应用存取各自相关的数据子集,满足各种应用要求,实现数据共享。

3. 数据独立性

文件系统管理中,应用程序较依赖于数据文件。如果把应用程序使用的磁带顺序文件改成磁盘索引文件,必须修改应用程序。数据库技术的重要特征就是数据独立于应用程序而存在,数据与程序相互独立,互不依赖,不因一方的改变而改变另一方,这大大简化了应用程序设计与维护的工作量。

4. 可控数据冗余度

数据共享、结构化和数据独立性的优点使得数据存储不必重复,不仅节省了存储空间,而且从根本上保证了数据的一致性,这也是有别于文件系统的重要特征。

从理论上讲,数据存储完全不必重复,即冗余度为零,但有时为了提高检索速度,常有意安排若干冗余。这种冗余由用户控制,称为可控冗余度。可控冗余度要求任何一个冗余的改变都能自动地对其余冗余加以改变。这个过程叫做传播更新。

5. 统一数据控制功能

数据库是系统中各用户的共享资源,因而计算机的共享一般是并发的,即多个用户同时使用数据库。因此,数据库管理系统必须提供以下四个方面的数据控制功能,保证整个系统正常运转。

(1) 数据安全性控制

数据安全性控制是指采取一定的安全保密措施,确保数据库中的数据不被非法用户存取。

(2) 数据完整性控制

数据完整性是指数据的正确性、有效性与相容性。系统要提供必要的功能,保证数据库中的数据在输入、修改过程中始终符合原来的定义和规定。

(3) 并发控制

当多个用户并发进程同时存取、修改数据库中的数据时,可能互相干扰,而得到错误结果,使得数据库的完整性遭到破坏。因此,必须对多用户的并发操作加以控制和协调。

(4) 数据恢复

当系统发生故障,造成数据出错;或当对数据库数据的操作发生错误时,系统能进行应急处理,把数据库恢复到正常状态。

1.3 数 据 模 型

模型是对现实世界中某个对象特征的模拟和抽象。数据模型与具体的 DBMS 相关,可以说,它是概念模型的数据化,是现实世界的计算机模拟。

1.3.1　数据模型的组成要素

数据模型通常有一组严格定义的语法,人们可以使用它来定义、操作数据库中的数据。数据模型的组成要素为数据结构、数据操作和数据的完整性约束。

1. 数据结构

数据结构是对系统静态特性的描述,是所研究的对象类型的集合。这些对象和对象类型是数据库的组成部分,一般分为两类:一类是与数据类型、内容和其他性质有关的对象;一类是与数据之间的联系有关的对象。

在数据库领域中,通常按照数据结构的类型来命名数据模型,进而对数据库管理系统进行分类。例如,层次结构、网状结构和关系结构的数据模型分别称为层次模型、网状模型和关系模型;相应地,数据库分别称为层次数据库、网状数据库和关系数据库。

2. 数据操作

数据操作是对系统动态特性的描述,是指对各种对象类型的实例或值所允许执行的操作的集合,包括操作及有关的操作规则。在数据库中,主要的操作有检索和更新(包括插入、删除、修改)两大类。数据模型定义了这些操作的定义、操作符号、操作规则和实现操作的语言。

3. 数据的完整性约束

数据的完整性约束是完整性规则的集合。完整性规则是指在给定的数据模型中,数据及其联系所具有的制约条件和依存条件,用以限制符合数据模型的数据库的状态以及状态的变化,确保数据的正确性、有效性和一致性。

数据模型应该反映和规定符合本数据模型必须遵守的、基本的、通用的完整性约束条件,还应该提供定义完整性约束条件的机制,用以反映特定的数据必须遵守特定的语义约束条件。

数据模型的这三个组成要素完整地描述了一个数据模型。数据模型不同,描述和实现方法亦不同。

1.3.2　数据模型的类型

数据模型按不同的应用层次分成概念数据模型、逻辑数据模型和物理数据模型三种类型。

概念数据模型简称概念模型,是面向数据库用户的实现世界的模型,主要用来描述世界的概念化结构,它使数据库的设计人员在设计的初始阶段,摆脱计算机系统及 DBMS 的具体技术问题,集中精力分析数据以及数据之间的联系等,与具体的数据管理系统(DBMS)无关。也就是说,首先把现实世界中的客观对象抽象为某一种信息结构。这种信息结构并不依赖于具体的计算机系统,不是某一个数据库管理系统(DBMS)支持的数据模型,而是概念级的模型。

逻辑数据模型简称数据模型,是用户从数据库所看到的模型,是具体的 DBMS 支持的数据模型,如网状数据模型、层次数据模型等。此模型既要面向用户,又要面向系统,主要用于数据库管理系统(DBMS)的实现。

物理数据模型简称物理模型,是面向计算机物理表示的模型,描述了数据在存储介质上的组织结构。它不但与具体的 DBMS 有关,而且与操作系统和硬件有关。每一种逻辑数据模型在实现时都有对应的物理数据模型。DBMS 为了保证其独立性与可移植性,大部分物理数据模型的实现工作由系统自动完成,设计者只设计索引、聚集等特殊结构。

在概念数据模型中,最常用的是 E-R 模型、扩充的 E-R 模型、面向对象模型及谓词模型。在逻辑数据类型中,最常用的是层次模型、网状模型和关系模型。

1.3.3　概念模型

为了把现实世界中的具体事物抽象、组织为某一数据库管理系统支持的数据模型,人们常常首先将现实世界抽象为信息世界,然后将信息世界转换为机器世界(称为概念模型),再把概念模型转换为某一计算机系统上某一 DBMS 所支持的数据模型,如图 1-6 所示。因此,概念模型是从现实世界到机器世界的一个中间层次。在概念模型中,经常使用一些概念或名词来描述概念模型的数据结构,如实体、属性、域、实体型、实体集等。

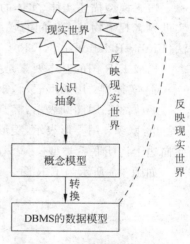

图 1-6　现实世界中客观对象的抽象过程

（1）实体:客观存在并可相互区别的事物称为实体。实体可以是具体的人、事、物,也可以是抽象的概念和联系。例如,一本书、一名学生、一台计算机等都是实体。

（2）属性:实体所具有的各个特性称为实体的属性。例如,学生的学号、姓名、性别、身高等都是学生实体的属性。

（3）域:属性的取值范围称为该属性的域。例如,性别的域为(男,女)。

（4）实体型:具有相同属性的实体称为同型实体。对于同型实体,可以实体名及其属性名的集合来描述,称为实体型。例如,每名学生都具有学号、姓名、性别、身高等属性,是同型实体;"学生(学号,姓名,性别,身高)"描述了学生这些同型实体,是一个实体型。

（5）实体集:同型实体的集合称为实体集。例如,所有的学生就是一个实体集。

（6）码:能够唯一标识实体集中每个实体的属性或属性集,称为实体的码。例如,学号就是学生实体的码。

（7）联系:在现实世界中,事物内部及事物之间存在普遍联系,这些联系在信息世界中表现为实体型内部各属性之间的联系以及实体型之间的联系。两个实体型之间的联系可分为三类。

① 一对一联系(1∶1):若对于实体集 A 中的每一个实体,实体集 B 中至多有一个(也可以没有)实体与之联系;反之亦然,则称实体集 A 与实体集 B 具有一对一联系,记为1∶1。例如,一个部门只有一个经理,而每个经理只在一个部门任职,则部门与经理之间具有一对一联系。

② 一对多联系(1∶n):若对于实体集 A 中的每一个实体,实体集 B 中有几个实体($n \geqslant 0$)与之联系;反过来,对于实体集 B 中的每一个实体,实体集 A 中至多只有一个实体与之联系,则称实体集 A 与实体集 B 具有一对多联系,记为1∶n。例如,一个部门有若干个职工,而每个职工只在一个部门上班,则部门与职工之间具有一对多联系。

③ 多对多联系(m∶n):若对于实体集 A 中的每一个实体,实体集 B 中有 n 个实体($n \geqslant 0$)与之联系;反过来,对于实体集 B 中的每一个实体,实体集 A 中也有 m 个实体($m \geqslant 0$)与之联系,则称实体集 A 与实体集 B 具有多对多联系,记为 m∶n。例如,一门课程同时有若干个学生选修,而一个学生可以同时选修多门课程,则课程与学生之间具有多对多联系。

实际上,一对一联系是一对多联系的特例,而一对多联系又是多对多联系的特例。

概念模型描述实体、实体的属性及实体间的联系,是现实世界的第一级抽象,反映现实世界客观事物及事物间的联系。概念模型的表示方法很多,最常用的是实体—联系方法(Entity-Relationship,E-R)。该方法用 E-R 图来表示概念模型。

构成 E-R 图的基本要素是实体型、属性和联系,其表示方法如下。

① 实体型:用矩形表示,矩形框内写明实体名。

② 属性:用椭圆表示,椭圆内写明属性名,用无向边将属性与实体连起来。

③ 联系:用菱形表示,菱形框内写明联系名,用无向边与有关实体连接起来,同时在无向边上注明联系类型。

如图 1-7 所示为 E-R 图。

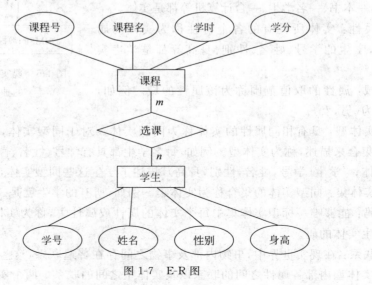

图 1-7　E-R 图

1.3.4 层次模型

层次模型是数据库系统中最早出现的数据模型,是用树形结构表示实体之间联系的模型。层次模型这种结构方式反映了现实世界中数据的层次结构关系。

在现实世界中,许多实体之间的联系本身就是一种自然的层次结构关系。如图 1-8 所示为某学院按层次模型组织的数据示例。

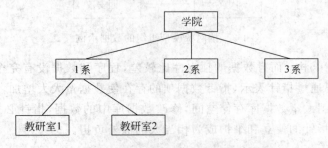

图 1-8 某学院按层次模型组织的数据示例

树中的每一个节点表示一个记录类型,连线表示双亲—子女关系。因此,层次模型实际上是以记录类型为节点的有向树。层次模型满足三个条件:有且只有一个节点无双亲节点,称为根节点;根以外的其他节点有且只有一个双亲节点;没有子女节点的节点,称为叶节点。

在层次模型中,由于是通过指针来实现记录之间的联系,所以查询效率较高,其层次分明、结构清晰,不同层次间的数据关联直接、简单。但也存在一定的缺点,由于从属节点有且只有一个双亲节点,所以它只能表示 $1:n$ 联系;虽然有各种辅助手段实现 $m:n$ 联系,但较复杂,用户不易掌握;数据将不得不纵向向外扩展,节点之间很难建立横向的关联;由于层次顺序的严格和复杂,导致数据的查询和更新操作都很复杂,因此应用程序的编写也比较复杂。

1.3.5 网状模型

每一个数据用一个节点表示,每个节点与其他节点都有联系。这样,数据库中的所有数据节点就构成了一个复杂的网络,即用网状结构来表示实体及其联系的模型,称为网状模型。

网络中的每一个节点表示一个记录类型,联系用链接指针来实现。网状模型满足两个条件:允许有一个以上的节点无双亲节点;一个节点可以有多个双亲节点。

这样,在网状模型中,任何两个节点都可以有联系,从而可以方便地表示各种类型之间的联系。如图 1-9 所示为一个简单的城市之间铁路交通联系的网状模型。

在网状模型中,由于是通过指针来实现记录之间的联系,所以查询效率较高;而且能表示多对多联系,能够直接描述复杂的关系。但为其编写应用程序比较复杂,程序员必须

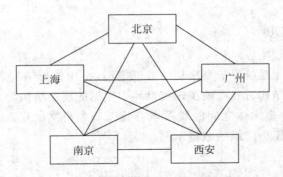

图 1-9　按网状模型组织的数据示例

熟悉数据库的逻辑结构；而且数据的独立性比较差，程序和数据没有完全独立；另外，由于数据间的联系要通过指针表示，指针数据项的存在使数据量大大增加，当数据关系复杂时，指针部分会占用大量数据库存储空间，修改数据库中的数据，指针必须随着变化。因此，网络数据库中指针的建立和维护成为相当大的额外负担。

1.3.6　关系模型

关系模型是以关系数学理论为基础，用二维表结构来表示实体以及实体之间联系的模型。在关系模型中，经常使用一些概念或名词来描述数据结构，例如关系、元组、属性、域、分量、码、候选码或候选键、主码或主键、主属性、关系模式等。

在关系模型中，把数据看成是二维表中的元素，操作的对象和结果都是二维表。一张二维表就是一个关系。

（1）关系（或表）：一个关系就是一张表，如教师信息表和课程表等。

（2）元组：表中的一行称为一个元组（不包括表头），一个元组对应现实世界的一个实体。

（3）属性：表中的一列称为一个属性。属性对应实体的属性。一张表会有多个属性，每个属性要有一个属性名，同一张表中不能有相同的属性名。

（4）域：属性的取值范围。

（5）分量：元组中的一个属性值。

（6）码：如果表中的某个属性或属性组的值可以唯一地确定一个元组，这样的属性或属性组称为关系的码（候选码或候选键）。

（7）主码：如果表中存在多个码，只能选择其中的一个码来区分元组。被选定的码称为主码或主键，其他候选码或候选键称为备选键。

（8）主属性：被定义为主码的属性称为主属性，其他属性称为非主属性。

（9）关系模式：对关系的描述，一般表示为：关系名（属性 1，属性 2，…，属性 n）。关系模型中没有层次模型中的链接指针，记录之间的联系通过不同关系中的同名属性来实现。

例如，在学生成绩管理系统中有一张学生信息表，其结构和部分数据如表 1-1 所示。

表 1-1　学生信息表

学　　号	姓　　名	性　　别	籍　　贯	专　　业
1101001	张三	女	南京	计算机
1101002	李四	男	徐州	网络
1101003	王五	男	无锡	通信工程

在这张表中,有五个不同的属性,分别是学号、姓名、性别、籍贯和专业。"1101001、张三、女、南京、计算机"描述的是一个实体(一个学生)的信息,称为一个元组。在关系的五个属性中,学号属性具有唯一识别每个学生的特性,是关系的码。学生信息关系可以描述为:学生(学号,姓名,性别,籍贯,专业)。

关系模型的特点体现如下:建立在关系数据理论之上,有可靠的数据基础;可以描述一对一、一对多和多对多的联系;表示的一致性,实体本身和实体间联系都使用关系描述;关系的每个分量的不可分性,也就是不允许"表中表"。

关系模型概念清晰、结构简单、格式唯一、理论基础严格,实体、实体联系和查询结果都采用关系表示,用户比较容易理解。另外,关系模型的存取路径对用户是透明的,程序员无须关心具体的存取过程,减轻了程序员的工作负担,具有较好的数据独立性和安全保密性。但关系模型有一些缺点,在某些实际应用中,关系模型的查询效率有时不如层次模型和网状模型。因此,为了提高查询效率,有时需要对查询进行一些特别的优化。

1.4　关系数据库理论

关系数据库是建立在关系模型基础上的数据库,是利用数据库进行数据组织的一种方式,是现代流行的数据管理系统中应用最为普遍的一种,也是最有效率的数据组织方式之一。

1.4.1　关系操作

关系操作是一种集合操作方式,即操作的对象和结果都是集合。这种操作方式也称为一次一集合的方式。因此,关系操作主要是对关系数据的查询操作和更新操作。查询操作包括选择、投影、连接、除、并、交和差;更新操作包括对记录的增加、删除和修改。其中,以查询操作为核心。

1.4.2　关系运算

关系数据操作能力可以用关系代数来表示。关系代数直接用对关系的运算来表达操作目的。本书只介绍专门的关系运算。

1. 选择

选择是从指定的关系中选取满足给定条件的若干元组组成一个新关系。

选择运算表示为：$\sigma_F(R)$。其中，R 是关系名；F 是一个逻辑表达式，表示选择条件。

例如，从表 1-1 中查询所有女生的数据，表示为：$\sigma_{性别="女"}(学生)$。其运算结果为关系 R_1，如表 1-2 所示。

表 1-2 关系 R_1

学　　号	姓　　名	性　　别	籍　　贯	专　　业
1101001	张三	女	南京	计算机

选择运算是针对元组的运算。这种运算从水平方向抽取数据，从行的角度得到新关系。新关系的关系模式不变，其元组是原关系元组的一个子集。

2. 投影

投影是从指定的关系中选取指定的若干属性组成一个新关系。

投影运算表示为：$\pi_A(R)$。其中，R 为关系名；A 为 R 中被投影的属性列。

例如，从表 1-1 中查询学生的学号、姓名和专业信息，表示为：$\pi_{学号,姓名,专业}(学生)$。其运算结果为关系 R_2，如表 1-3 所示。

表 1-3 关系 R_2

学　　号	姓　　名	专　　业
1101001	张三	计算机
1101002	李四	网络
1101003	王五	通信工程

投影运算是针对属性的运算。这种运算是从垂直方向抽取数据，对关系中的属性进行选择或重组得到新关系。新关系的关系模式所包含的属性个数一般比原关系少，或者属性的排列顺序与原关系不同，其内容是原关系的一个子集。

需要注意的是，经过投影运算后，属性减少了，元组也可能减少了，因为取消了某些属性列后，有可能出现重复元组。按照关系的定义，应取消重复元组。新关系和原关系不是同类关系。

3. 连接

连接是从两个关系中选取属性满足给定条件的元组连接在一起组成一个新关系。

连接运算表示为：$R\underset{A\theta B}{\otimes}S$。其中，$R$ 和 S 是两个关系的关系名；A 是 R 中的属性；B 是 S 中的属性；θ 代表比较运算法（$>$、$\geqslant$、$<$、$\leqslant$、$=$、$\neq$）；$A\theta B$ 是一个逻辑表达式，表示给定的条件。

当比较运算符 θ 为"$=$"，且进行连接运算的两个关系 R 和 S 中用于比较的两个属性

A 和 B 相同时,称为自然连接,记作 $R \otimes S$。

在自然连接所得的新关系中,保持了原来两个关系中的所有属性,并且原来两个关系中用于比较的相同属性只出现一次。

例如,表 1-3 所示关系 R_2 和如表 1-4 所示关系 R_3 进行自然连接运算,其运算结果为关系 R_4,见表 1-5。

表 1-4　关系 R_3

学　　号	成　　绩	学　　号	成　　绩
1101001	80	1101003	67
1101002	77	1101005	76

表 1-5　关系 R_4

学　　号	姓　　名	专　　业	成　　绩
1101001	张三	计算机	80
1101002	李四	网络	77
1101003	王五	通信工程	67

1.4.3　关系的完整性

关系的完整性是为保证数据库中数据的正确性和相容性,对关系模型提出的某种约束条件或规则。完整性通常包括实体完整性、域完整性、参照完整性和用户定义完整性。

1. 实体完整性

若属性 A 是基本关系 R 的主属性,则属性 A 不能取空值。

例如,学生关系中,学号是主属性,因此,学号的值不能取空值。

一个关系对应现实世界中一个实体集,关系中的一个元组对应一个实体。实体是可区分的,它们具有某种唯一性标识。如果关系中某一元组的某个主属性值为空值,则这一元组就不可标识,意味着这一元组所对应的实体没有其唯一性标识,即存在不可区分的实体。这与客观事实相矛盾,这样的实体就不是一个完整实体。按照完整性规则要求,主属性不能取空值,如果主关键字是多个属性的组合,则所有主属性均不能取空值。

2. 域完整性

域完整性是指属性被有效性约束,要求关系中的属性值必须具有正确的数据类型、格式以及有效的范围,保证输入值的有效性。例如,性别是字符数据类型,只能是“男”或“女”;成绩是数值类型,并且不能为负数。

3. 参照完整性

参照完整性是指定义建立关系之间联系的主关键字与外部关键字引用的约束条件。

对于两个关系 R 和 S，R 中存在属性 F 是基本关系 R 的外键，它与基本关系 S 的主键相对应，则对于 R 中每个元组在 F 上的值必须为空值，或者等于 S 中某个元组的主键的值。

例如，如果在学生表和选修表之间用学号建立关联，学生表是主表，选修表是从表，那么，在向从表输入一条新记录时，系统要检查新记录的学号是否在主表中已存在。如果存在，则允许执行输入操作，否则拒绝输入。这就是参照完整性。

参照完整性还体现在对主表的删除和更新操作。例如，如果删除主表中的一条记录，则从表中凡是外键的值与主表的主键值相同的记录也会被同时删除，称为级联删除；如果修改主表中主关键字的值，则从表中相应记录的外键的值随之被修改，称为级联更新。

4. 用户定义完整性

用户定义完整性是根据应用环境的要求和实际需要，针对具体的应用提出的约束条件。这些约束不是关系模型自身所要求的，而是具体应用要求的。这样的完整性约束需要用户自己定义，故称为用户定义完整性。例如，用户定义完整性可以定义列之间的有效性约束。

1.5　数据库系统结构

数据库系统结构可以有多种不同的层次或不同的角度。从数据库管理系统（DBMS）角度来看，数据库系统通常采用三级模式结构，这是数据库系统内部的体系结构，通常称为数据库模式结构；从数据库最终用户角度来看，数据库系统结构分为单机结构、主从式结构、分布式结构、客户机/服务器结构和浏览器/服务器结构等，这是数据库系统外部的体系结构，简称数据库系统的体系结构。

1.5.1　数据库系统的模式结构

实际的数据库管理系统尽管使用的环境不同，内部数据的存储结构不同，使用的语言也不同，但它们的基本结构都采用三级模式结构，并提供两级映像功能。

1. 三级模式结构

数据的三级模式结构包含外模式、模式和内模式，它们是对数据的三个抽象级别，其结构如图 1-10 所示。三级模式结构把对数据的具体组织留给 DBMS 管理，使用户能逻辑地、抽象地处理数据，而不必关心数据在计算机中的具体表示与存储。

模式，也称逻辑模式，是数据库中全部数据的逻辑结构和特征的描述，也是所有用户的公共数据视图。它通常以某种数据模型为基础，定义数据库全部数据的逻辑结构，如数据记录的名称，数据项的名称、类型、值域等；还要定义数据项之间的联系，不同记录之间的联系，以及与数据有关的安全性、完整性等要求。一个数据库系统只能有一个逻辑模式，它不涉及硬件环境和物理存储细节，也不与任何计算机语言有关。DBMS 提供模式

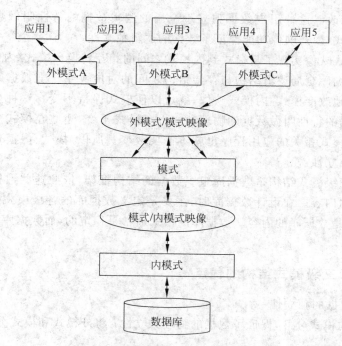

图 1-10　数据库系统的三级模式结构

描述语言(DDL)来定义模式。

　　外模式,也称子模式或用户模式,是三级模式结构最外层,面向具体用户或应用程序的数据视图,即特定用户或应用程序所涉及的数据的逻辑结构。外模式是模式的子集,不同用户使用不同的外模式。一个数据库可以有多个外模式,每一个外模式都是为不同的用户建立的数据视图。由于各用户的需求和权限不同,各个外模式的描述也是不同的。即使对模式中的同一个数据,在不同外模式中的结构、密级等都可以不同。每个用户只能调用所对应的外模式涉及的数据,其余数据是无法访问的。DBMS 提供外模式描述语言来定义外模式。

　　内模式,也称存储模式或物理模式。它既定义了数据库中全部数据的物理结构,也定义了数据的存储方法、存取策略等。内模式的设计目标是将系统的逻辑模式组织成最优的物理模式,以提高数据的存取效率,改善系统的性能指标。DBMS 提供内模式描述语言来描述和定义内模式。

2. 数据库的两级映像功能

　　为了能够在内部实现这三个抽象层次的联系和转换,数据库系统在这三级模式之间提供了两级映像:外模式/模式映像和模式/内模式映像。

　　外模式/模式映像实现了从外模式到模式之间的相互转换。对于每一个外模式,数据库系统都有一个外模式/模式映像,它定义了该外模式与模式之间的对应关系。这些映像定义通常包含在各自外模式的描述中。当模式改变时,只要相应地改变外模式/模式映像,就可以使外模式保持不变。应用程序是依据数据的外模式编写的,外模式不变,应用程序就没必要修改。这种用户数据独立于全局的逻辑数据的特性叫做数据的逻辑独立性。所以，外模式/模式映像功能保证了数据的逻辑独立性。

模式/内模式映像实现了从模式到内模式之间的相互转换。模式/内模式映像是唯一的，它定义了数据库全局逻辑结构与存储结构之间的对应关系。当数据库的存储结构改变时，只要相应地改变模式/内模式映像，就可以使模式保持不变。这种全局的逻辑数据独立于物理数据的特性叫做数据的物理独立性。模式不变，建立在模式基础上的外模式就不会变，与外模式相关的应用程序也就不需要改变。所以，模式/内模式映像功能保证了数据的物理独立性。

数据库的三级模式结构是数据库组织数据的结构框架，依照这些数据框架组织的数据才是数据库的内容。在设计数据库时，主要是定义数据库的各级模式；而用户使用数据时，关心的只是数据库的内容。数据库的模式通常是稳定的，而数据库中的数据经常是变化的。

3．数据库三级模式结构的优点

（1）保证数据的独立性

将模式和内模式分开，保证了数据的物理独立性；将外模式和模式分开，保证了数据的逻辑独立性。

（2）简化了用户接口

按照外模式编写应用程序或输入命令，不需要了解数据库逻辑结构，更不需要了解数据库内部的存储结构，方便用户使用。

（3）有利于数据共享

不同的外模式为不同的用户提供不同的数据视图，从而实现不同用户对数据库中全部数据的共享，减少了数据冗余。

（4）有利于数据的安全保密

在外模式下根据要求进行操作，只能对限定的数据进行限定的操作，保证了其他数据的安全性与保密性。

1.5.2　数据库系统的体系结构

一个数据库应用系统通常包括数据存储层、应用层与用户界面层三个层次。数据存储层一般由 DBMS 来承担对数据库的各种维护操作；应用层是使用某种程序设计语言实现用户要求的各项工作的程序；用户界面层提供用户的可视化图形操作界面，便于用户与数据库系统之间的交互。

从最终用户角度看，数据库系统分为单机结构、主从式结构、分布式结构、客户机/服务器结构和浏览器/服务器结构五种。下面分别介绍。

1．单机结构

单机结构是一种比较简单的数据库系统。在单机系统中，整个数据库系统包括的应用程序、DBMS 和数据库都安装在一台计算机上,由一个用户独占,不同机器之间不能共享数据。这种数据库系统也称桌面系统。在这种桌面型 DBMS 中,数据的存储层、应用层和用户界面层的所有功能都存储在单机上,容易造成大量的数据冗余。

2．主从式结构

主从式结构是指一台大型主机带若干终端的多用户结构。在这种结构中,全部数据都集中存放在主机中,数据库管理系统和应用程序也存放在主机上,所有处理任务都由主机完成。各终端用户可以并发地访问主机上的数据库,共享其中的数据。

对于主从式结构的数据库管理系统,数据的存储层和应用层都放在主机上,用户界面层放在各个终端上。当终端用户数目增加到一定程度后,主机的任务将十分繁重,常处于超负荷状态,使系统性能大大降低。

主从式结构的优点在于简单、可靠、安全;缺点是主机的任务很重,终端数目有限,当主机出现故障时,会影响整个系统的使用。

3．分布式结构

分布式结构是指地理上或物理上分散,而逻辑上集中的数据库系统。每台计算机上都装有分布式数据库管理系统和应用程序,可以处理本地数据库中的数据,也可以处理异地数据库中的数据。在分布式数据库系统中,大多数处理任务由本地计算机访问本地数据库完成局部应用;对于少量本地计算机不能胜任的处理任务,通过网络同时存取和处理多个异地数据库中的数据,执行全局应用。分布式数据库系统适应了地理上分散的组织对于数据库应用的需求。

分布式结构的优点是体系结构灵活,能适应分布式管理和控制,经济性能好,可靠性高,在一定的条件下响应速度快,可扩充性好;其缺点是系统开销较大,存取结构复杂,数据的安全性和保密性难以解决等。

4．客户机/服务器结构(Client/Server 结构,C/S 结构)

随着工作站功能的增强和广泛使用,人们开始把 DBMS 功能和应用分开。网络中专门用于执行 DBMS 功能的计算机,称为数据库服务器,简称服务器(Server);其他安装数据库应用程序的计算机称为客户机(Client);这种结构称为客户机/服务器(C/S)结构。

在 C/S 结构的数据库系统中,数据存储层位于服务器上,而应用层和用户界面层位于客户机上。服务器的任务是完成数据管理、信息共享、安全管理等,它接收并处理来自客户端的数据访问请求,然后将结果返回给用户;客户机的任务是提供用户界面,提交数据访问请求,接收和处理数据库的返回结果。由于服务器对数据服务请求进行处理后只返回结果,而不是返回整个系统,所以减少了网络上的数据传输量,提高了系统的性能和负载能力。

C/S 结构的优点:①可以减少网络流量,提高系统的性能、吞吐量和负载能力;②使数据库更加开放,客户机和服务器可以在多种不同的硬件和软件平台上运行。C/S 结构的缺点是系统的客户端程序更新升级有一定困难。

5. 浏览器/服务器结构(Browser/Server 结构,B/S 结构)

浏览器/服务器结构是随着互联网技术的兴起,对客户机/服务器结构的一种变化或改进。

浏览器/服务器结构由浏览器(Browser)、Web 服务器和数据库服务器组成。在这三层中,Web 服务器担任中间层应用服务器的角色,它是连接数据服务器的通道。在浏览器/服务器结构中,用户通过浏览器向 Web 服务器发出请求,服务器对浏览器的请求进行处理,将用户所需的信息返回到浏览器。

B/S 结构的优点是具有分布性特点,可以随时随地进行查询、浏览等业务处理;业务扩展简单、方便,通过增加网页便可增加服务器功能;维护简单、方便,只需改变网页,即可实现所有用户的同步更新;开发简单,共享性强。

本 章 小 结

本章对数据、信息和数据处理的定义,数据库、数据库系统和数据库管理系统的概念、特点,数据模型的定义、组成要素和类型,概念模型、层次模型、网状模型和关系模型的定义、特点,关系数据库的理论和数据库系统结构等,均做了详细的讨论。

数据是数据库中存储的基本对象,是可以被计算机接收并能够被计算机处理的符号。信息是对数据的解释,是经过加工处理后具有一定含义的数据集合。将数据转换成信息的过程称为数据处理。

数据库可以理解为是存放数据的仓库,是以一定的方式将相关数据组织在一起并存储在外存储器上所形成的,能为多个用户共享的、与应用程序彼此独立的一组相互关联的数据集合。数据库系统是由数据库及其管理软件组成的系统,它是为适应数据处理的需要而发展起来的一种较为理想的数据处理的核心机构,它能够有组织地、动态地存储大量数据,提供数据处理和数据共享机制,是存储介质、处理对象和管理系统的集合体。数据库管理系统是处理数据访问的软件系统,位于用户与操作系统之间数据库管理系统的功能体现在数据定义、数据操纵、数据库运行管理、数据维护、数据库的传输和数据通信接口六个方面。

计算机数据管理技术大致经历了人工管理、文件系统和数据库系统三个阶段。数据模型按不同的应用层次分为概念数据模型、逻辑数据模型和物理数据模型三种类型。

关系数据库是建立在关系模型基础上的数据库,是利用数据库进行数据组织的一种方式。完整性通常包括实体完整性、域完整性、参照完整性和用户定义完整性。

数据库系统结构可以有多种不同的层次或不同的角度。从数据库管理系统(DBMS)角度来看,数据库系统通常采用三级模式结构,称为数据库模式结构;从数据库最终用户角度来看,数据库系统结构分为单机结构、主从式结构、分布式结构、客户机/服务器结构和浏览器/服务器结构等,简称数据库系统的体系结构。

习　　题

一、填空题

（1）数据是_____。

（2）数据库是一个_____的数据集合。数据库中的数据是按照一定的_____组织、描述和存储的。

（3）数据库管理系统是使用和管理数据库的_____，负责对数据库进行统一的管理和控制。

（4）数据库管理员是专门负责_____的人。

（5）数据库的发展大致分为以下几个阶段：_____、_____和_____。

（6）两个实体型之间的联系种类分为_____、_____和_____。

二、简答题

（1）定义并解释以下术语：属性、域、主关键字、分量、关系模式。

（2）列举一个关系模型，并用 E-R 图来描述。

（3）数据库的模式结构和数据库系统体系结构是如何划分的？

第 2 章　安装和配置 SQL Server 2012

学习目标

(1) 掌握：SQL Server 2012 的安装。

(2) 理解：SQL Server 2012 管理工具的使用方法，系统数据库的分类。

(3) 了解：SQL Server 2012 的特点和版本。

工作实战场景

信息管理员王明根据工作要求，需要在机器上安装和配置 SQL Server 2012。

引导问题

(1) 你所了解的 SQL Server 有哪些版本？本书研究的 SQL Server 2012 又有哪些版本？你了解它们的特性吗？

(2) 你会安装 SQL Server 2012 吗？它对软、硬件有什么样的要求？

(3) 成功安装 SQL Server 2012 之后，如何对它进行配置呢？

(4) SQL Server 2012 有哪些管理工具？它们是如何使用的？

(5) 怎样才能连接到 SQL Server 2012 数据库？

SQL Server 2012 是 Microsoft 公司在 2012 年正式发布的关系数据库管理系统。它建立在 SQL Server 2008 基础之上，对原有功能进行了扩充，在性能、稳定性、易用性等方面都有相当大的改进。SQL Server 2012 不仅延续了现有数据平台的强大能力，全面支持云技术与平台，并且能够快速构建相应的解决方案，实现私有云与公有云之间数据的扩展与应用的迁移。

2.1　SQL Server 2012 概述

SQL Server 2012 提供对企业基础架构最高级别的支持——专门针对关键业务应用的多种功能与解决方案可以提供最高级别的可用性及性能。在业界领先的商业智能领域，SQL Server 2012 提供了更多、更全面的功能，以满足不同人群对数据以及信息的需求，包括支持来自不同网络环境的数据的交互，全面的自助分析等创新功能。针对大数据以及数据仓库，SQL Server 2012 提供从数 TB 到数百 TB 全面端到端的解决方案,帮助数以千计的企业用户突破性地快速实现各种数据体验,完全释放对企业的洞察力。

2.1.1　SQL Server 2012 的体系结构

SQL Server 2012 的体系结构是指 SQL Server 2012 的组成部分以及这些组成部分之间关系的描述。SQL Server 2012 由数据库引擎、分析服务(Analysis Services)、报表服务(Reporting Services)、集成服务(Integration Services)和主数据服务(Master Data Services)五个部分组成。

1. 数据库引擎

数据库引擎用于数据的存储、处理和安全管理,是 SQL Server 2012 的核心服务。利用数据库引擎可控制访问权限并快速处理事务,可创建用于联机事务处理或联机分析处理数据的关系数据库,包括创建表、索引、视图和存储过程等。服务代理(Service Broker)、复制技术(Replication)和全文搜索(Full Text Search)都是数据库引擎的一部分。

2. 分析服务(Analysis Services)

Analysis Services 支持本地多维数据引擎,可以在内置计算支持的单个统一逻辑模型中,设计、创建和管理来自多个数据源的详细信息和聚合数据的多维结构。通过对多维数据进行多角度分析,使管理人员对业务数据有更全面的理解。该引擎使断开连接的客户端上的应用程序能够在本地浏览已存储的多维数据。Analysis Services 还提供联机分析处理和数据挖掘功能,可以完成数据挖掘模型的构造和应用,实现知识的发现、表示和管理等。

3. 报表服务(Reporting Services)

Reporting Services 基于服务器的报表平台,提供各种现成可用的工具和服务,方便用户从关系数据源、多维数据源和基于 XML 的数据源创建交互式、表格式、图形式或自由格式的报表,并提供能够扩展和自定义报表功能的编程功能,可以按需发布报表、计划报表处理或者评估报表。用户可以选择多种查看格式,将报表导出到其他应用程序,以及订阅已发布的报表。创建的报表可以通过基于 Web 的连接进行查看,也可以作为 Microsoft Windows 应用程序或 Share Point 站点的一部分进行查看。

4. 集成服务(Integration Services)

Integration Services 是用于生成企业级数据集成和数据转换解决方案的平台,负责完成有关数据的提取、转换和加载等操作。使用 Integration Services 可以复制或下载文件、发送电子邮件,以响应事件、更新数据仓库、清除和挖掘数据、管理 SQL Server 对象和数据。Integration Services 还可以处理各种数据源，如提取和转换来自多种源，如 XML 数据文件、平面文件和关系数据源的数据，然后将这些数据加载到一个或多个目标进行各种分析处理。

5. 主数据服务（Master Data Services）

Master Data Services 是针对主数据管理的 SQL Server 解决方案，包括复制服务、服务代理、通知服务和全文检索服务等功能组件，共同构成完整的服务架构。

2.1.2 SQL Server 2012 的特性

SQL Server 2012 的特性如下所述。

1. AlwaysOn 镜像恢复

这项新功能将数据库镜像故障转移提升到全新的高度。利用 AlwaysOn，用户可以将多个组进行故障转移，而不是以往的只是针对单独的数据库。此外，副本是可读的，并可用于数据库备份。

2. Windows Server Core 交互支持

Windows Server Core 的作用就是为特定的服务提供一个可执行的功能有限的低维护服务器环境。它能够提升服务器的稳定性，减少软件维护量，降低被攻击风险，并且空间占有率低。

3. 列存储索引

这个功能是 SQL Server 之前版本都不具备的。特殊类型的只读索引专为数据仓库查询设计，数据进行分组并存储在平面的压缩的列索引。在大规模查询情况下，可极大地减少 I/O 和内存利用率。

4. 自定义服务器权限

DBA 已经具备了创建自定义数据库角色的能力，但在服务器中不能。例如，DBA 想在共享服务器上为开发团队创建每个数据库的读/写权限访问，传统的途径是手动配置或使用没有经过认证的程序。显然这不是良好的解决方案。在 SQL Server 2012 中，DBA 可以创建在服务器上具备所有数据库读/写权限以及任何自定义范围角色的能力。

5. 增强的审计功能

现有的 SQL Server 版本都具备审计功能，用户还可以自定义审计策略，以及向审计日志写入自定义事件。在 SQL Server 2012 中还提供过滤功能,同时大幅度提高了灵活性。

6. 商业智能(BI)语义模型

SQL Server 2012 引入了 BI 语义模型(BI Semantic Model,BISM),它给支持的分析和报表平台提供了一个用于交付 BI 的概念框架。在 SQL Server Analysis Services (SSAS)中,可以创建两种 BISM 模型:多维模型和表格模型。SQL Server 2012 的 BISM 实际上是表格模型。与多维模型不同,它将数据组织为包含行与列的表格,这与关系数据库很像。

7. Sequence Objects 序列对象

序列仅仅是计数器的对象,一个好的方案是基于触发器表使用增量值。SQL 一直具有类似功能,但现在显然与以往不同。

8. 增强的 PowerShell 支持

Microsoft 公司为了推动其服务器产品上 PowerShell 的发展做出了很大的努力,SQL Server 2008 中的 DBA 已有所体会,在 SQL Server 2012 中增加了更多的 cmdlet。

9. 分布式回放

分布式回放功能让管理员记录服务器上的工作负载,并在其他服务器上重现。

10. PowerView

PowerView 是自服务 BI 工具包,允许用户创建企业级的 BI 报告。

11. SQL Azure 备份增强

虽然与 SQL Server 2012 并无直接联系,但 Microsoft 公司在 SQL Azure 做了关键的改进。Azure 现已具备 Reporting Services 以及备份 Azure 数据存储的能力,允许最大 150GB 的数据库。同时,Azure 数据同步可更好地适应混合模型和云中部署的解决方案。

12. 大数据支持

Microsoft 公司正在构建 Hadoop 连接器。随着新连接工具的出现,用户将能够在 Hadoop、SQL Server 和并行数据仓库环境下交换数据。

综上所述,SQL Server 2012 是一个可信任的、高效的、智能的数据平台,它在 SQL Server 2008 的基础上增加了许多新特性,并有许多改进之处,以满足用户对数据操作的需求。

2.1.3 SQL Server 2012 的版本

SQL Server 2012 提供了不同的版本，以满足用户不同的应用需求。SQL Server 2012 的可用版本如表 2-1 所示。

表 2-1　SQL Server 2012 的可用版本

SQL Server 2012 的可用版本	描　述
企业版 Enterprise Edition（64 位和 32 位）	它提供全面的高端数据中心功能，性能极为快捷，虚拟化不受限制，还具有端到端的商业智能，可为关键任务工作负荷提供较高服务级别，支持最终用户访问深层数据
标准版 Standard Edition（64 位和 32 位）	它提供基本数据管理和商业智能数据库，使部门和小型组织能够顺利运行其应用程序，并支持将常用开发工具用于内部部署和云部署，有助于以最少的 IT 资源获得高效的数据库管理
商业智能版 Business Intelligence（64 位和 32 位）	它是为满足目前数据挖掘和多维数据分析的需求而产生的，为用户提供全面的商业智能解决方案，并增强了在数据浏览、数据分析和数据部署安全等方面的功能
精简版 Express Edition（64 位和 32 位）	它是学习和构建桌面及小型服务器应用程序的理想选择，适用于断开连接的客户端或独立的应用程序，是独立软件供应商、非专业开发人员和热衷于构建客户端应用程序的人员的最佳选择
Web 版（64 位和 32 位）	对于为从小规模到大规模 Web 资产提供可伸缩型、经济型和可管理型功能的 Web 宿主和 Web VAP 来说，Web 版是一项总拥有成本较低的选择
Developer 版（64 位和 32 位）	它支持开发人员基于 SQL Server 构建任意类型的应用程序，包括企业版的所有功能，但有许可限制，只能用作开发和测试系统，不能用作生产服务器。它是构建和测试应用程序的人员的理想之选

2.2　安装 SQL Server 2012

在安装 SQL Server 2012 之前，必须确保计算机能满足最低要求，还需要适当考虑将来的需求扩展。

2.2.1　SQL Server 2012 的硬件要求

安装 SQL Server 2012 的硬件要求如表 2-2 所示。

表 2-2 SQL Server 2012 的硬件要求

组　件	要　求
内存	最小值： （1）Express 版本：512MB （2）所有其他版本：1GB 建议： （1）Express 版本：1GB （2）所有其他版本：至少 4GB，并且随着数据库的增加而增加，确保最佳性能
处理器速度	最小值： （1）x86 处理器：1.0GHz （2）x64 处理器：1.4GHz 建议： 2.0GHz 或更快
处理器类型	（1）x64 处理器：AMD Opteron、AMD Athlon 64、支持 Intel EM64T 的 Intel Xeon、支持 Intel EM64T 的 Intel Pentium Ⅳ （2）x86 处理器：Intel Pentium Ⅲ 兼容处理器或更快
硬盘	最少 2.2GB 的可用硬盘空间

2.2.2 SQL Server 2012 的软件要求

SQL Server 2012 必须安装在运行 Microsoft Windows 的计算机上。SQL Server 2012 支持 Windows 7、Windows Server 2008 R2、Windows Server 2008 Service Pack 2 和 Windows Vista Service Pack 2。

2.2.3 安装 SQL Server 2012

本书以 SQL Server 2012 Enterprise Evaluation 版本为例，介绍 SQL Server 2012 的安装过程。在安装前，需将附加组件. NET Framework 3. 5 SP1、Microsoft Windows Installer 4.5 或更高版本安装至操作系统。

从光盘或网络中获取 SQL Server 2012 Enterprise Evaluation 安装文件，即可开始安装，其步骤如下所述。

（1）双击 SQL Server 2012 Enterprise Evaluation 安装文件，进入"SQL Server 安装中心"窗口，如图 2-1 所示。

（2）单击图 2-1 左边菜单栏中的"安装"选项卡，弹出"SQL Server 安装中心"面板，单击"全新 SQL Server 独立安装或向现有安装添加功能"选项，安装全新的 SQL Server 2012，如图 2-2 所示。

（3）进入"安装程序支持规则"窗口，系统配置检查器验证本地计算机，如图 2-3 所示。通过验证后，单击"确定"按钮，继续安装。

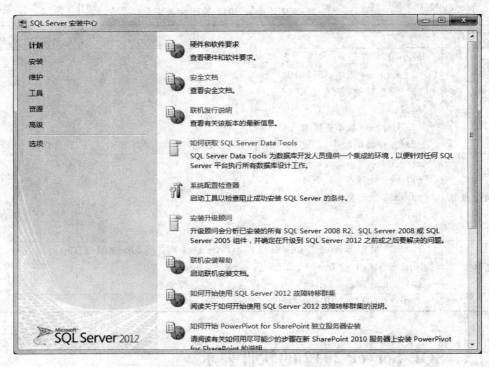

图 2-1　SQL Server 安装中心

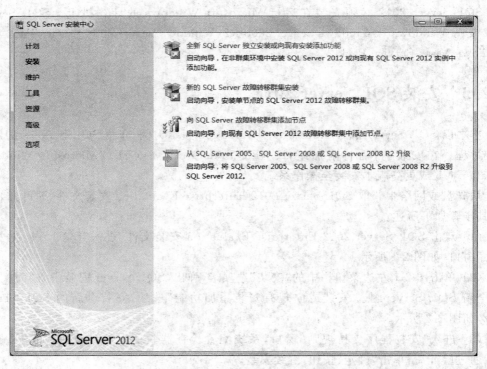

图 2-2　"SQL Server 安装中心"面板

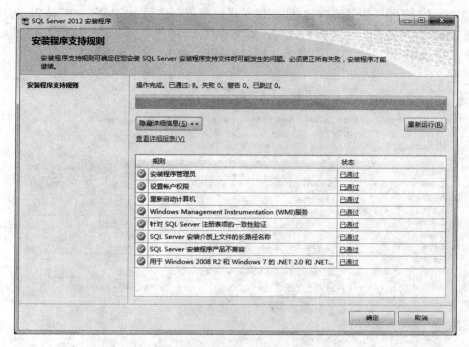

图 2-3 系统配置检查器验证本地计算机

（4）进入"产品密钥"窗口，如图 2-4 所示。在"指定可用版本"选项中选择 Evaluation，然后单击"下一步"按钮，继续安装。

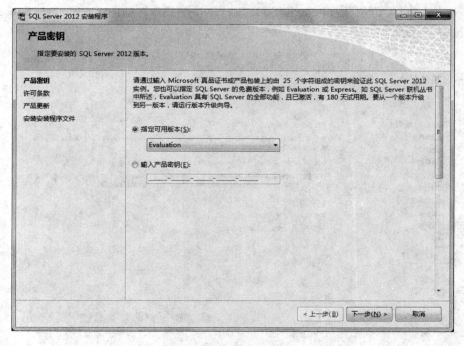

图 2-4 "产品密钥"窗口

31

（5）进入"许可条款"窗口，勾选"我接受许可条款"，然后单击"下一步"按钮，进入"产品更新"窗口。单击"下一步"按钮，进入"安装程序文件"窗口。安装完成后，再次进入"安装程序支持规则"窗口，如图 2-5 所示。通过验证后，单击"下一步"按钮。

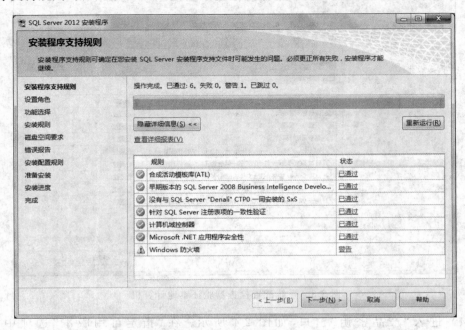

图 2-5　"安装程序支持规则"窗口

（6）进入"设置角色"窗口，勾选"SQL Server 功能安装"，如图 2-6 所示，然后单击"下一步"按钮，继续安装。

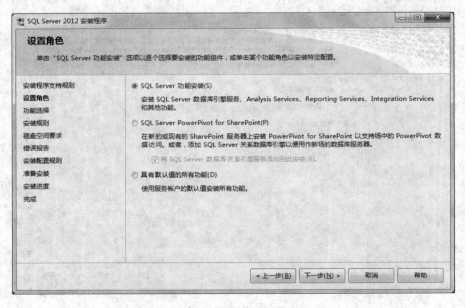

图 2-6　"设置角色"窗口

（7）进入"功能选择"窗口，将功能全选，如图 2-7 所示，然后单击"下一步"按钮，继续安装。

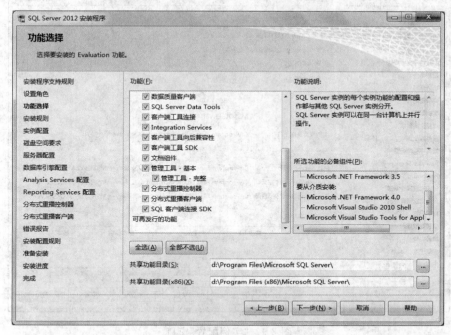

图 2-7　"功能选择"窗口

（8）进入"安装规则"窗口，如图 2-8 所示，单击"下一步"按钮，继续安装。

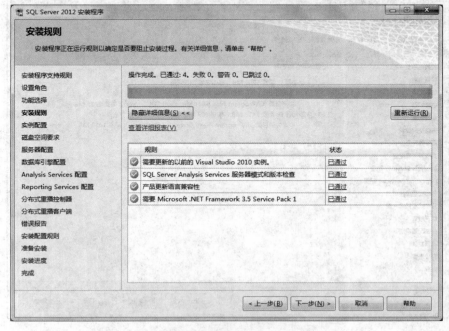

图 2-8　"安装规则"窗口

（9）进入"实例配置"窗口，勾选"默认实例"，如图 2-9 所示，然后单击"下一步"按钮。

图 2-9 "实例配置"窗口

（10）进入"磁盘空间要求"窗口，如图 2-10 所示，单击"下一步"按钮。

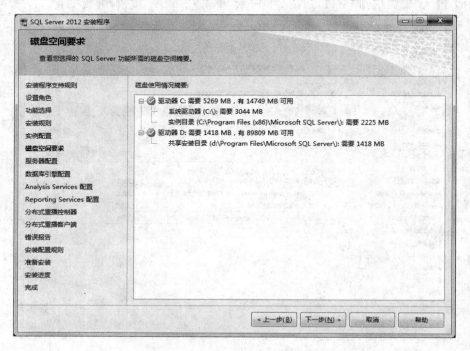

图 2-10 "磁盘空间要求"窗口

(11) 进入"服务器配置"窗口。在"服务帐户"选项卡中为每个 SQL Server 服务单独配置帐户名、密码和启动类型,如图 2-11 所示,也可以为所有服务设置一个帐户来简化配置。"排序规则"选项卡里的设置为默认值。然后,单击"下一步"按钮,继续安装。

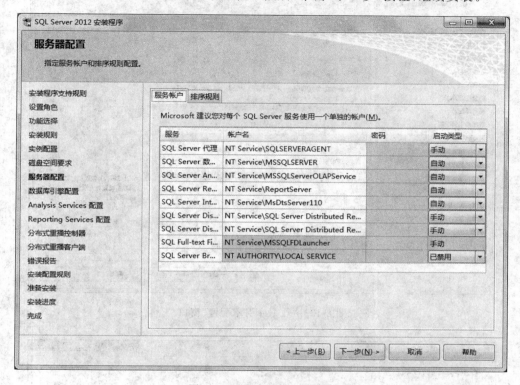

图 2-11 "服务器配置"窗口

(12) 进入"数据库引擎配置"窗口,在"身份验证模式"选项卡中勾选"Windows 身份验证模式",并单击"添加当前用户"按钮,添加当前 Windows 账户为 SQL Server 管理员,其他设置均为默认值,如图 2-12 所示。然后单击"下一步"按钮,继续安装。

(13) 进入"Analysis Services 配置"窗口,对 Analysis Services 进行设置。单击"添加当前用户"按钮,指定当前帐户对 Analysis Services 具有管理权限,然后单击"下一步"按钮,进入"Reporting Services 配置"窗口。勾选"安装和配置"选项,然后单击"下一步"按钮,进入"分布式重播控制器"窗口。单击"添加当前用户"按钮,然后单击"下一步"按钮,继续安装。

(14) 进入"分布式重播客户端"窗口,对控制器名称进行命名,如图 2-13 所示,然后单击"下一步"按钮。

(15) 进入"错误报告"窗口,单击"下一步"按钮。

(16) 进入"安装配置规则"窗口,显示安装规则验证情况,如图 2-14 所示,然后单击"下一步"按钮,继续安装。

(17) 进入"准备安装"窗口,单击"安装"按钮开始安装。这里需要花费一些时间。

(18) 安装完成后,窗口显示已成功安装的功能组件。单击"关闭"按钮,结束安装。

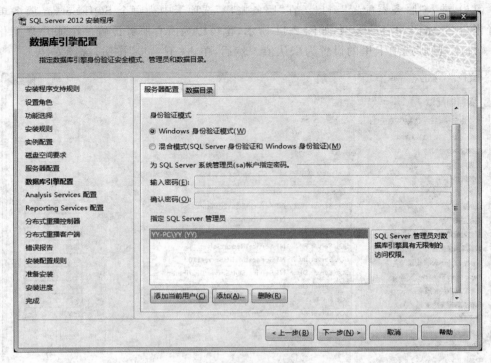

图 2-12 "数据库引擎配置"窗口

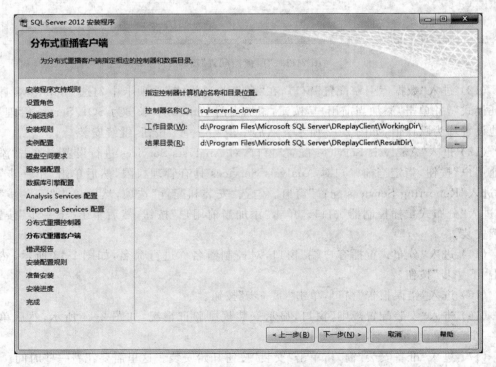

图 2-13 "分布式重播客户端"窗口

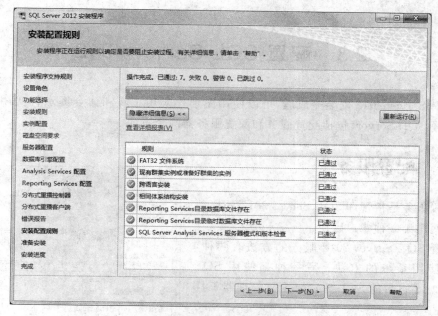

图 2-14　"安装配置规则"窗口

2.2.4　检验安装

安装完成后,需要检验是否安装成功。

1. 检验安装的服务

单击"控制面板"|"管理工具"|"服务",弹出"服务"窗口。在其服务列表中找到跟 SQL Server 2012 相关的服务,确保每一项服务都按照配置启动。根据需要,可更改启动选项,如图 2-15 所示。

2. 检验安装的工具

单击"开始"|"所有程序"|Microsoft SQL Server 2012,检验安装的组件和工具,如图 2-16 所示。

图 2-15　查看安装的 Windows 服务　　　　图 2-16　SQL Server 2012 组件和工具

37

2.3 配置 SQL Server 2012

SQL Server 2012 安装完成后,可以使用图形化实用工具和命令提示符实用工具进一步配置 SQL Server,包括配置服务和配置服务器两个方面。

2.3.1 配置服务

配置服务是指管理 SQL Server 2012 的启动状态和使用哪一种账户启动。

配置 SQL Server 2012 服务的方法有两种,一种是使用系统的方法;另一种是使用 SQL Server 2012 自带的 SQL Server 配置管理器工具的方法。

使用系统的方法,单击"控制面板"|"管理工具"|"服务",弹出"服务"窗口。在其服务列表中找到与 SQL Server 2012 相关的服务,然后右击相应的服务名称,弹出快捷菜单。选择"属性"命令,如图 2-17 所示,可以启动、停止和暂停服务。

图 2-17 "属性"窗口

使用 SQL Server 配置管理器工具的方法,单击"开始"|"所有程序"|Microsoft SQL Server 2012|"配置工具"|"SQL Server 配置管理器",然后在窗口的左边窗格中选择 "SQL Server 服务",在右边窗格将弹出服务列表,用于操作,如图 2-18 所示。

图 2-18 SQL Server 配置管理器

2.3.2　配置服务器

配置服务器主要是针对安装后的 SQL Server 2012 实例进行的，可以使用 SQL Server Management Studio、sp_configure 系统存储过程、SET 语句等方式设置服务器选项。一般使用 SQL Server Management Studio 工具配置服务器。

（1）单击"开始"|"所有程序"|Microsoft SQL Server 2012|SQL Server Management Studio，弹出"连接到服务器"对话框，如图 2-19 所示。

图 2-19　"连接到服务器"对话框

（2）将对话框中的"服务器类型"设置为"数据库引擎"，"服务器名称"设置为本地计算机名称，为"身份验证"选择"Windows 身份验证"。

（3）单击"连接"按钮，进入 SQL Server Management Studio 窗口，如图 2-20 所示。

图 2-20　SQL Server Management Studio 窗口

（4）在 SQL Server Management Studio 窗口的右窗格中，右击要设置的服务器名称，然后在弹出的快捷菜单中选择"属性"命令，如图 2-21 所示。

（5）弹出"服务器属性"窗口，其中的"常规"选项窗口中列出了当前服务器产品名称、操作系统名称、平台名称、版本号等信息，如图 2-22 所示。

图 2-21 "服务器名称"
快捷菜单

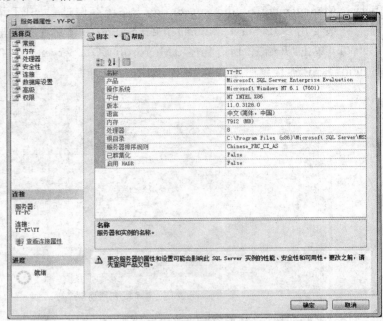

图 2-22 "服务器属性"窗口

2.4 SQL Server 2012 管理工具

SQL Server 2012 提供了大量的管理工具，以便用户对系统实现高效、快速的管理。SQL Server 2012 的管理工具主要包括 SQL Server Management Studio、SQL Server Data Tools、SQL Server 配置管理器、SQL Server Profiler、sqlcmd 和 SQL Server PowerShell。下面将介绍这些工具。

2.4.1 SQL Server Management Studio

SQL Server Management Studio 是 SQL Server 2012 提供的一种集成环境，是 SQL Server 2012 主要的客户端工具，用于访问、配置、控制、管理和开发 SQL Server 的所有组件。该工具能够处理大部分管理和开发任务。SQL Server Management Studio 将多样化的图形工具与多种功能齐全的脚本编辑器组合在一起，为开发人员和管理员访问 SQL Server 提供了极大的方便，如图 2-23 所示。

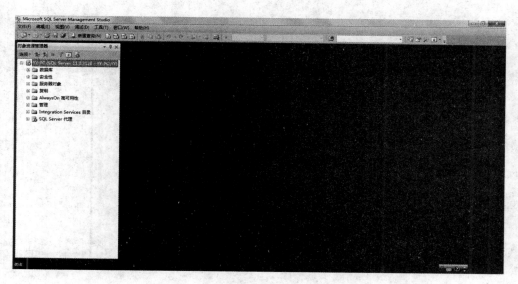

图 2-23 SQL Server Management Studio

SQL Server Management Studio 提供了以下常用功能：

（1）用于 SQL Server 数据库引擎管理和创作的单一集成环境。

（2）用于服务器的配置，数据库的管理和开发。

（3）查询编辑器用于基于脚本的管理和开发。

（4）具有筛选和自动刷新功能的新活动监视器。

SQL Server Management Studio 为开发和管理阶段提供了功能强大的工具窗口。下面介绍该窗口的相关组件。

2.4.2 SQL Server Data Tools

SQL Server Data Tools 是对 Visual Studio 2010 中的一系列数据库和商务智能开发工具的整合。类似于之前 SQL Server 版本中的 Business Intelligence Development Studio(BIDS,商务智能开发平台),SQL Server Data Tools(SSDT)提供了创建分析服务、报告服务和集成服务项目所必需的模板和组件。SSDT 2012 还添加了一些其他组件,可以开发 SQL Server 数据库项目,而且可以执行一般只在 SQL Server Management Studio 中才有的任务,如编辑数据、更新数据库对象、执行查询以及执行轻型管理,如图 2-24 所示。

2.4.3 SQL Server 配置管理器

SQL Server 配置管理器用于管理与 SQL Server 相关联的服务,为所有的 SQL Server 服务提供一个集中配置的工具,包括配置 SQL Server 使用的网络协议,以及管理与 SQL Server 客户端计算机的网络连接配置,如图 2-25 所示。

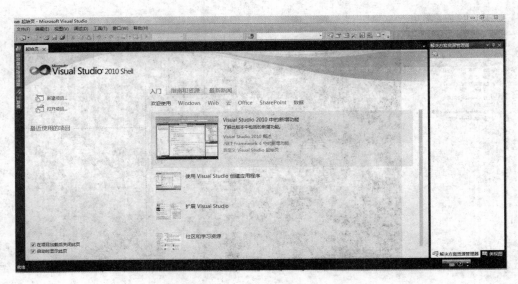

图 2-24　SQL Server Data Tools

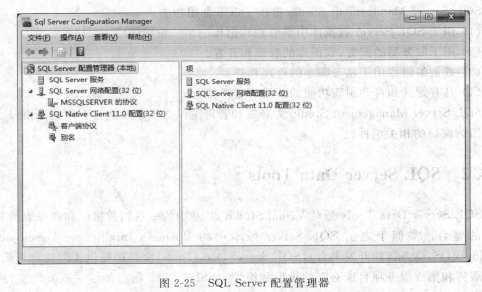

图 2-25　SQL Server 配置管理器

1. 管理服务

SQL Server 配置管理器可以用来启动、暂停、恢复或停止服务,还可以查看或更改服务属性。

2. 更改服务使用的用户名

使用 SQL Server 配置管理器可以管理 SQL Server 服务,如更改 SQL Server 或 SQL Server 代理服务使用的用户名和密码。除此之外,SQL Server 配置管理器还能执行其他操作，如在 Windows 注册表中设置权限，使新用户能够读取 SQL Server 设置。

3. 管理服务器和客户端网络协议

使用 SQL Server 配置管理器，还可以配置服务器和客户端网络协议以及连接选项；可以用于管理服务器和客户端网络协议，包括强制协议加密、查看别名属性或启用/禁用协议等；还能够创建或删除别名，更改协议使用顺序，或查看服务器别名的属性。

2.4.4　SQL Server Profiler

SQL Server Profiler 是向用户提供跟踪的图形界面，用于监视数据库引擎或 Analysis Services 的实例，是审计 SQL Server 活动必备的工具。用户可以捕获和保存相关事件的数据，以便进行分析。除此之外，它还能够进行安全审计、性能调整、诊断、记录 T-SQL 调用和存储过程调用，如图 2-26 所示。

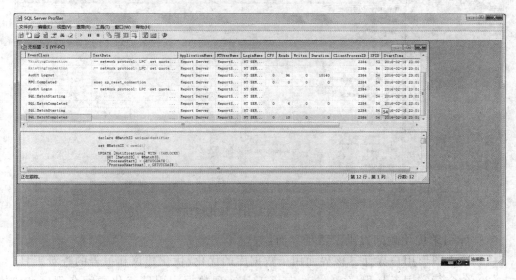

图 2-26　SQL Server Profiler

在使用 SQL Server Profiler 时，需了解以下术语。

（1）事件：事件是在数据库引擎实例中生成的操作。

（2）事件类：事件类是可跟踪的事件类型，包含所有可由事件报告的数据。

（3）事件类别：事件类别定义 SQL Server Profiler 中的事件的分组方法。

（4）数据列：数据列是通过跟踪而捕获的事件类的属性。

（5）模板：模板定义跟踪的默认配置。

（6）跟踪：跟踪是以选定的事件、数据列和筛选器为基础，从而捕获数据。

（7）筛选器：当创建跟踪或模板时，可以定义筛选事件收集数据的准则。

使用 SQL Server Profiler 可以执行下列操作：

（1）创建基于可重用模板的跟踪。

（2）当跟踪运行时，监视跟踪结果。

（3）将跟踪结果存储在表或文件中。

（4）根据需要，启动、停止、暂停和修改跟踪结果。

（5）重播跟踪结果。

2.4.5 数据库引擎优化顾问

数据库引擎优化顾问是一种工具，用于分析在一个或多个数据库中运行的工作负荷的性能效果，如图 2-27 所示。数据库引擎优化顾问还能够向用户提供在 SQL Server 数据库中添加、删除或修改物理设计结构的建议。创建这些结构之后，数据库引擎优化顾问可以通过查询处理器用最少的时间执行工作负荷任务。

图 2-27　数据库引擎优化顾问

数据库引擎优化顾问提供了两种界面：

（1）独立图形用户界面。该界面用于数据库的优化、优化建议和报告的查看工具。

（2）命令行实用工具程序 dta.exe。该工具实现数据库引擎优化顾问在程序和脚本方面的功能。

2.4.6 sqlcmd

sqlcmd 是一种命令提示实用工具。使用 sqlcmd 实用工具，可以在命令提示符处输入 T-SQL 语句、系统过程和脚本文件。sqlcmd 是作为 osql 和 isql 的替代工具而产生的，它使用 OLE DB 执行 T-SQL 批处理。

2.4.7 SQL Server PowerShell

在 SQL Server 2012 中，Microsoft 公司构建了非常稳定的 SQL Server，增加了对该

产品所有组件的支持,包括分析服务和集成服务,以及核心数据库引擎。SQL Server PowerShell 提供了一个强大的脚本外壳,DBA 和开发人员可以将服务器管理以及部署进行自动化。

2.5　连接到 SQL Server 2012 数据库

通过 SQL Server Management Studio,可以建立和 SQL Server 2012 数据库的连接。

2.5.1　数据库身份验证模式

在安装过程中需要为数据库引擎选择身份验证模式。SQL Server 2012 支持 Windows 身份验证模式和混合验证模式两种身份验证模式。混合验证模式会同时启用 Windows 身份验证和 SQL Server 身份验证。

1. Windows 身份验证模式

Windows 身份验证是默认身份验证模式,SQL Server 不要求提供密码,也不执行身份验证,较 SQL Server 身份验证安全,用户身份由 Windows 确认。Windows 身份验证模式启用 Windows 身份验证,并禁用 SQL Server 身份验证。通过验证后,就可以连接到 SQL Server。

2. 混合验证模式

用户能以 Windows 验证或 SQL Server 验证的方式连接到 SQL Server 上。当使用 SQL Server 身份验证时,必须使用 SQL Server 创建用户名和密码,并存储在 SQL Server 中。连接 SQL Server 时,用户必须提供 SQL Server 的用户名和密码。如果未设置用户名和密码,身份验证将失败,无法连接到 SQL Server 上。

2.5.2　数据库的类型

SQL Server 包含系统数据库和用户数据库两个类型。系统数据库是用来操作和管理系统的,主要有 master、model、tempdb 和 msdb 四个系统数据库。用户数据库是用户根据需要建立的。

1. master 数据库

master 数据库记录 SQL Server 系统的所有系统级信息,包括用户名、端点、链接服务器、SQL Server 的初始化信息和系统配置等。这些数据存储在系统中,数据库管理员通过系统视图和函数来使用。master 数据库对用户数据库和 SQL Server 的操作进行总体控制,因此,如果 master 数据库不可用,则 SQL Server 无法启动。所以,要经常及时地备份 master 数据库。

2. model 数据库

model 数据库提供在 SQL Server 实例上创建数据库所需的模板和原型。这个数据库包含所有用户数据库中所含的系统结构。创建一个数据库时，系统会将 model 数据库的内容复制到新数据库中。因此，修改 model 数据库内容，例如数据库大小、排序规则、恢复模式和其他数据库选项等，将应用于以后创建的所有数据库。

3. tempdb 数据库

tempdb 数据库用于存储临时表、临时存储过程和中间结果集。tempdb 数据库是一个全局资源，可供连接到 SQL Server 的所有用户使用。每次启动 SQL Server 时，都会重新创建 tempdb 数据库。在关闭 SQL Server 时，自动删除 tempdb 数据库里所有的对象。

4. msdb 数据库

msdb 数据库用于 SQL Server 代理警报、计划作业等活动。它包含所有目录信息，来支持代理服务。

实训： 体会 SQL Server 2012 的管理工具

1. 实训内容

体会 SQL Server 2012 中的各管理工具。

2. 实训目的

掌握相关管理工具。

3. 实训过程

参照 2.5 节操作 SQL Server 2012。

【常见问题与解答】

问题：VS 2012 与 SQL Server 2012 无法同时安装，如何解决？

解答：安装 VS 2012 时修改了 machine.config 配置文件，其中的 system.serviceModel 节与 SQL Server 2012 安装程序冲突了。找到并打开 machine.config 文件，把其中的 system.serviceModel 节注释掉，就能避免冲突了。

本 章 小 结

本章介绍了 SQL Server 2012 的体系结构及特性，详细介绍了 SQL Server 2012 的安装环境及安装步骤，讨论了如何配置 SQL Server 2012、SQL Server 2012 管理工具、数据库身份验证模式和数据库类型。

SQL Server 2012 提供对企业基础架构最高级别的支持——专门针对关键业务应用的多种功能与解决方案提供最高级别的可用性及性能。

SQL Server 2012 由数据库引擎、分析服务(Analysis Services)、报表服务(Reporting Services)、集成服务(Integration Services)和主数据服务(Master Data Services)五个部分组成。

SQL Server 2012 的管理工具主要包括 SQL Server Management Studio、SQL Server Data Tools、SQL Server 配置管理器、SQL Server Profiler、数据库引擎优化顾问和 sqlcmd。

SQL Server 2012 支持 Windows 身份验证模式和混合验证模式两种身份验证模式。

习　　题

一、简答题

(1) 简述 SQL Server 2012 管理工具的功能。

(2) SQL Server 2012 的身份验证模式有哪几种？各有什么区别？

(3) SQL Server 2012 系统数据库有哪些？各自的特点是什么？

二、上机实践

1. 实践目的

(1) 了解安装 SQL Server 2012 的硬件和软件要求。

(2) 掌握 SQL Server 2012 的安装过程。

(3) 掌握 SQL Server 2012 管理工具的使用方法。

2. 实践内容

(1) 安装 SQL Server 2012 Express 版。

(2) 启动 SQL Server 2012 中的 SQL Server Management Studio,查看各个组件并进行操作。

(3) 操作 SQL Server 2012 中的其他管理工具,体会其功能。

第 3 章　数据库的操作

学习目标

（1）掌握：数据库的创建和管理，数据库的分离和附加。

（2）理解：SQL Server 数据库的结构。

工作实战场景

信息管理员王明建立了学生成绩数据库模型。接下来，他要使用 SQL Server 2012 来创建学生成绩数据库。

该数据库名称为 Stugrade。其中，数据文件 grade_data 初始大小为 5MB，文件增长设置为"按 5％增长"，最大文件大小设置为 500MB；日志文件 grade_log 初始大小为 2MB，文件增长设置为"按 5MB"，最大文件大小设置为"不限制文件增长"。以上文件路径均为默认值。

引导问题

如何使用 SQL Server 2012 来创建和管理数据库？通过什么方法实现？

3.1　SQL Server 数据库的结构

SQL Server 数据库的结构包括数据存储、数据库文件、文件组和数据库对象等内容。数据库的结构主要描述 SQL Server 2012 如何分配数据库空间。

3.1.1　数据存储

SQL Server 2012 有两种存储结构，分别是逻辑存储结构和物理存储结构。逻辑存储结构说明数据库是由哪些性质的信息组成，SQL Server 的数据库不仅仅用于存储数据，所有与数据处理操作相关的信息都存储在数据库中。物理存储结构讨论数据库文件在磁盘中是如何存储的，数据库在磁盘上以文件为单位存储。

3.1.2　数据库文件

SQL Server 将数据库映射为一组操作系统文件。数据库通常由三类文件组成。

1．主数据文件

主数据文件简称主文件，是数据库的起点，指向数据库中的其他文件，包含数据库的启动信息，用于存储数据。每个数据库都必须有一个主数据文件，其默认扩展名是.mdf。

2．次要数据文件

次要数据文件用于辅助主数据文件存储数据，存储未包含在主数据文件内的其他数据。某些数据库可能不需要次要数据文件，而有些数据库需要多个次要数据文件。当数据库非常大时，可能需要多个次要数据文件；当数据库主数据文件足够大时，可以容纳所有数据，则不需要次要数据文件。次要数据文件的默认扩展名是.ndf。

3．日志文件

日志文件用于保存日后恢复数据库的所有日志信息。每个数据库必须至少有一个日志文件，也可以有多个。日志文件的默认扩展名是.ldf。

在 SQL Server 2012 中，一个数据库至少包含一个主数据文件和一个日志文件。一般情况下，数据库具有一个主数据文件和一个或多个日志文件，可能还具有次要数据文件。

3.1.3 文件组

文件组是在数据库中组织文件的一种管理机制，它将多个数据文件集合成一个整体，便于管理和分配数据。SQL Server 有两种类型的文件组：主文件组和用户定义文件组。

（1）主文件组：包含主数据文件和未明确分配给其他文件组的其他文件。系统表的所有页都分配在主文件组中。

（2）用户定义文件组：是通过在 CREATE DATABASE 或 ALTER DATABASE 语句中使用 FILEGROUP 关键字指定的任何文件组。

在创建数据表时，用户可以指定表到某个文件组，并且通过设置文件组，提高数据库的性能。用户可以指定默认文件组，否则，主文件组是默认文件组。

3.1.4 数据库对象

数据库是数据、表和其他对象的集合。下面简单介绍 SQL Server 2012 中常用的数据库对象。

1．表

表是 SQL Server 中最重要的数据库对象。表由行和列组成，定义具有关联列的行的集合，用来存储和操作数据的逻辑结构。

2．视图

视图也称虚拟表，是从一个或多个基本表中引出的表，其本身不存储实际数据。经过定义的视图,可以进行查询、修改、删除和更新。数据库中只存放视图的定义,而不存放视图对应的数据。这些数据存放在导出视图的基本表中。当基本表中的数据发生变化时,根据视图查询出的数据也发生变化。

3. 索引

索引是一种存储结构,能够在无须扫描整张数据表的情况下,实现对表中数据的快速访问。索引是关系数据库的内部实现技术,存放于存储文件中。

4. 约束

约束定义列可取的值的规则。约束机制保障了数据库中数据的一致性和完整性。

5. 存储过程

存储过程是执行预编译交互式 SQL 语句的集合,是封装了可重用代码的模块或例程。语句集合经过编译后存储在数据库中,能够接收输入参数、输出参数、返回结果和消息等。

6. 触发器

触发器是一种特殊的存储过程的形式,它与表紧密关联,当用户对表或视图中的数据进行修改时,触发器将自动执行。触发器能够实现更复杂的数据操作,有效保障数据库中数据的完整性和一致性。

7. 规则

规则包含定义存储在列里的有效值或数据类型的信息。

8. 用户定义的函数

函数被用来封装执行的逻辑,用户可以根据需要定义自己的函数。

9. 用户定义的数据类型

用户根据需要定义自己的数据类型,以 SQL Server 预定义的数据类型为基础。

3.2 使用 SQL Server Management Studio (SSMS)操作数据库

可以用 SQL Server Management Studio、T-SQL 语句两种方法创建和管理数据库。下面先介绍如何通过 SQL Server Management Studio 创建和管理数据库。

3.2.1 数据库的创建

在创建数据库时,必须为其确定名称,为每一个文件指定逻辑名、物理名和大小等。

具体步骤如下所述。

（1）打开 SQL Server Management Studio，连接到 SQL Server 上的数据库引擎。

（2）展开服务器，然后右击"数据库"文件夹，在弹出的快捷菜单中选择"新建数据库"命令，如图 3-1 所示。

图 3-1　"数据库"快捷菜单中的"新建数据库"命令

（3）打开"新建数据库"对话框，如图 3-2 所示。在"常规"页中，输入新的"数据库名称"为 newtest1；在"数据库文件"栏中确定数据库文件的逻辑名称、初始大小、自动增长方式、存储位置等。"更改 newtest1 的自动增长设置"对话框见图 3-3。

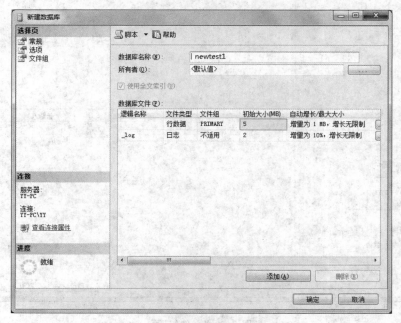

图 3-2　"新建数据库"对话框

51

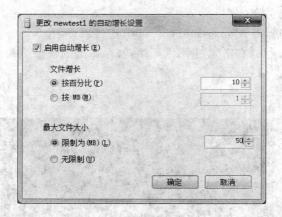

图 3-3　"更改 newtest1 的自动增长设置"对话框

（4）若要添加数据文件或日志文件，单击"新建数据库"对话框下方的"添加"按钮，然后输入相应的信息。

（5）若要添加文件组，选择"文件组"页，单击"添加"按钮，然后输入文件组名称，如图 3-4 所示。

图 3-4　"文件组"页

（6）单击"确定"按钮，完成数据库的创建，如图 3-5 所示。

说明：数据库选项有很多，下面介绍创建数据库时设置的常用数据库选项及其默认值。

图 3-5　数据库创建完成

1. "自动"选项

表 3-1 所示为每个数据库都可以使用的"自动"选项。

表 3-1　"自动"选项

选　　项	说　　明	默　认　值
AUTO_CLOSE（自动关闭）	当设置为 ON 时，数据库将在最后一个用户断开连接后完全关闭，它占用的资源也将释放。当用户尝试再次使用该数据库时，该数据库将自动重新打开	除 SQL Server Express 版之外的其他版本都默认为 False
AUTO_CREATE_STATISTICS（自动创建统计信息）	当设置为 ON 时，将自动创建所有缺少的统计信息。如果设置为 OFF，将不自动创建统计信息	True
AUTO_UPDATE_STATISTICS（自动更新统计信息）	当设置为 ON 时，在查询优化中会重建所有过期统计信息。当设置为 OFF 时，统计信息必须手动创建	True
AUTO_SHRINK（自动收缩）	当设置为 ON 时，数据库文件在 30 分钟后自动收缩，并且当数据库未使用空间超过 25％时，释放空间。数据文件和日志文件都可以通过 SQL Server 自动收缩	False
AUTO_UPDATE_STATISTICS_ASYNC（自动异步更新统计信息）	当设置为 True 时，异步更新统计信息	False

2. "游标"选项

表 3-2 所示为"游标"选项的参数。

表 3-2　"游标"选项

选　　项	说　　明	默认值
CURSOR_CLOSE_ON_COMMIT（提交时关闭游标功能已启用）	当设置为 ON 时，所有打开的游标都将在提交或回滚事务时关闭 当设置为 OFF 时，打开的游标将在提交事务时仍保持打开，回滚事务将关闭所有游标，但定义为 INSENSITIVE 或 STATIC 的游标除外	OFF

续表

选　项	说　明	默认值
CURSOR_DEFAULT（默认游标）	如果指定了 LOCAL，而创建游标时没有将其定义为 GLOBAL，游标的作用域将局限于创建游标时所在的批处理、存储过程或触发器。游标名仅在该作用域内有效 　　如果指定了 GLOBAL，而创建游标时没有将其定义为 LOCAL，游标的作用域将是相应连接的全局范围。在由连接执行的任何存储过程或批处理中，都可以引用该游标名称	GLOBAL

3. 恢复模式

表 3-3 所示为恢复模式的参数。

表 3-3　恢复模式

选　项	说　明	默认值
完整	允许发生错误时恢复数据库。在发生错误时，可以及时地使用事务日志恢复数据库	完整
大容量日志	当执行操作的数据量比较大时，只记录该操作事件，并不记录插入的细节	
简单	每次备份数据库时清除事务日志。该选项表示根据最后一次对数据库的备份进行恢复	

4. "恢复"选项

"恢复"选项用来控制数据库的恢复模式。表 3-4 所示为"恢复"选项的参数。

表 3-4　"恢复"选项

选　项	说　明	默认值
RECOVERY（目标恢复时间）	目标恢复时间以秒来计算	0
PAGE_VERIFY（页验证）	当指定为 CHECKSUM 时，数据库引擎将在页面写入磁盘时，计算整个页的内容的校验和，并存储页头中的值。从磁盘中读取页时，将重新计算校验和，并与存储在页头中的校验和值进行比较。当指定为 TORN_PAGE_DETECTION 时，在页面写入磁盘时，每 512 字节的扇区就有 1 位被反写。当指定为 NONE 时，数据库页写入将不生成 CHECKSUM 或 TORN_PAGE_DETECTION 值，即使 CHECKSUM 或 TORN_PAGE_DETECTION 值在页头中出现，读取页面时也不做验证	CHECKSUM

3.2.2　数据库的修改和删除

1. 数据库的修改

当数据库创建后,数据文件名和日志文件名不能修改,有时需要对数据库其他选项进行修改,如增加或删除数据文件和日志文件、修改数据文件和日志文件的大小、增长方式、修改数据库选项等。

下面以前面创建的 newtest1 数据库为例,介绍主要操作步骤。

(1) 打开 SQL Server Management Studio,连接到 SQL Server 上的数据库引擎。

(2) 展开服务器,展开"数据库"文件夹。

(3) 选择要修改的数据库 newtest1,右击,在弹出的快捷菜单中选择"属性"命令,如图 3-6 所示。

(4) 打开"数据库属性-newtest1"对话框,如图 3-7 所示。

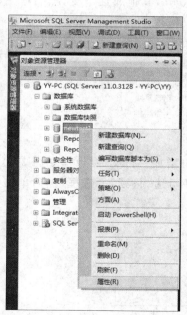

图 3-6　"newtest1 数据库"快捷菜单　　　　　　图 3-7　"数据库属性-newtest1"对话框

(5) 在"文件"页中,修改数据文件的初始大小、增长方式等,可添加或删除数据文件。

(6) 修改完毕,单击"确定"按钮。

【例 3-1】　在 newtest1 数据库中,将其主文件的初始大小修改为 20MB,主文件增长方式修改为"按百分比增长",每次增长 10%,最大增长到 500MB;并向该数据库中添加数据文件 newtest1_data,其属性取默认值;再向该数据库添加一个名为 newgroup 的文件组,并设置为"只读"。

（1）打开 SQL Server Management Studio，连接到 SQL Server 上的数据库引擎。

（2）展开服务器，展开"数据库"文件夹。

（3）选择要修改的数据库 newtest1，右击，在弹出的快捷菜单中选择"属性"命令。

（4）打开"数据库属性-newtest1"对话框。在"文件"页"主文件的初始大小"文本框内输入 20；单击主文件"自动增长"栏后的按钮，弹出"更改 newtest1 的自动增长设置"对话框，将"增长方式"设置为"按百分比增长，每次增长 10%，限制文件增长到 500MB"，如图 3-8 所示。最后，单击"确定"按钮。

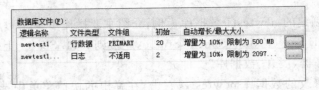

图 3-8　修改数据库文件属性

（5）单击"文件"页右下方的"添加"按钮，数据库文件下方增加一行文件项，如图 3-9 所示。在该文件项的"逻辑名称"文本框中输入 newtest1_data，其他属性不变，然后单击"确定"按钮。

数据库文件(F)：				
逻辑名称	文件类型	文件组	初始…	自动增长/最大大小
newtest1	行数据	PRIMARY	20	增量为 10%，限制为 500 MB
newtest1_log	日志	不适用	2	增量为 10%，限制为 2097…
newtest1_data	行数据	PRIMARY	5	增量为 1 MB，增长无限制

图 3-9　添加数据库文件

（6）单击"文件组"页右下方的"添加"按钮，文件组下方增加一行文件组项，如图 3-10 所示。在该文件组项的"名称"文本框中输入 newgroup，并勾选"只读"复选框，然后单击"确定"按钮，完成数据库的修改。

行(O)			
名称	文件	只读	默认值
PRIMARY	2	☐	☑
test1	0	☐	☐
newgroup	0	☑	☐

图 3-10　添加文件组

说明：修改数据库文件的初始大小时，新指定的空间大小值需大于或等于当前文件初始空间的值；修改数据库后，最好及时备份 master 数据库。

删除数据库文件或文件组时，选中需删除的文件或文件组，然后单击窗口右下方的"删除"按钮，单击"确定"按钮后即可删除。但不能删除主文件组（PRIMARY）。

【例 3-2】　将创建的数据库 newtest1 的名称修改为 newtest。

（1）打开 SQL Server Management Studio，连接到 SQL Server 上的数据库引擎。

（2）展开服务器，展开"数据库"文件夹。

（3）选择要修改的数据库 newtest1，右击，在弹出的快捷菜单中选择"重命名"命令，如图 3-11 所示。

（4）输入新的数据库名称 newtest，成功修改数据库的名称，如图 3-12 所示。

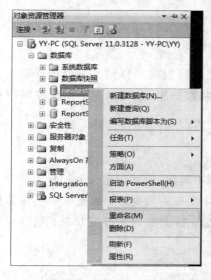

图 3-11　"数据库重命名"快捷菜单

图 3-12　完成数据库重命名

说明：重命名数据库的前提条件是确保没有人使用该数据库，并且将数据库设置为单用户模式。

由于数据库创建之后，大多数应用程序可能已经使用该名称，因此，不建议用户重命名已经创建好的数据库。

2. 数据库的删除

数据库系统长时间使用之后，运行效率逐渐下降，有一些数据库不再需要使用，或者已被移到其他数据库或服务器上，这时可以删除这些数据库。数据库删除之后，文件及其数据都被删除，及时释放所占的资源和空间。

【例 3-3】　删除 newtest 数据库。

（1）打开 SQL Server Management Studio，连接到 SQL Server 上的数据库引擎。

（2）展开服务器，展开"数据库"文件夹。

（3）选择数据库 newtest，右击，在弹出的快捷菜单中选择"删除"命令，如图 3-13 所示。

（4）弹出"删除对象"对话框，单击"确定"按钮，

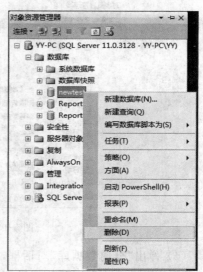

图 3-13　删除数据库

删除 newtest 数据库。

说明：数据库删除之后，它将被永久删除，不能再对该数据库进行任何操作，应及时备份 master 数据库。当有用户正在使用某个数据库时，该数据库是不能被删除的。系统数据库是不能被删除的。

3.2.3　分离和附加数据库

在实际应用中，需要通过数据库的分离和附加来将数据库移到另一台计算机上。分离和附加功能允许在实例和服务器之间移动与复制数据库，也可以在不删除关联数据文件和日志文件的情况下从实例中移走数据库。

1. 分离数据库

分离数据库是指将数据库从 SQL Server 实例中删除，但其数据文件和日志文件不删除。但以下情况的数据库是不能分离的：已复制并发布的数据库；数据库中存在数据库快照；数据库正在某个数据库镜像会话中进行镜像；数据库处于可疑状态；数据库是系统数据库。

【例 3-4】　分离 newtest 数据库。

(1) 打开 SQL Server Management Studio，连接到 SQL Server 上的数据库引擎。

(2) 展开服务器，展开"数据库"文件夹。

(3) 选择数据库 newtest，右击，在弹出的快捷菜单中选择"任务"|"分离"命令，如图 3-14 所示。

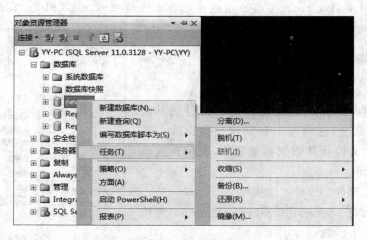

图 3-14　"分离数据库"快捷菜单

(4) 弹出"分离数据库"对话框，如图 3-15 所示。

(5) 单击"确定"按钮，完成数据库的分离。

说明：在图 3-15 中，相应选项的含义如下所述。

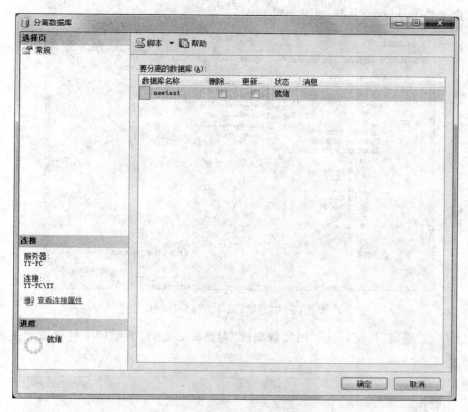

图 3-15　"分离数据库"对话框

（1）删除连接：指完成删除操作前，删除所有到数据库的连接。

（2）更新统计信息：使数据库方便地使用只读介质。若要更新现有的优化统计信息，需勾选"更新统计信息"复选框。

2. 附加数据库

SQL Server 2012 数据库可以通过复制数据库的逻辑文件和日志文件来备份。使用已经备份的数据库文件来恢复数据库的方式叫做附加数据库。

【例 3-5】　将例 3-4 中分离的 newtest 数据库附加到本地服务器中。

（1）打开 SQL Server Management Studio，连接到 SQL Server 上的数据库引擎。

（2）展开服务器，右击"数据库"文件夹，在弹出的快捷菜单中选择"附加"命令，如图 3-16 所示。

（3）弹出"附加数据库"对话框，单击"添加"按钮，然后在弹出的"定位数据库文件"对话框中选择要导入

图 3-16　"附加数据库"快捷菜单

的数据库文件 newtest1. mdf，如图 3-17 所示。

图 3-17　"定位数据库文件"对话框

（4）单击"确定"按钮，返回"附加数据库"对话框。此时，数据库文件已添加进来，如图 3-18 所示。

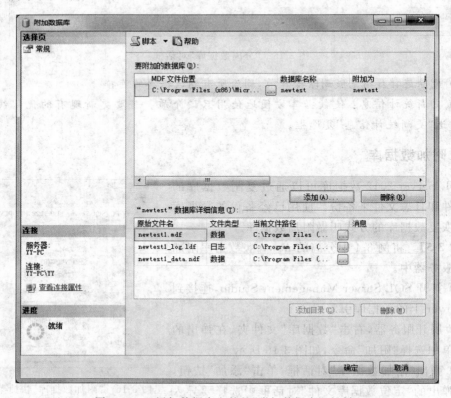

图 3-18　已添加数据库文件的"附加数据库"对话框

（5）单击"确定"按钮，开始附加 newtest 数据库。附加成功后，在"数据库"文件夹下可以找到 newtest 数据库，如图 3-19 所示。

说明：附加数据库时，所有数据库文件都必须可用。如果任何数据库文件的路径不同于第一次创建数据库或上次附加数据库时的路径，则必须指定文件的当前路径。如果当前数据库中存在与要附加的数据库同名的数据库，附加操作将失败。

图 3-19 成功附加 newtest 数据库

3.3 使用 Transact-SQL(T-SQL)语句操作数据库

除了使用 SQL Server Management Studio 的图形界面方式创建和管理数据库以外，还可以使用 T-SQL 语句创建和管理数据库。下面介绍如何使用 T-SQL 语句创建和管理数据库。

3.3.1 创建数据库

用 T-SQL 语句创建数据库，使用 CREATE DATABASE 命令。创建前，要确保用户具有创建数据库的权限。

语法格式如下所示：

```
CREATE DATABASE database_name
[ ON
    { [ PRIMARY ] [ < filespec > [ ,...n ]
    [ , < filegroup > [ ,...n ] ]
    [ LOG ON { < filespec > [ ,...n ] } ] }
    ]
    [ COLLATE collation_name ]
    [ WITH < external_access_option > ]
    [FOR { ATTACH | ATTACH_REBUILD_LOG }
]
[;]
```

其中，

```
< filespec > : : =
{(
    NAME = logical_file_name ,
        FILENAME = { 'os_file_name' | 'filestream_path' }
        [ , SIZE = size [ KB | MB | GB | TB ] ]
        [ , MAXSIZE = { max_size [ KB | MB | GB | TB ] | UNLIMITED } ]
        [ , FILEGROWTH = growth_increment [ KB | MB | GB | TB | % ] ]
) [ ,...n ]
```

```
}
< filegroup > :: =
{
    FILEGROUPfilegroup_name [ CONTAINS FILESTREAM ] [ DEFAULT ]
    < filespec > [ ,...n ]
}
< external_access_option > :: =
{
  [ DB_CHAINING { ON | OFF } ]
  [ , TRUSTWORTHY { ON | OFF } ]
}
```

说明：T-SQL 语言的约定和说明如表 3-5 所示。

表 3-5　T-SQL 语言的约定和说明

约　　定	说　　明
|	分隔括号或大括号中的语法项,只能选其一
[]	可选语法项
{}	必选语法项
[,...n]	前面的项可以重复 n 次,每一项由逗号分隔
[...n]	前面的项可以重复 n 次,每一项由空格分隔
[;]	可选的终止符
<label>:: =	语法块的名称
语法中的大写部分	T-SQL 语言中的关键语法

说明如下。

（1）database_name：新创建数据库的名称。数据库名称在 SQL Server 的实例中必须唯一,并且必须符合标识符规则,长度不可超过 128 个字符。

（2）ON 子句：指定用来存储数据库的数据文件和文件组。PRIMARY 用来指定主文件。

（3）<filespec>：控制数据库文件的属性。其中,logical_file_name 指定文件的逻辑名称;'os_file_name'是创建文件时由操作系统使用的路径和文件名;'filestream_path'对于 FILESTREAM 文件组,FILENAME 指向将存储 FILESTREAM 数据的路径;size 指定文件的大小;max_size 指定文件可增大到的最大值;growth_increment 指定文件的自动增量。

（4）<filegroup>：控制数据库文件组的属性。其中,filegroup_name 是文件组的逻辑名称;CONTAINS FILESTREAM 指定文件组在文件系统中存储 FILESTREAM 二进制大型对象（BLOB）;DEFAULT 指定命名文件组为数据库中的默认文件组。

（5）<external_access_option>：控制外部与数据库之间的双向访问。

① DB_CHAINING { ON | OFF }：当指定为 ON 时,数据库可以为跨数据库所有权链的源或目标;当指定为 OFF 时,数据库不能参与跨数据库所有权链接,默认值为 OFF。

② TRUSTWORTHY〔ON | OFF〕：当指定为 ON 时，模拟上下文中的数据库模块（例如视图、用户定义函数或存储过程）可以访问数据库以外的资源；当指定为 OFF 时，模拟上下文中的数据库模块不能访问数据库以外的资源。默认值为 OFF。

（6）FOR 子句：其中，FOR ATTACH 指定通过附加一组现有的操作系统文件来创建数据库，必须指定数据库的主文件；FOR ATTACH_REBUILD_LOG 指定通过附加一组现有的操作系统文件来创建数据库，此选项不需要所有日志文件。

【例 3-6】 创建数据库，名为 test1，其他值均取默认值。

（1）打开 SQL Server Management Studio，连接到 SQL Server 上的数据库引擎。

（2）在 SSMS 窗口单击左上方的"新建查询"按钮，新建一个查询窗口，如图 3-20 所示。

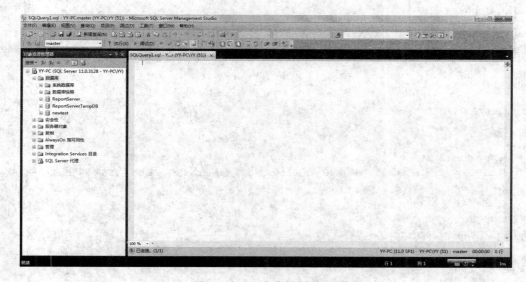

图 3-20 "查询分析器"界面

（3）在查询分析器中，输入以下 T-SQL 语句：

```
CREATE DATABASE test1
```

（4）输入完毕，单击 SSMS 窗口上方的"执行"按钮，结果如图 3-21 所示。

（5）在对象资源管理器中选择"数据库"，右击，在弹出的快捷菜单中选择"刷新"命令，即可看到创建的 test1 数据库。

【例 3-7】 创建一个名为 test2 的数据库，其初始大小为 5MB，最大大小为 100MB，允许数据库自动增长，按 20% 比例增长；日志文件初始大小为 3MB，最大可增长到 10MB，按 1MB 增长。数据库文件存放位置为 C:\Program Files（x86）\Microsoft SQL Server\MSSQL11. MSSQLSERVER\MSSQL\DATA。

（1）打开 SQL Server Management Studio，连接到 SQL Server 上的数据库引擎。

（2）在 SSMS 窗口单击左上方的"新建查询"按钮，新建一个查询窗口，并在查询分析器中输入如下 T-SQL 语句：

63

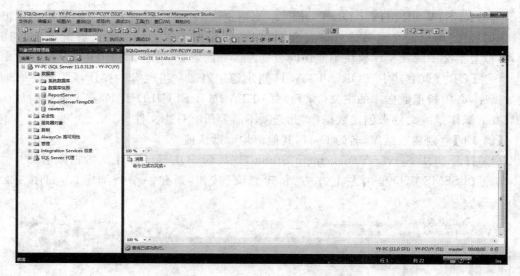

图 3-21　成功创建 test1 数据库

```
CREATE DATABASE test2
ON
(
NAME = 'test2_data',
FILENAME = 'C:\Program Files (x86)\Microsoft SQL Server\MSSQL11.MSSQLSERVER\MSSQL\DATA\
test2.mdf',
SIZE = 5MB,
MAXSIZE = 100MB,
FILEGROWTH = 20 %
)
LOG ON
(
NAME = 'test2_log',
FILENAME = 'C:\Program Files (x86)\Microsoft SQL Server\MSSQL11.MSSQLSERVER\MSSQL\DATA\
test2.ldf',
SIZE = 3MB,
MAXSIZE = 10MB,
FILEGROWTH = 1MB
);
```

(3) 输入完毕,单击 SSMS 窗口上方的"执行"按钮,结果如图 3-22 所示。

【例 3-8】　创建一个名为 test3 的数据库,其初始大小为 10MB,最大大小为 100MB,允许数据库自动增长,按 5% 比例增长;日志文件初始大小为 2MB,最大可增长到 50MB,按 2MB 增长。数据库文件存放位置为 C:\SQL\DATA。

(1) 先在 C 盘下创建 SQL 文件夹,再在 SQL 文件夹下创建 DATA 子文件夹。

(2) 打开 SQL Server Management Studio,连接到 SQL Server 上的数据库引擎。

(3) 在 SSMS 窗口单击左上方的"新建查询"按钮,新建一个查询窗口,并在查询分析器中输入如下 T-SQL 语句:

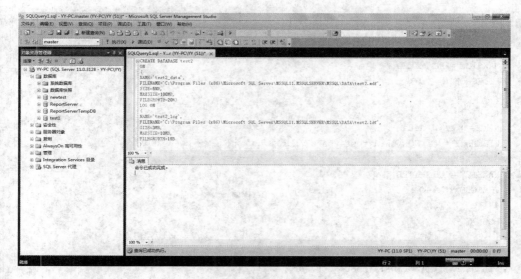

图 3-22 成功创建 test2 数据库

```
CREATE DATABASE test3
ON
(
NAME = 'test3_data',
FILENAME = 'C:\SQL\DATA\test3.mdf',
SIZE = 10MB,
MAXSIZE = 100MB,
FILEGROWTH = 5 %
)
LOG ON
(
NAME = 'test3_log',
FILENAME = 'C:\SQL\DATA\test3.ldf',
SIZE = 2MB,
MAXSIZE = 50MB,
FILEGROWTH = 2MB
);
```

（4）输入完毕，单击 SSMS 窗口上方的"执行"按钮，成功创建 test3 数据库。

【例 3-9】 创建一个名为 test4 的数据库，它有三个数据文件。其中，test4_data1 是主文件，初始大小为 10MB，最大大小不限，按 20％增长；test4_data2 是次要数据文件，初始大小为 8MB，最大大小不限，按 10％增长；test4_log 是日志文件，初始大小为 20MB，最大大小为 100MB，按 2MB 增长。数据文件存放位置为 C:\SQL\DATA。

在查询分析器中输入如下 T-SQL 语句并执行：

```
CREATE DATABASE test4
ON
PRIMARY(
```

```
NAME = 'test4_data1',
FILENAME = 'C:\SQL\DATA\test4_data1.mdf',
SIZE = 10MB,
MAXSIZE = UNLIMITED,
FILEGROWTH = 20 %
),
(
NAME = 'test4_data2',
FILENAME = 'C:\SQL\DATA\test4_data2.ndf',
SIZE = 8MB,
MAXSIZE = UNLIMITED,
FILEGROWTH = 10 %
)
LOG ON
(
NAME = 'test4_log',
FILENAME = 'C:\SQL\DATA\test4_log.ldf',
SIZE = 20MB,
MAXSIZE = 100MB,
FILEGROWTH = 2MB
);
```

运行结果如图 3-23 所示。

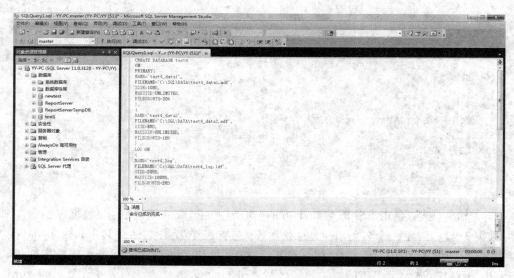

图 3-23　成功创建 test4 数据库

【例 3-10】　创建一个具有两个文件组的数据库 test5。其中，主文件组包括文件 test5_data1，初始大小 5MB，最大大小为 50MB，按 1MB 增长；一个文件组名为 test5group1，包括文件 test5_data2，文件初始大小为 5MB，最大大小为 50MB，按 10％增长。数据文件存放位置为 C:\SQL\DATA。

在查询分析器中输入如下 T-SQL 语句并执行：

```
CREATE DATABASE test5
ON
PRIMARY(
NAME = 'test5_data1',
FILENAME = 'C:\SQL\DATA\test5_data1.mdf',
SIZE = 5MB,
MAXSIZE = 50MB,
FILEGROWTH = 1MB
),
FILEGROUP test5group1
(
NAME = 'test5_data2',
FILENAME = 'C:\SQL\DATA\test5_data2.ndf',
SIZE = 5MB,
MAXSIZE = 50MB,
FILEGROWTH = 10 %
)
```

运行结果如图 3-24 所示。

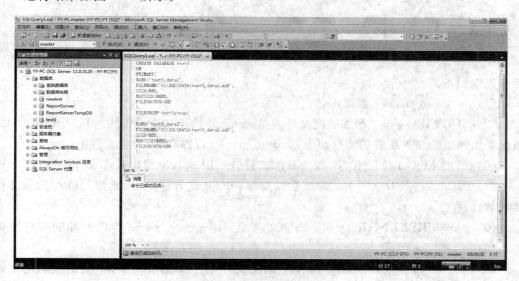

图 3-24 成功创建 test5 数据库

3.3.2 修改数据库

使用 ALTER DATABASE 命令可以修改数据库,包括增加或删除数据文件,改变数据文件、日志文件的大小和增长方式,增加或删除日志文件,增加或删除文件组。

语法格式如下所示:

```
ALTER DATABASE database_name
{ADD FILE < filespec >[,...n][TO FILEGROUP filegroup _name]
```

```
|ADD LOG FILE <filespec>[,...n]
|REMOVE FILE logical_file_name
|ADD FILEGROUP filegroup_name[CONTAINS FILESTREAM]
|REMOVE FILEGROUP filegroup_name
|MODIFY FILE <filespec>
|MODIFY NAME = new_dbname
|MODIFY FILEGROUP filegroup_name
{<filegroup_updatability_option>
|DEFAULT
|NAME = new_filegroup_name
}
}
[;]
```

其中，

```
<filegroup_updatability_option>::=
{
{READONLY|READWRITE}
|{READ_ONLY|READ_WRITE}
}
```

说明如下。

(1) database_name：数据库名。

(2) ADD FILE 子句：添加数据文件。<filespec>给出文件的属性。TO FILEGROUP 指出添加的数据文件所在的文件组 filegroup_name，若省略，则为主文件组。

(3) ADD LOG FILE 子句：添加日志文件。<filespec>给出日志文件的属性。

(4) REMOVE FILE 子句：删除数据文件。logical_file_name 给出删除的数据文件的参数。

(5) ADD FILEGROUP 子句：添加文件组。filegroup_name 给出添加的文件组的参数。

(6) REMOVE FILEGROUP 子句：删除文件组。filegroup_name 给出删除的文件组的参数。

(7) MODIFY FILE 子句：修改数据文件的属性。<filespec>给出文件的属性。

(8) MODIFY NAME 子句：更改数据库名。new_dbname 给出新的数据库名。

(9) MODIFY FILEGROUP 子句：更改文件组的属性。filegroup_name 是要修改的文件组名称，READONLY 和 READ_ONLY 选项用于设置文件组为只读，READWRITE 和 READ_WRITE 选项用于设置文件组为读/写模式。DEFAULT 选项表示将默认数据库文件组改为 filegroup_name。NAME 选项用于将文件组名称改为 new_filegroup_name。

【例 3-11】 在例 3-9 中创建了 test4 数据库。其中，test4_data1 是主文件，初始大小为 10MB，最大大小不限，按 20％增长。现修改为：将其最大大小改为 100MB，按 10MB

增长。

　　在查询分析器中输入如下 T-SQL 语句并执行：

```
ALTER DATABASE test4
MODIFY FILE
(
NAME = test4_data1,
MAXSIZE = 100MB,
FILEGROWTH = 10MB
);
```

　　成功执行后，在对象资源管理器里，右击"数据库"文件夹，在弹出的快捷菜单中选择"刷新"命令；然后右击数据库 test4，在弹出的快捷菜单中选择"属性"命令，弹出"数据库属性-test4"对话框。在"文件"页中查看修改后的数据文件，如图 3-25 所示。

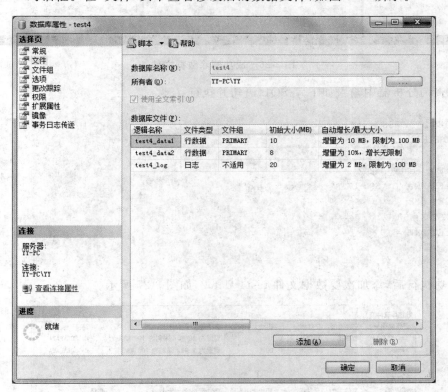

图 3-25　修改后的数据文件

　　【例 3-12】　先从数据库 test4 中删除数据文件 test4_data2，然后增加次要数据文件 test4_data2。要求初始大小为 8MB，最大大小为 50MB，按 10％增长。

　　在查询分析器中输入如下 T-SQL 语句并执行：

```
ALTER DATABASE test4
REMOVE FILE test4_data2
```

执行结果如图 3-26 所示。

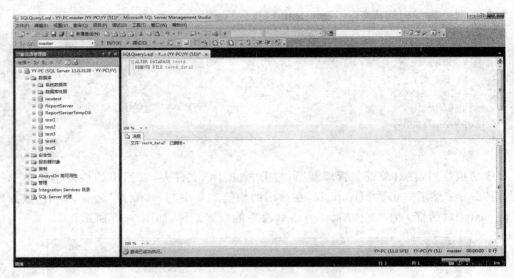

图 3-26　成功删除数据文件

在查询分析器中输入如下 T-SQL 语句并执行:

```
ALTER DATABASE test4
ADD FILE
(
NAME = 'test4_data2',
FILENAME = 'C:\SQL\DATA\test4_data2.ndf',
SIZE = 8MB,
MAXSIZE = 50MB,
FILEGROWTH = 10 %
);
```

成功执行后,添加次要数据文件 test4_data2,如图 3-27 所示。

数据库文件(F):

逻辑名称	文件类型	文件组	初始大小(MB)	自动增长/最大大小	路径
test4_data1	行数据	PRIMARY	10	增量为 10 MB , 限制为 100 MB	C:\SQL\DATA
test4_log	日志	不适用	20	增量为 2 MB , 限制为 100 MB	C:\SQL\DATA

数据库文件(F):

逻辑名称	文件类型	文件组	初始大小(MB)	自动增长/最大大小	路径
test4_data1	行数据	PRIMARY	10	增量为 10 MB , 限制为 100 ...	C:\SQL\DATA
test4_data2	行数据	PRIMARY	8	增量为 10%, 限制为 50...	C:\SQL\DATA
test4_log	日志	不适用	20	增量为 2 MB , 限制为 1...	C:\SQL\DATA

图 3-27　添加次要数据文件前后对比

【例 3-13】 为数据库 test4 添加文件组 test4group,并为该文件组添加一个数据文件 test4_data3,初始大小为 2MB,最大大小为 50MB,按 10%增长。

在查询分析器中输入如下 T-SQL 语句并执行:

```
ALTER DATABASE test4
ADD FILEGROUP test4group
GO
ALTER DATABASE test4
ADD FILE
(NAME = 'test4_data3',
FILENAME = 'C:\SQL\DATA\test4_data3.ndf',
SIZE = 2MB,
MAXSIZE = 50MB,
FILEGROWTH = 10 %
)
TO FILEGROUP test4group
```

执行结果如图 3-28 所示。

逻辑名称	文件类型	文件组	初始大小(MB)	自动增长/最大大小		路径
test4_data1	行数据	PRIMARY	10	增量为 10 MB，限制为 ...	...	C:\SQL\DATA
test4_data2	行数据	PRIMARY	8	增量为 10%，限制为 50...	...	C:\SQL\DATA
test4_data3	行数据	test4group	2	增量为 10%，限制为 50...	...	C:\SQL\DATA
test4_log	日志	不适用	20	增量为 2 MB，限制为 1...	...	C:\SQL\DATA

图 3-28　成功添加数据文件至文件组

【例 3-14】　删除例 3-13 中创建的 test4group 文件组。

在查询分析器中输入如下 T-SQL 语句并执行：

```
ALTER DATABASE test4
REMOVE FILE test4_data3
GO
ALTER DATABASE test4
REMOVE FILEGROUP test4group
```

执行结果如图 3-29 所示。

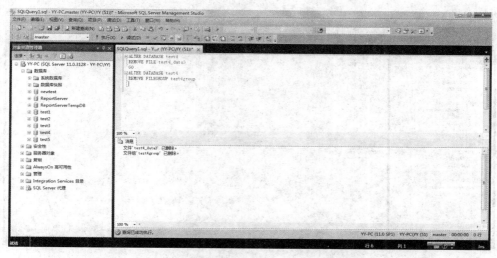

图 3-29　删除 test4group 文件组的执行结果

说明：被删除的文件组中的数据文件必须先删除，主文件组是不能删除的。

【例 3-15】　为数据库 test4 添加日志文件 test4_log2,初始大小为 1MB,最大大小为 30MB,按 10％增长。

在查询分析器中输入如下 T-SQL 语句并执行：

```
ALTER DATABASE test4
ADD LOG FILE
(
NAME = 'test4_log2',
FILENAME = 'C:\SQL\DATA\test4_log2.ldf',
SIZE = 1MB,
MAXSIZE = 30MB,
FILEGROWTH = 10 %
)
```

执行结果如图 3-30 所示。

逻辑名称	文件类型	文件组	初始大小(MB)	自动增长/最大大小		路径
test4_data1	行数据	PRIMARY	10	增量为 10 MB，限制为 …	…	C:\SQL\DATA
test4_data2	行数据	PRIMARY	8	增量为 10%，限制为 50…	…	C:\SQL\DATA
test4_log	日志	不适用	20	增量为 2 MB，限制为 1…	…	C:\SQL\DATA
test4_log2	日志	不适用	1	增量为 10%，限制为 30…	…	C:\SQL\DATA

图 3-30　成功添加日志文件

【例 3-16】　删除例 3-15 中创建的日志文件 test4_log2。

在查询分析器中输入如下 T-SQL 语句并执行：

```
ALTER DATABASE test4
    REMOVE FILE test4_log2
```

执行结果如图 3-31 所示。

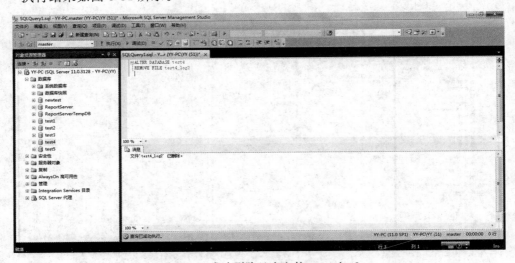

图 3-31　成功删除日志文件 test4_log2

说明：不能删除主日志文件。

3.3.3 查看数据库信息

在 SQL Server 2012 中，可以使用存储过程来查看数据库的属性。

1. 使用 sp_helpdb 查看数据库信息

语法格式如下所示：

```
sp_helpdb [database_name]
```

其中，database_name 指定数据库名称。若不给出指定数据库，则显示服务器中所有数据库的信息。

【例 3-17】 查看 test5 数据库的信息。

在查询分析器中输入如下 T-SQL 语句并执行：

```
EXEC sp_helpdb test5
```

执行结果如图 3-32 所示。

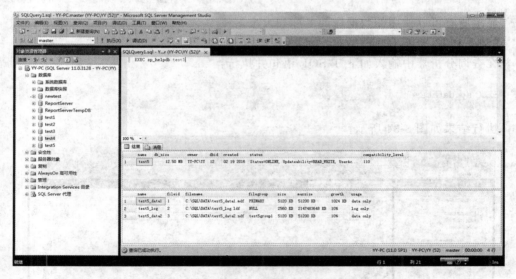

图 3-32　查看数据库 test5 的信息

【例 3-18】 查看服务器中所有数据库的信息。

在查询分析器中输入如下 T-SQL 语句并执行：

```
EXEC sp_helpdb
```

执行结果如图 3-33 所示。

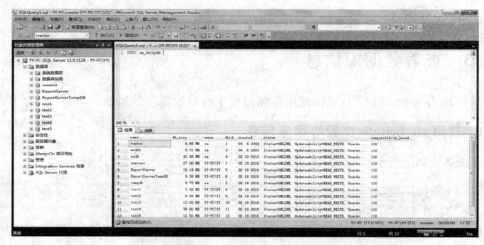

图 3-33　查看所有数据库的信息

2. 使用 sp_databases 查看可以使用的数据库的信息

语法格式如下所示：

sp_databases

显示所有可以使用的数据库的名称和大小。

【例 3-19】　查看有哪些数据库可以使用。

在查询分析器中输入如下 T-SQL 语句并执行：

EXEC sp_databases

执行结果如图 3-34 所示。

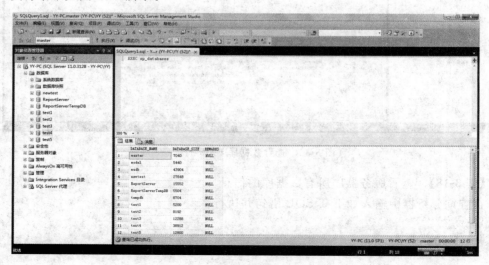

图 3-34　查看可用数据库的信息

3. 使用 sp_helpfile 查看数据库文件信息

语法格式如下所示：

```
sp_helpfile [filename]
```

显示与当前数据库关联的文件的物理名称及属性。若不指定文件名，则显示数据库所有文件的信息。

【例 3-20】 查看 test5 数据库中的日志文件的信息。

在查询分析器中输入如下 T-SQL 语句并执行：

```
EXEC sp_helpfile test5_log
```

执行结果如图 3-35 所示。

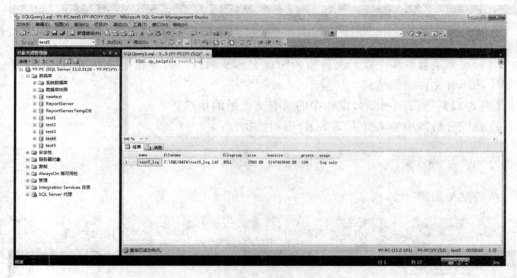

图 3-35 查看 test5 数据库中的日志文件的信息

【例 3-21】 查看 test5 数据库中的所有文件的信息。

在查询分析器中输入如下 T-SQL 语句并执行：

```
EXEC sp_helpfile
```

执行结果如图 3-36 所示。

4. 使用 sp_helpfilegroup 查看文件组信息

语法格式如下所示：

```
sp_helpfilegroup [filename]
```

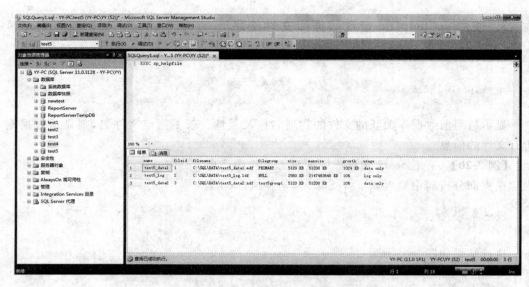

图 3-36　查看 test5 数据库中的所有文件的信息

显示与当前数据库关联的文件组的物理名称及属性。若不指定文件组名，显示当前数据库的所有文件组的信息。

【例 3-22】　查看 test5 数据库中的所有文件组的信息。

在查询分析器中输入如下 T-SQL 语句并执行：

```
EXEC sp_helpfilegroup
```

执行结果如图 3-37 所示。

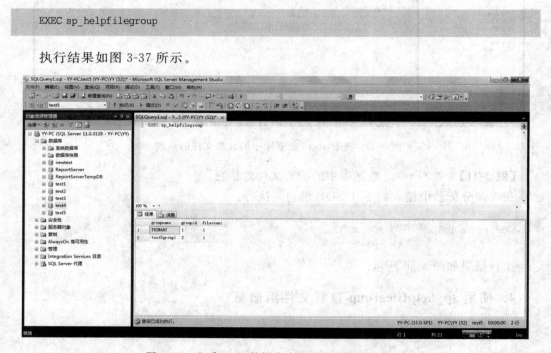

图 3-37　查看 test5 数据库中的所有文件组的信息

【例 3-23】 查看 test5 数据库中的 test5group1 文件组的信息。

在查询分析器中输入如下 T-SQL 语句并执行：

```
EXEC sp_helpfilegroup test5group1
```

执行结果如图 3-38 所示。

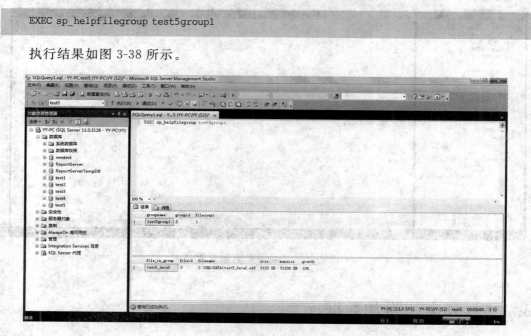

图 3-38 查看 test5 数据库中的 test5group1 文件组的信息

3.3.4 重命名数据库

可以使用 ALTER DATABASE 语句重命名数据库，语法格式如下所示：

```
ALTER DATABASE database_name
    MODIFY NAME = new_database_name
```

说明如下。

（1）database_name：要修改的数据库的名称。

（2）new_database_name：新数据库名称。

【例 3-24】 将数据库 test4 改名为 test_4。

在查询分析器中输入如下 T-SQL 语句并执行：

```
ALTER DATABASE test4
    MODIFY NAME = test_4
```

执行结果如图 3-39 所示。

说明：重命名数据库的前提是没有用户使用该数据库，并且该数据库设置为单用户模式。一般情况下，数据库创建后，不要轻易更改其名称，因为数据库名称是许多相关数据库应用程序访问和使用该数据库的基础。

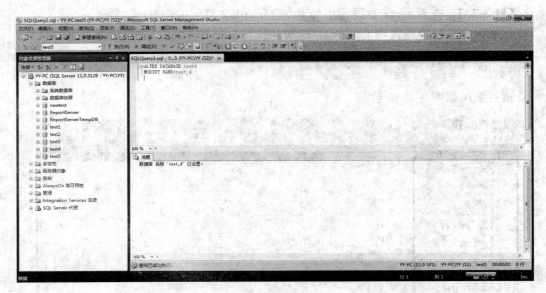

图 3-39　成功重命名数据库

3.3.5　分离和附加数据库

1. 用 T-SQL 语句分离数据库

可以使用存储过程 sp_detach_db 实现数据库的分离。语法格式如下所示：

```
sp_detach_db database_name
```

【例 3-25】　将数据库 test5 从服务器上分离。

在查询分析器中输入如下 T-SQL 语句并执行：

```
EXEC sp_detach_db test5
```

在对象资源管理器中，右击"数据库"文件夹，在弹出的快捷菜单中选择"刷新"命令，可以看到 test5 已被分离。

2. 用 T-SQL 语句附加数据库

可以使用 CREATE DATABASE 语句里的 FOR ATTACH 子句来完成数据库的附加。语法格式如下所示：

```
CREATE DATABASE database_name
ON (FILENAME = 'os_file_name')
FOR ATTACH
```

说明如下。

（1）database_name：将要附加的数据库名称。

（2）'os_file_name'：主文件的物理文件名称。

【例 3-26】 附加例 3-25 中分离出去的数据库 test5。

在查询分析器中输入如下 T-SQL 语句并执行：

```
CREATE DATABASE test5
ON(FILENAME = 'C:\SQL\DATA\test5_data1.mdf')
FOR ATTACH
```

在对象资源管理器中，右击"数据库"文件夹，在弹出的快捷菜单中选择"刷新"命令，可以看到 test5 已被附加。

3.3.6   删除数据库

删除数据库使用 DROP DATABASE 命令。语法格式如下所示：

```
DROP DATABASE database_name [,...n ] [;]
```

其中，database_name 是要删除的数据库名称。

【例 3-27】 删除 test5 数据库。

在查询分析器中输入如下 T-SQL 语句并执行：

```
DROP DATABASE test5
```

说明：删除数据库要特别小心，因为使用 DROP DATABASE 命令不会出现确认信息。不能删除系统数据库。

实训： 数据库的操作

1. 实训内容

（1）创建 stugrade 数据库。其中，主要数据文件逻辑名称为 grade_data，初始大小为 10MB，无限制增长；日志文件逻辑名称为 grade_log，初始大小为 2MB，最大文件大小为 50MB，增长幅度为 2MB。

（2）在上述数据库里创建文件组 mygroup，添加数据文件 testdata，将其文件组设置为新创建的文件组 mygroup，其他不变。

（3）查看 stugrade 数据库信息。

（4）删除 stugrade 数据库。

2. 实训目的

(1) 掌握创建、查看、修改和删除数据库的方法。

(2) 掌握创建和使用文件组的方法。

3. 实训过程

(1) 使用对象资源管理器参照 3.2.1 数据库创建、例 3-1、例 3-3。

(2) 使用 T-SQL 语句参照例 3-7、例 3-13、例 3-17、例 3-27。

4. 技术支持

对于实训内容,应训练使用对象资源管理器和 T-SQL 语句两种方法完成。

【常见问题与解答】

问题:应怎样设置数据库的大小?

解答:创建数据库时,需要估算将来输入数据后的数据库大小,以确定与数据库相匹配的硬件配置。

本 章 小 结

本章介绍了 SQL Server 数据库的结构,以及如何使用 SQL Server Management Studio(SSMS)、T-SQL 语句创建和管理数据库。

SQL Server 2012 有两种存储结构,分别是逻辑存储结构和物理存储结构。逻辑存储结构说明数据库是由哪些性质的信息所组成。SQL Server 的数据库不仅仅存储数据,所有与数据处理操作相关的信息都存储在数据库中;物理存储结构讨论数据库文件在磁盘中是如何存储的,数据库在磁盘上以文件为单位存储。数据库通常由主数据文件、次要数据文件和日志文件三类文件组成。文件组是在数据库中组织文件的一种管理机制,它将多个数据文件集合成一个整体,便于管理和分配数据。SQL Server 有两种类型的文件组:主文件组和用户定义文件组。数据库对象一般指表、索引、视图、约束、存储过程、触发器等。

可以采用 SQL Server Management Studio、T-SQL 语句两种方法创建和管理数据库。

习 题

一、简答题

(1) 数据库文件有哪几种?

(2) 什么是文件组?

（3）数据库对象有哪些？

二、上机实践

1．实践目的

（1）了解安装 SQL Server 时，数据库文件的组成。

（2）掌握使用 SQL Server Management Studio 创建和管理数据库。

（3）掌握使用 T-SQL 语句创建和管理数据库。

2．实践内容

（1）使用 SSMS 创建一个名为 STUDENT 的数据库。

（2）使用 SSMS 将 STUDENT 数据库主文件的逻辑名称修改为 stu1，存储路径修改为 C:\SQL\DATA，物理名称修改为 stu1. mdf，文件初始大小为 20MB，最大大小为 500MB，按 5MB 增长。将日志文件的逻辑名称修改为 stu1_log，存储路径修改为 C:\SQL\DATA，物理名称修改为 stu1_log. ldf，文件初始大小为 5MB，最大大小为 100MB，按 5％增长。

（3）使用 SSMS 在 STUDENT 数据库中添加次要数据文件 stu2，存储路径为 C:\SQL\DATA，物理名称为 stu2. ndf，其他值均取默认值。

（4）使用 SSMS 将 STUDENT 数据库修改名为 STU。

（5）使用 SSMS 将 STU 数据库删除。

（6）使用 T-SQL 语句创建一个名为 DBTEST 的数据库，要求有一个主文件和一个日志文件，存储路径为 C:\SQL\DATA。其中，主文件的初始大小为 5MB，按 5％增长；日志文件的初始大小为 10MB，最大大小为 100MB，按 1MB 增长。

（7）使用 T-SQL 语句修改 DBTEST 数据库，添加数据文件 dbtest_data1. ndf，初始大小为 2MB。添加一个名为 Fgroup1 的文件组。

（8）使用 T-SQL 语句查看 DBTEST 数据库中所有文件的信息，查看该数据库中文件组的信息。

（9）使用 T-SQL 语句修改 DBTEST 数据库名为 DBDATA。

（10）使用 T-SQL 语句和 SSMS 分离 DBDATA 数据库，再附加至服务器。

第4章　数据表的操作

 学习目标

(1) 掌握：数据表的创建、修改和删除。
(2) 理解：表的定义，SQL Server 2012 数据类型。

 工作实战场景

信息管理员王明创建了学生成绩数据库，接下来需要创建表，包括系别表 department、班级表 class、学生表 student、课程表 course 和成绩表 score。每一张表需要根据教务工作人员的需求来定义，要有合理的字段、数据类型和长度。

引导问题

(1) 数据类型是什么？
(2) 如何创建表？

4.1　表　的　概　述

创建完数据库之后，接下来需要创建数据表和定义数据类型。表用于存储数据库中的所有数据，是数据库中最基本、最主要的数据对象。数据类型用来定义数据的存储格式。

4.1.1　表的定义

每个数据库包含了若干张表。在逻辑上，数据库由大量的表组成，表由行和列组成；在物理上，表存储在文件中，表中的数据存储在页中。表中数据的组织方式和在电子表格中类似，每一行代表一条唯一的记录，每一列代表记录中的一个字段。表 4-1 所示是一张 student 表。

表 4-1　student 表

学　号	姓　名	性　别	籍　贯	专　业
1601001	许宏	女	南京	计算机应用
1601002	刘明	男	徐州	网络工程
1601003	王刚	男	无锡	物联网

student 表代表学生实体,在该实体中存储每位学生的基本信息。

4.1.2　SQL Server 2012 数据类型

在创建表之前,必须为表中的每一列定义一个数据类型。表 4-2 列出了 SQL Server 2012 数据类型。

表 4-2　SQL Server 2012 数据类型

种　　类	类 型 名 称	描　　述
整数数据类型	tinyint	1 字节,取值范围为 0~255
	smallint	2 字节,取值范围为 $-2^{15} \sim 2^{15}-1$
	int	4 字节,取值范围为 $-2^{31} \sim 2^{31}-1$
	bigint	8 字节,取值范围为 $-2^{63} \sim 2^{63}-1$
浮点数据类型	real	4 字节
	float	格式是 float $[(n)]$,n 的取值范围 1~53。当 n 为 1~24 时,精度为 7 位有效数字,占 4 字节;当 n 为 25~53 时,精度为 15 位有效数字,占 8 字节
	decimal	格式是 $[(p[,s])]$,p 为精度;s 为小数位数
	numeric	等同于 decimal
日期和时间数据类型	date	3 字节,从公元元年 1 月 1 日到 9999 年 12 月 31 日,只存储日期数据
	datetime	8 字节,从 1753 年 1 月 1 日到 9999 年 12 月 31 日,存储日期和时间值
	datetime2	8 字节,从公元元年 1 月 1 日到 9999 年 12 月 31 日,存储日期和时间值,精确到 100ns
	smalldatetime	4 字节,从 1900 年 1 月 1 日到 2079 年 6 月 6 日,存储日期和时间值,精确到分钟(min)
	datetimeoffset	存储日期和时间值,取值范围等同于 datetime2
	time	5 字节,格式为 $hh:mm:ss[.nnnnnnn]$,hh 表示小时,范围为 0~23;mm 表示分钟,范围为 0~59;ss 表示秒数,范围为 0~59;n 是 0~7 位数字,范围为 0~9999999,表示秒的小数部分
字符数据类型	char	固定长度,长度为 n 字节,n 的取值范围为 1~8000
	varchar	可变长度,取值范围为 1~8000
	nchar	n 个字符的固定长度的 Unicode 字符数据,取值范围为 1~4000
	nvarchar	可变长度 Unicode 字符数据,取值范围为 1~4000
文本和图形数据类型	text	用于存储文本数据,最大长度为 $2^{31}-1$ 字符
	ntext	与 text 类型作用相同,最大长度为 $2^{30}-1$ Unicode 字符
	image	用于存储照片、目录图片或图画,二进制字符的可变大小存储,每个字符占 2 字节
二进制数据类型	binary	长度为 n 字节的固定长度二进制数据,n 的取值范围为 1~8000
	varbinary	可变长度二进制数据,取值范围为 1~8000
货币数据类型	smallmoney	4 字节,取值范围为 $-2^{31} \sim 2^{31}-1$
	money	8 字节,取值范围为 $-2^{63} \sim 2^{63}-1$

续表

种　　类	类 型 名 称	描　　述
其他数据类型	cursor	游标数据类型,用来存储对变量中的游标或存储过程输出参数的引用
	rowversion	反映原先的时间戳数据类型的功能,占 8 字节
	uniqueidentifier	16 字节长的二进制数据,唯一标识符数据类型
	sql_variant	用于存储 SQL Server 支持的各种数据类型的值,除了 varchar(max)、nvarchar(max)、varbinary(max)、xml、text、ntext、image、rowversion、sql_variant 外
	xml	用于存储 xml 文档和片段的一种数据类型
	table	用于存储声明变量中的表或存储过程输出参数

4.1.3　别名数据类型

别名数据类型又称用户定义数据类型,是基于系统提供的数据类型进行自定义的数据类型。别名数据类型并不是真正的数据类型,只是提供在各种表或数据库中处理公共数据元素时的一致性机制。

4.1.4　创建别名数据类型

在 SQL Server 中可以使用 SSMS 和 T-SQL 语句两种方法创建别名数据类型。创建别名数据类型必须提供数据类型的名称、基于系统的数据类型和是否允许为空三个参数。

1. 使用 SSMS 创建别名数据类型

【例 4-1】　基于 char 数据类型创建别名数据类型,名称为 studentid,不允许为空。

(1) 打开 SQL Server Management Studio,连接到 SQL Server 上的数据库引擎。

(2) 展开服务器|"数据库"|test1|"可编程性"节点,右击"类型"节点,从弹出的快捷菜单中选择"新建"|"用户定义数据类型"命令,如图 4-1 所示。

图 4-1　"用户定义数据类型"快捷菜单

（3）弹出"新建用户定义数据类型"对话框，输入"名称"studentid，"数据类型"选择 char，设置"长度"为 12，如图 4-2 所示。

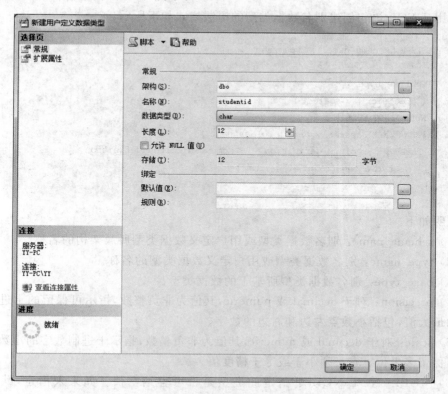

图 4-2 "新建用户定义数据类型"对话框

（4）设置完成后，单击"确定"按钮。

（5）在对象资源管理器中，展开"数据库"|test1|"可编程性"|"类型"|"用户定义数据类型"节点，即可看到创建的 studentid 数据类型，如图 4-3 所示。

图 4-3 查看创建的用户定义数据类型

2. 使用 T-SQL 语句创建别名数据类型

使用 T-SQL 语句创建别名数据类型的语法格式如下所示:

```
CREATE TYPE [ schema_name. ] type_name
{
    FROM base_type
    [ ( precision [ , scale ] ) ]
    [ NULL | NOT NULL ]
  | EXTERNAL NAME assembly_name [ .class_name ]
  | AS TABLE ( { < column_definition > | < computed_column_definition > }
        [ < table_constraint > ] [ ,...n ] )
} [ ; ]
```

说明如下。

(1) schema_name:别名数据类型或用户定义数据类型所属架构的名称。

(2) type_name:别名数据类型或用户定义数据类型的名称。

(3) base_type:别名数据类型所基于的数据类型。

(4) precision:对于 decimal 或 numeric,其值为非负整数,指示可保留的十进制数字位数的最大值,包括小数点左边和右边的数字。

(5) scale:对于 decimal 或 numeric,其值为非负整数,指示十进制数字的小数点右边最多可保留多少位。它必须小于或等于精度值。

(6) NULL | NOT NULL:指定此类型是否可容纳空值。如果未指定,默认值为 NULL。

(7) assembly_name:指定可在公共语言运行库中引用用户定义数据类型实现的 SQL Server 程序集。

(8) [.class_name]:指定实现用户定义数据类型的程序集内的类。

(9) < column_definition >:定义用户定义表数据类型的列。

(10) < computed_column_definition >:将计算列表达式定义为用户定义表数据类型中的列。

(11) < table_constraint >:定义用户定义表数据类型的表约束。

【例 4-2】 使用 T-SQL 语句创建别名数据类型,名称为 studentNAME,不允许为空。

在查询分析器中输入如下 T-SQL 语句并执行:

```
USE test1
CREATE TYPE [dbo].[studentNAME]
FROM [char](20)
NOT NULL
```

执行结果如图 4-4 所示。

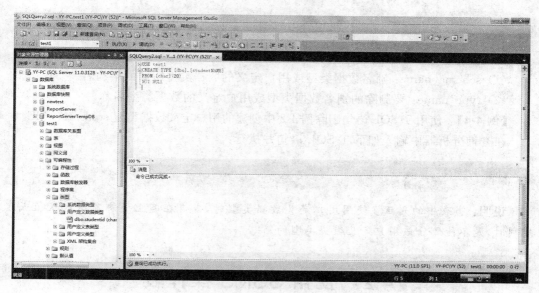

图 4-4　成功创建用户定义数据类型

4.1.5　删除别名数据类型

删除别名数据类型,同样可以使用 SSMS 和 T-SQL 语句两种方法。

【例 4-3】　使用 SSMS 删除例 4-1 中创建的用户定义数据类型 studentid。

(1) 打开 SQL Server Management Studio,连接到 SQL Server 上的数据库引擎。

(2) 展开服务器|"数据库"|test1|"可编程性"|"类型"|"用户定义数据类型"节点,选中 dbo. studentid,然后右击,在弹出的快捷菜单中选择"删除"命令,如图 4-5 所示。

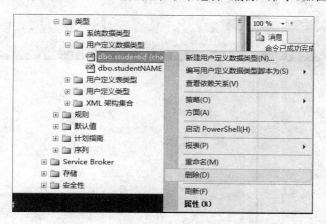

图 4-5　"studentid 用户定义数据类型"快捷菜单

(3) 弹出"删除对象"对话框,单击"确定"按钮,完成删除操作。

使用 T-SQL 语句删除用户定义数据类型,语法格式如下所示:

```
DROP TYPE [ schema_name. ] type_name [ ; ]
```

说明如下。

(1) schema_name：别名数据类型或用户定义的数据类型所属的架构名。

(2) type_name：要删除的别名数据类型或用户定义的数据类型名称。

【例 4-4】 使用 T-SQL 语句删除例 4-2 中创建的用户定义数据类型 studentNAME。在查询分析器中输入如下 T-SQL 语句并执行：

```
DROP TYPE [dbo].[studentNAME]
```

说明：当表中的列正在使用用户定义数据类型时，或者在其上还绑定有默认值或者规则时，是不能删除该用户定义数据类型的。

4.2　使用 SSMS 操作表

可以通过 SSMS 创建表，修改表结构，对表重命名和删除表。

4.2.1　创建表

使用 SSMS 创建表，操作步骤如下所述。

(1) 打开 SQL Server Management Studio，连接到 SQL Server 上的数据库引擎。

(2) 展开服务器 | "数据库" | test1，右击 "表" 节点，然后在弹出的快捷菜单中选择 "新建表"命令，弹出 "表设计器"窗口，如图 4-6 所示。

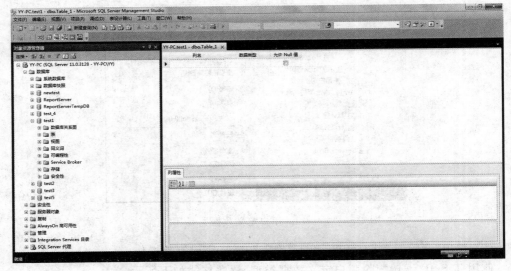

图 4-6　"表设计器"窗口

（3）输入列名，选择相应的数据类型，并设置是否为空。

（4）表的各列属性编辑完成后，单击工具栏中的"保存"按钮，在弹出的对话框中输入表的名称，然后单击"确定"按钮。

【例 4-5】 在数据库 test1 中创建一个名为 stu1 的表。该表有五个字段：id（学号）、name（姓名）、sex（性别）、age（年龄）和 address（家庭地址）。

（1）打开 SQL Server Management Studio，连接到 SQL Server 上的数据库引擎。

（2）展开服务器|"数据库"|test1，右击"表"节点，然后在弹出的快捷菜单中选择"新建表"命令，弹出"表设计器"窗口。

（3）在"列名"中输入 id，在"数据类型"下拉列表框中选择 char 选项，"长度"设置为 12，不允许为空。

（4）继续设置列。在"列名"中输入 name，在"数据类型"下拉列表框中选择 char 选项，"长度"设置为 10。

（5）继续设置列。在"列名"中输入 sex，在"数据类型"下拉列表框中选择 char 选项，"长度"设置为 2。

（6）继续设置列。在"列名"中输入 age，在"数据类型"下拉列表框中选择 int 选项。

（7）继续设置列。在"列名"中输入 address，在"数据类型"下拉列表框中选择 varchar 选项，"长度"设置为 100。

图 4-7　设置 stu1 表的主键

（8）在 id 列上右击，在弹出的快捷菜单中选择"设置主键"命令，如图 4-7 所示。

（9）设置完成，结果如图 4-8 所示。

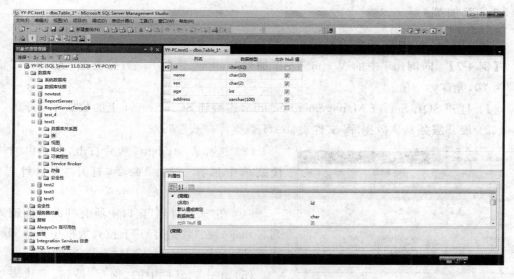

图 4-8　成功编辑 stu1 表属性

（10）单击工具栏中的"保存"按钮，在弹出的对话框中输入表的名称 stu1，然后单击"确定"按钮。

4.2.2 修改表结构

数据表创建之后，在使用过程中可能需要对表结构做一些修改。修改数据表包括更改表的定义，添加、删除列，更改列名、数据类型、长度等。

1. 重命名表

使用 SSMS 重命名表，操作步骤如下所述。

【例 4-6】 将数据库 test1 中的表名 stu1 修改为 student。

（1）打开 SQL Server Management Studio，连接到 SQL Server 上的数据库引擎。

（2）展开服务器｜"数据库"｜test1｜"表"节点。

（3）右击 stu1 表，在弹出的快捷菜单中选择"重命名"命令，如图 4-9 所示。

（4）输入 student 作为新的表名，按 Enter 键即可修改。

说明：如果现有的查询、视图、用户定义函数、存储过程或程序引用了该表，则表名修改后将使这些对象无效。

图 4-9 "重命名"快捷菜单

2. 添加列

在使用过程中，如果表中需要添加项目，可以给表添加列。

【例 4-7】 向例 4-6 中的表 student 添加列"major（专业）"，"数据类型"为 char，"长度"为 20，允许为空值。

（1）打开 SQL Server Management Studio，连接到 SQL Server 上的数据库引擎。

（2）展开服务器｜"数据库"文件夹｜test1 数据库｜"表"节点。

YY-PC.test1 - dbo.stu1* ×		
列名	数据类型	允许 Null 值
🔑 id	char(12)	☐
name	char(10)	☑
sex	char(2)	☑
age	int	☑
address	varchar(100)	☑
▶ major	char(20)	☑
		☐

图 4-10 向表 student 添加列

（3）选择表 student，然后右击，在弹出的快捷菜单中选择"设计"命令，打开"表设计器"窗口。

（4）在"表设计器"窗口中所有列的后面输入列名 major，在"数据类型"下拉列表框中选择 char 选项，设置"长度"为 20，勾选"允许 Null 值"。

（5）单击工具栏中的"保存"按钮，完成添加列，如图 4-10 所示。

3．删除列

在使用过程中,对于表中不再需要的列,可以将其删除。

【例 4-8】　删除例 4-7 中表 student 添加的列"major(专业)"。

（1）打开 SQL Server Management Studio,连接到 SQL Server 上的数据库引擎。

（2）展开服务器|"数据库"|test1|"表"节点。

（3）选择表 student,右击,然后在弹出的快捷菜单中选择"设计"命令,打开"表设计器"窗口。

（4）选择 major 列,然后右击,在弹出的快捷菜单中选择"删除列"命令,如图 4-11 所示。

（5）执行后,major 列被删除。单击工具栏中的"保存"按钮。

说明：删除表中列时,具有以下特征的列不能删除。

（1）用于索引的列。

（2）用于 CHECK、FOREIGN KEY、UNIQUE 或 PRIMARY KEY 约束的列。

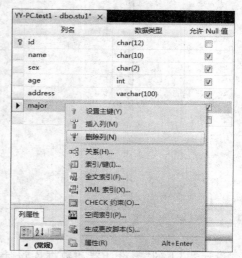

图 4-11　"删除列"快捷菜单

（3）与 DEFAULT 定义关联或绑定到某一默认对象的列。

（4）绑定到规则的列。

（5）已注册支持全文的列。

（6）用作表的单列主键的列。

4．修改列属性

修改列属性包括更改列名、数据类型、长度和是否允许为空值等属性。

【例 4-9】　在 student 表中,将 age 修改为 birthday,将"数据类型"修改为 datetime。

（1）打开 SQL Server Management Studio,连接到 SQL Server 上的数据库引擎。

（2）展开服务器|"数据库"|test1|"表"节点。

（3）选择表 student,右击,然后在弹出的快捷菜单中选择"设计"命令,打开"表设计器"窗口。

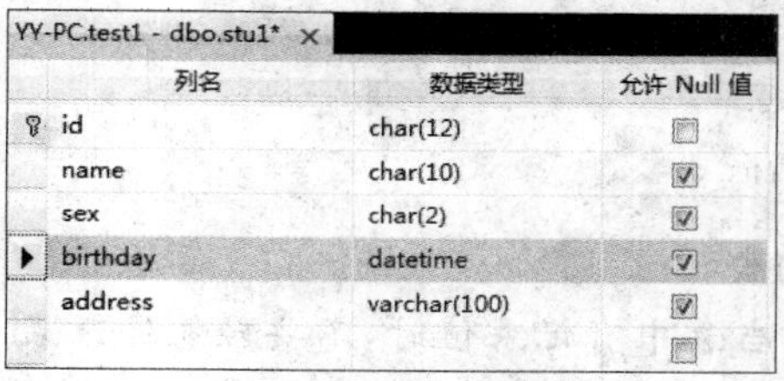

图 4-12　修改列后的"表设计器"窗口

（4）选择 age 列,输入列名为 birthday,然后在"数据类型"下拉列表框中选择 datetime 选项,如图 4-12 所示。

（5）单击工具栏中的"保存"按钮,弹出"不允许保存更改"对话框,如图 4-13 所示。

（6）在 SSMS 窗口中,选择主界面菜单栏中的"工具"|"选项"命令,弹出"选项"对话框。选择

91

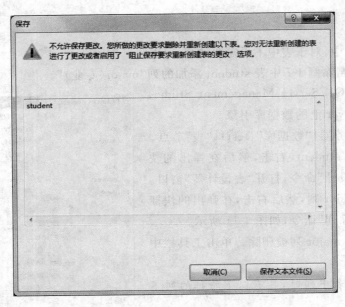

图 4-13　"不允许保存更改"对话框

"设计器"下的"表设计器和数据库设计器"选项，不勾选"阻止保存要求重新创建表的更改"复选框，如图 4-14 所示，然后单击"确定"按钮。

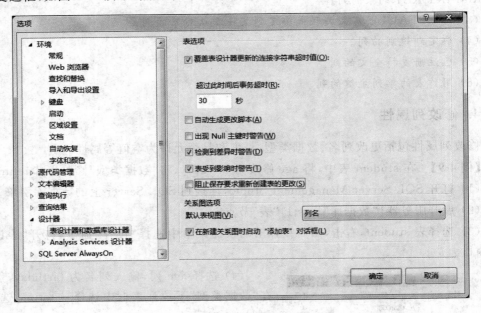

图 4-14　"选项"对话框

（7）单击工具栏中的"保存"按钮，保存修改后的表。

　　说明：当表中没有记录值时，可以修改表结构；当表中有记录值时，不要轻易修改表结构，以免出现错误。

4.2.3　删除表

在使用过程中,有时候需要删除表。删除表后,该表的结构定义、数据、全文索引、约束和索引都从数据库中永久删除。

【例 4-10】 使用 SSMS 删除表 student。

(1) 打开 SQL Server Management Studio,连接到 SQL Server 上的数据库引擎。

(2) 展开服务器|"数据库"|test1|"表"节点。

(3) 选择表 student,然后右击,在弹出的快捷菜单中选择"删除"命令,弹出"删除对象"对话框。单击"确定"按钮,即可删除表 student。

4.3　使用 T-SQL 语句操作表

除了使用 SSMS 操作表外,还可以使用 T-SQL 语句操作表。

4.3.1　创建表

使用 T-SQL 语句创建表的语法格式如下所示:

```
CREATE TABLE
    [ database_name . [ schema_name ] . | schema_name . ] table_name
        ( { <column_definition> }[ <table_constraint> ] [ ,...n ] )
    [ ON { partition_scheme_name ( partition_column_name ) | filegroup
        | "default" } ]
[ ; ]
```

说明如下。

(1) database_name:在其中创建表的数据库名称。database_name 必须指定现有数据库的名称。如果未指定,则 database_name 默认为当前数据库。

(2) schema_name:新表所属架构的名称。如未指定,默认是 dbo。

(3) table_name:新表的名称。

(4) column_definition:数据列的语句结构。

(5) table_constraint:设置数据表的约束。

(6) partition_scheme_name(partition_column_name):用于为表分区。

列的定义格式如下所示:

```
<column_definition> ::=
column_name <data_type>
    [ FILESTREAM ]
```

```
[ COLLATE collation_name ]
[ NULL | NOT NULL ]
[
    [ CONSTRAINT constraint_name ] DEFAULT constant_expression ]
  | [ IDENTITY [ ( seed , increment ) ] [ NOT FOR REPLICATION ] 
]
[ ROWGUIDCOL ] [ < column_constraint > [ ...n ] ]
[ SPARSE ]
```

说明如下。

(1) column_name：列名。

(2) data_type：列的数据类型。

(3) FILESTREAM：指定 FILESTREAM 属性。

(4) COLLATEcollation_name：指定列的排序规则。

(5) NULL | NOT NULL：指定是否为空值。

(6) DEFAULT constant_expression：为所在列指定默认值。constant_expression 用作字段的默认值的常量、NULL 值或者系统函数。

(7) IDENTITY（seed，increment）：指出该列为标识符列，为该列提供一个唯一的增量值。seed 是标识字段的起始值，默认值为 1；increment 是标识增量，默认值为 1。

(8) NOT FOR REPLICATION：在 CREATE TABLE 语句中，可为 IDENTITY 属性、FOREIGN KEY 约束和 CHECK 约束指定 NOT FOR REPLICATION 子句。

(9) ROWGUIDCOL：指出新列是行的全局唯一标识符列。

(10) column_constraint：指定列的完整性约束，指定主键、外键等。

(11) SPARSE：指定列为稀疏列。

【例 4-11】 使用 T-SQL 语句在 test1 数据库中创建 stu1 表。该表有五个字段：studentID(学号)、name(姓名)、sex(性别)、age(年龄)和 address(家庭地址)。

在查询分析器中输入如下 T-SQL 语句并执行：

```
USE test1
GO
CREATE TABLE stu1
(
studentID char(12) NOT NULL PRIMARY KEY,
name char(8),
sex char(2),
age int,
address varchar(100)
)
```

执行结果如图 4-15 所示。

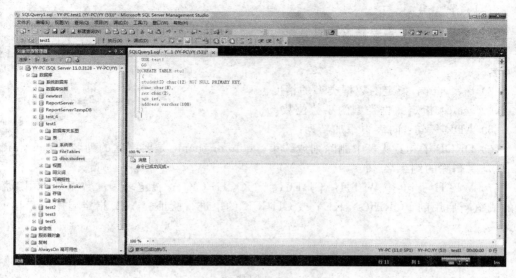

图 4-15　成功创建 stu1 表

4.3.2　修改表结构

使用 T-SQL 语句修改表结构的语法格式如下所示：

```
ALTER TABLE [database_name . [ schema_name ] . | schema_name . ] table_name
{
    ALTER COLUMN column_name
    {
        [ type_schema_name. ] type_name [ ( { precision [ , scale ] ) ] ]
        [ COLLATE collation_name ]
        [ NULL | NOT NULL ]
    | { ADD | DROP }
        { ROWGUIDCOL | PERSISTED | NOT FOR REPLICATION | SPARSE }
    }
        | ADD
    {
        < column_definition >
     | column_name AS computed_column_expression[PERSISTED[NOT NULL]]
     | < table_constraint >
    } [ ,...n ]
    | DROP
    {
        [ CONSTRAINT ] constraint_name
        [ WITH ( < drop_clustered_constraint_option > [ ,...n ] ) ]
        | COLUMN column_name
} [ ,...n ]
    | [ WITH { CHECK | NOCHECK } ] { CHECK | NOCHECK } CONSTRAINT
        { ALL | constraint_name [ ,...n ] }
[ ;]
```

说明如下。

（1）table_name：需要修改的表名。

（2）ALTER COLUMN 子句：修改表中指定列的属性。column_name 给出要修改的列名。

（3）precision：指定的数据类型的精度。

（4）scale：指定数据类型的小数位数。

（5）ADD 子句：向表中添加新列。

（6）DROP 子句：从表中删除列或约束。column_name 是要删除的列名，constraint_name 是要删除的约束名。

（7）WITH 子句：［WITH｛CHECK | NOCHECK｝］指定表中的数据是否用新添加的或重新启用的 FOREIGN KEY 或 CHECK 约束进行验证。ALL 指定启用或禁用所有约束。

1. 增加列

【例 4-12】 使用 T-SQL 语句向例 4-11 创建的 stu1 表中增加 major（专业）列，"数据类型"为 char，"长度"为 20，允许为空值。

在查询分析器中输入如下 T-SQL 语句并执行：

```
USE test1
GO
ALTER TABLE stu1
    ADD major char(20) NULL
```

执行后，查看 stu1 表结构，如图 4-16 所示。

【例 4-13】 使用 T-SQL 语句向 stu1 表中增加 grade1（成绩 1）列和 grade2（成绩 2）列，"数据类型"为 int，允许为空值。

在查询分析器中输入如下 T-SQL 语句并执行：

```
USE test1
GO
ALTER TABLE stu1
ADD grade1 int NULL,
grade2 int NULL
```

执行后，查看 stu1 表结构，如图 4-17 所示。

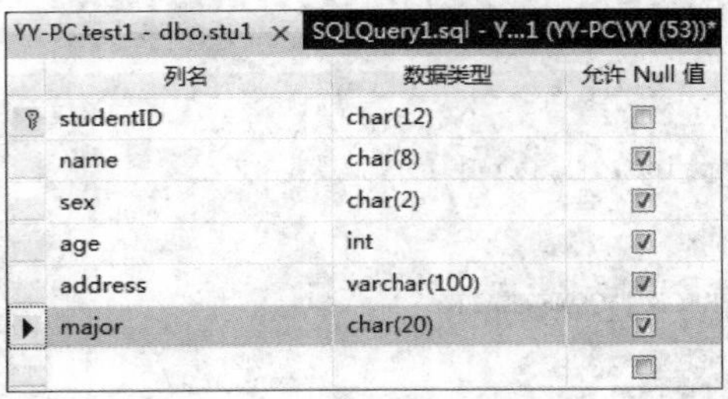

图 4-16　添加列之后的表结构

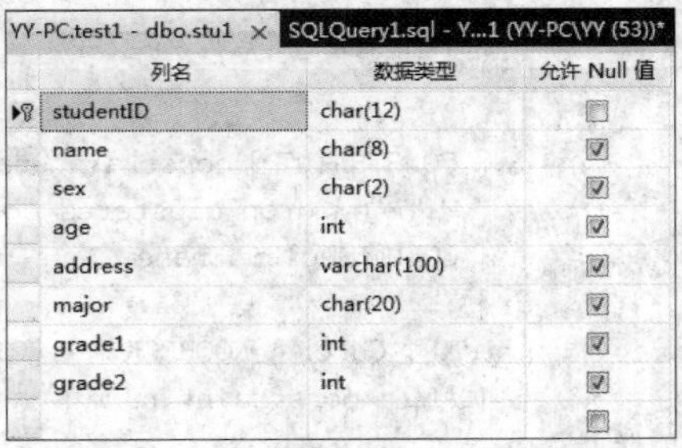

图 4-17　添加两列之后的表结构

2．删除列

【例 4-14】　使用 T-SQL 语句删除 stu1 表的 grade2（成绩 2）列。

在查询分析器中输入如下 T-SQL 语句并执行：

```
USE test1
GO
ALTER TABLE stu1
DROP COLUMN grade2
```

3．修改列属性

【例 4-15】　在 stu1 表中，将 age 的数据类型修改为 datetime，将 name 的"长度"改为 12。

在查询分析器中输入如下 T-SQL 语句并执行：

```
USE test1
GO
ALTER TABLE stu1
ALTER COLUMN age datetime
GO
ALTER TABLE stu1
ALTER COLUMN name char(12)
```

执行后，查看 stu1 表结构，如图 4-18 所示。

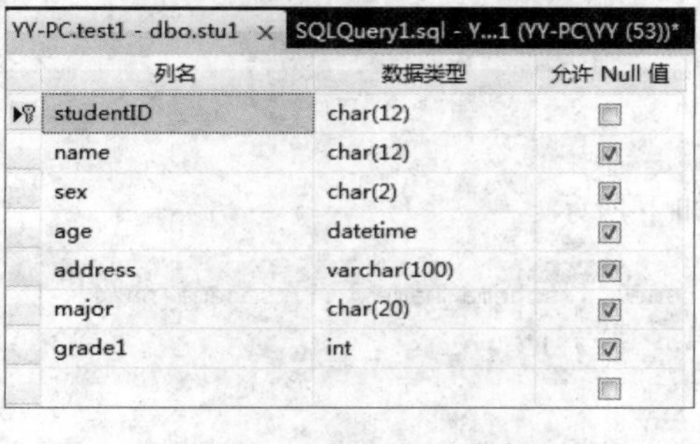

列名	数据类型	允许 Null 值
studentID	char(12)	☐
name	char(12)	☑
sex	char(2)	☑
age	datetime	☑
address	varchar(100)	☑
major	char(20)	☑
grade1	int	☑
		☐

图 4-18　修改列后的表结构

4．重命名表

在使用过程中，可通过存储过程对表重命名。语法格式如下所示：

```
sp_rename 'object_name', 'new_name'
```

说明如下。

(1) object_name：旧对象名。

（2）new_name：新对象名。

【例 4-16】 将 stu1 表的名称修改为 student。

在查询分析器中输入如下 T-SQL 语句并执行：

```
USE test1
    EXEC sp_rename 'stu1','student'
```

执行结果如图 4-19 所示。

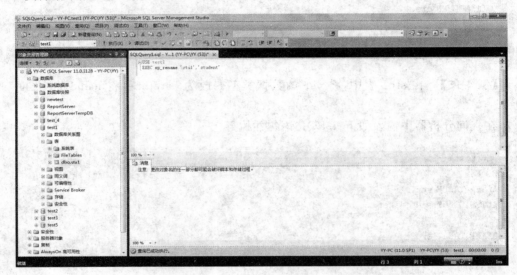

图 4-19　成功修改表名

4.3.3　删除表

删除表的语法格式如下所示：

```
DROP TABLE[ database_name . [ schema_name ] . | schema_name . ]
    table_name [ ,...n ] [ ; ]
```

说明如下。

（1）database_name：要在其中创建表的数据库的名称。

（2）schema_name：表所属架构的名称。

（3）table_name：要删除的表的名称。

【例 4-17】 将 student 表删除。

在查询分析器中输入如下 T-SQL 语句并执行：

```
USE test1
GO
DROP TABLE dbo.student
```

实训：数据表的操作

1．实训内容

（1）创建本章工作实战场景中要求的表，字段名称、类型和长度自定义，需保证合理。

（2）增加 class 表中一列，名称、类型和长度自定义。

（3）删除 student 表中一列。

2．实训目的

掌握创建表、修改表的方法。

3．实训过程

（1）使用对象资源管理器参照例 4-5、例 4-7、例 4-8。

（2）使用 T-SQL 语句参照例 4-11、例 4-12、例 4-14。

4．技术支持

实训内容应训练使用对象资源管理器和 T-SQL 语句两种方法来完成。

【常见问题与解答】

问题：在创建表时，为什么输入的 T-SQL 语句是正确的，仍然无法创建表？

解答：请仔细查看当前数据库是不是所需要创建的表所在的数据库。

本 章 小 结

本章介绍了数据表的定义、SQL Server 2012 系统数据类型以及用 SSMS 和 T-SQL 语句创建、管理表。

表用于存储数据库中的所有数据，是数据库中最基本、最主要的数据对象。在逻辑上，数据库由大量的表组成，表由行和列组成；在物理上，表存储在文件中，表中的数据存储在页中。在创建表之前，必须为表中的每一列定义一个数据类型。

习　　题

上机实践

1．实践目的

（1）了解数据表的结构特点。

（2）掌握使用 SQL Server Management Studio 创建和管理数据表。

（3）掌握使用 T-SQL 语句创建和管理数据表。

2. 实践内容

（1）使用 SQL Server Management Studio 创建 department（系部）表，如表 4-3 所示。

表 4-3 department（系部）表

列　　名	类　型	长　度	允许空	描　述
departID	char	8	否	系号
departName	char	20	是	系名
chariman	char	10	是	系主任
office	char	30	是	系办公室

（2）使用 SQL Server Management Studio 将 department（系部）表重命名为 department1。

（3）使用 SQL Server Management Studio 将 department1 表中的 departID 设置为主键。

（4）使用 SQL Server Management Studio 将 department1 表中的 departName 长度修改为 30。

（5）使用 T-SQL 语句创建 student（学生）表，如表 4-4 所示。

表 4-4 student（学生）表

列　　名	类　型	长　度	允许空	描　述
studentID	char	10	否	学号
studentName	char	12	是	姓名
sex	char	2	是	性别
age	int	2	是	年龄
departID	char	8	否	系号

（6）使用 T-SQL 语句将 student（学生）表重名为 stu1。

（7）使用 T-SQL 语句将 studentID 的"长度"修改为 12，并设置其为主键。

（8）使用 T-SQL 语句向表 stu1 添加 departName 列，要求如表 4-3 所示。

（9）使用 T-SQL 语句将 departName 列删除。

第 5 章　插入、更新和删除表数据

学习目标

掌握：插入、更新和删除表数据。

工作实战场景

信息管理员王明将系别表 department、班级表 class、学生表 student、课程表 course 和成绩表 score 都创建好了，接下来需要输入所有表中的记录。

另外，教务工作人员孙康需要对现有记录进行添加、删除。

引导问题

（1）如何插入表数据？

（2）如何更新表数据？

（3）如何删除表数据？

在实际应用中，需要向数据表插入新的数据。这些数据可以从其他应用程序中得到，然后根据需要转存或引入数据表中；也可以是新数据添加到新创建或已存在的数据表中。

5.1　使用 SSMS 操作表数据

创建表之后，需要给表添加数据。表中有数据之后，还可以删除数据和修改数据。

5.1.1　插入数据

【例 5-1】　假设数据库 test1 存在。其中，student 表的结构如图 5-1 所示。先建立 student 表，然后使用 SSMS 向 student 表插入如表 5-1 所示的数据。假设 student 表已创建好。

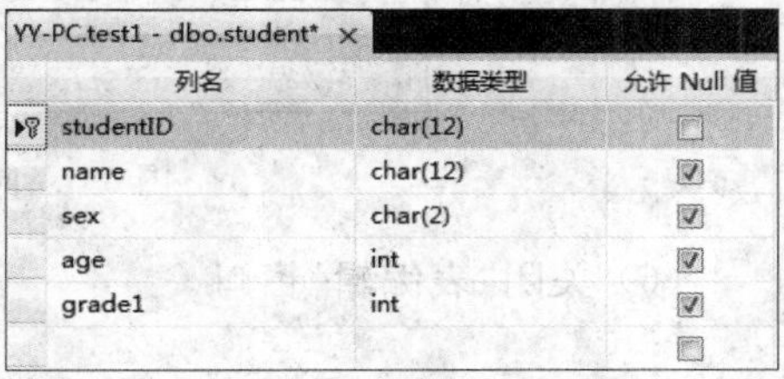

YY-PC.test1 - dbo.student* ×		
列名	数据类型	允许 Null 值
▶🔑 studentID	char(12)	☐
name	char(12)	☑
sex	char(2)	☑
age	int	☑
grade1	int	☑
		☐

图 5-1　student 表结构

表 5-1　向 student 表插入的数据

studentID	name	sex	age	grade1
2016001	张三	男	19	90
2016002	李四	女	18	87
2016003	王五	男	20	67

（1）打开 SQL Server Management Studio，连接到 SQL Server 上的数据库引擎。

（2）展开服务器 |"数据库"| test1 |"表"节点，然后选择 student 表，并右击，在弹出的快捷菜单中选择"编辑前 200 行"命令，打开"表编辑"窗口，如图 5-2 所示。

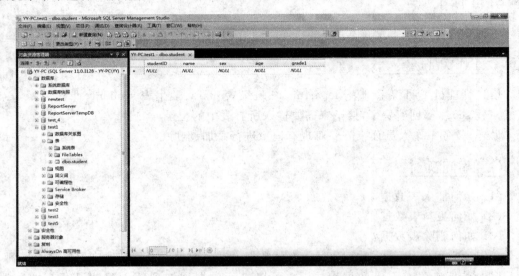

图 5-2　"表编辑"窗口

（3）在第 1 行的相应列输入数据"2016001、张三、男、19、90"。

（4）在第 2 行的相应列输入数据"2016002、李四、女、18、87"。

（5）在第 3 行的相应列输入数据"2016003、王五、男、20、67"，如图 5-3 所示。

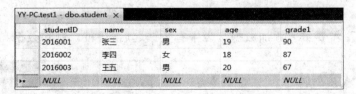

图 5-3　向 student 表插入 3 行数据

（6）关闭"表编辑"窗口。

5.1.2　删除数据

在使用过程中，表中的一些数据可能不再需要，可以将其删除。

【例 5-2】　删除 student 表中学号为 2016002 的同学的信息。

（1）打开 SQL Server Management Studio，连接到 SQL Server 上的数据库引擎。

（2）展开服务器|"数据库"|test1|"表"节点，然后选择 student 表，并右击，在弹出的快捷菜单中选择"编辑前 200 行"命令，打开编辑窗口。

（3）在编辑窗口中定位学号为 2016002 的记录行，单击该行最前面的黑色箭头。选中该行后，右击，在弹出的快捷菜单中选择"删除"命令，如图 5-4 所示。

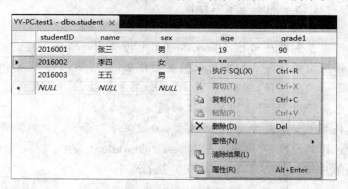

图 5-4　记录行的"删除"快捷菜单

（4）弹出确认对话框，单击"是"按钮，删除所选行。

5.1.3　修改数据

【例 5-3】　修改 student 表中学号为 2016001 的同学的信息，并将 grade1 的 90 修改为 86。

（1）打开 SQL Server Management Studio，连接到 SQL Server 上的数据库引擎。

（2）展开服务器|"数据库"|test1|"表"节点，然后选择 student 表，并右击，在弹出的快捷菜单中选择"编辑前 200 行"命令，打开"表编辑"窗口。

（3）直接在学号为 2016001 同学的 grade1 字段中修改，将 90 修改为 86。

（4）关闭"表编辑"窗口。

5.2　使用 T-SQL 语句操作表数据

对表数据的操作，除了使用 SSMS 外，还可以使用 T-SQL 语句。

5.2.1　插入数据

1. 使用 INSERT 语句插入数据

通过 INSERT 语句向表中插入数据，可以添加一行或多行数据，语法格式如下所示：

103

```
INSERT [INTO] table_or_view [(column_list)]
VALUES data_values
```

说明如下。

（1）table_or_view：指定插入新数据的表或视图名称。

（2）column_list：指定数据表的列名。当指定多个列时，各列之间用逗号隔开。

（3）data_values：指定插入的新数据值。

说明：在插入数据时要注意：

（1）数据值的数量和顺序必须与字段名列表中的数量和顺序一样。

（2）值的数据类型必须与表列中的数据类型匹配，否则插入失败。

（3）值如果是采用默认值，写 DEFAULT；如果是空值，写 NULL。

（4）不需要包含带有 IDENTITY 属性的列。

（5）插入数据类型如果是字符型、日期型，必须用单引号。

【例 5-4】 使用 T-SQL 语句向数据库 test1 的 student 表中插入一条新数据。

在查询分析器中输入如下 T-SQL 语句并执行：

```
USE test1
INSERT INTO student
VALUES('2016004','刘大名','男',21,60)
```

执行结果如图 5-5 所示。

【例 5-5】 使用 T-SQL 语句向数据库 test1 的 student 表中插入三条新数据。

在查询分析器中输入如下 T-SQL 语句并执行：

```
USE test1
INSERT INTO student
VALUES('2016005','高兴','女',19,90),
      ('2016006','苏明','男',20,65),
      ('2016007','董阳','女',18,87)
```

执行结果如图 5-6 所示。

图 5-5　插入一条新数据　　　　图 5-6　插入三条新数据

说明：在插入数据时，若遗漏表中的某一列，如果该列存在默认值，则使用默认值；如果该列不存在默认值，则自动填充为 NULL 值；如果该列声明 NOT NULL，则插入数据时返回错误。

【例 5-6】 使用 T-SQL 语句向数据库 test1 的 student 表中插入一条数据，grade1 为 NULL。

在查询分析器中输入如下 T-SQL 语句并执行：

```
USE test1
INSERT INTO student
    VALUES('2016002','白伟','女',19,null)
```

下列命令效果相同：

```
USE test1
INSERT INTO student(studentID,name,sex,age)
VALUES('2010002','白伟','女',19)
```

2. 使用 INSERT…SELECT 语句插入数据

使用 INSERT…SELECT 语句，可以将某一张表中的数据插入另一张新数据表中。语法格式如下所示：

```
INSERT table_name
SELECT column_list
FROM table_list
WHERE search_conditions
```

说明如下。

（1）table_name：指定要插入的新表名称。

（2）SELECT：用于检索数据。

（3）column_list：要检索的列表。该列与 INSERT 中指定的表列的数量和顺序必须相同，列的数据类型和长度相同，或者可以转换。

（4）table_list：表的名称。该表必须是已存在的表。

（5）search_conditions：指定插入的数据应满足的条件。

【例 5-7】 使用 T-SQL 语句将 student 表中性别是"男"的同学记录插入 student1 表中。

在查询分析器中输入如下 T-SQL 语句并执行：

```
USE test1
GO
CREATE TABLE student1
(
学号 char(12)NOT NULL,
姓名 char(10),
```

```
性别 char(2)
)
```

用 INSERT 语句向 student1 表插入数据：

```
INSERT student1
SELECT studentID,name,sex
FROM student
WHERE sex = '男'
```

执行结果如图 5-7 所示。

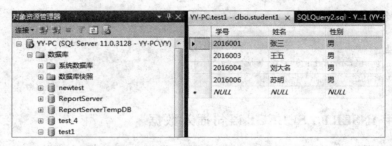

图 5-7　执行结果

3. 使用 SELECT…INTO 语句插入数据

使用 SELECT…INTO 语句，可以把数据插入一张新表中。语法格式如下所示：

```
SELECT < select_list >
INTO new_table
FROM {< table_source >}[,…n]
WHERE < search_conditions >
```

该语句用于向不存在的表中添加数据，在插入数据的同时创建新表。

【例 5-8】　使用 T-SQL 语句将 student 表中性别是"男"的同学记录插入 student2 表中。

在查询分析器中输入如下 T-SQL 语句并执行：

```
SELECT studentID,name,sex
INTO student2
FROM student
WHERE sex = '男'
```

5.2.2　修改数据

在使用过程中，根据实际情况，有时需要修改表中的数据。修改数据的语法格式如下所示：

```
UPDATE table_name SET
column1_name = modified_value1
column2_name = modified_value2,[,...]
[WHERE search_condition]
```

说明如下。

（1）UPDATE：修改数据的关键字。

（2）table_name：指定要修改数据的表名。

（3）column1_name＝modified_value1：指定要更新的列及该列的新值。

（4）search_condition：指定被更新的记录应满足的条件。

【例 5-9】　将 student 表中学号为 2016004 的 grade1 由 60 修改为 76。

在查询分析器中输入如下 T-SQL 语句并执行：

```
UPDATE student
SET grade1 = 76
    WHERE studentID = 2016004
```

【例 5-10】　将 student 表中所有学生的成绩均提高 5 分。

在查询分析器中输入如下 T-SQL 语句并执行：

```
UPDATE student
SET grade1 = grade1 + 5
```

5.2.3　删除数据

使用 DELETE 语句,可以删除表中一行或多行数据,语法格式如下所示：

```
DELETE table_or_view
FROM table_sources
WHERE search_condition
```

说明如下。

（1）table_or_view：删除数据的表或视图的名称。

（2）FROM table_sources：指定附加的 FROM 子句。这个对 DELETE 的 T-SQL 扩展允许从＜table_source＞指定数据,并从第一个 FROM 子句内的表中删除相应的行。

（3）search_condition：指定被删除的记录应满足的条件。

【例 5-11】　删除 student 表中 grade1 大于 60 分且小于 70 分的数据。

在查询分析器中输入如下 T-SQL 语句并执行：

```
DELETE student
    WHERE grade1 > 60 and grade1 < 70
```

说明：如果 DELETE 语句中没有 WHERE 子句的限制,则表或视图中的所有数据均被删除。

【例 5-12】 删除 student 表中的所有数据。

在查询分析器中输入如下 T-SQL 语句并执行：

```
DELETE FROM student
```

也可以使用 TRUNCATE TABLE table_name 语句删除表中的所有数据。

TRUNCATE TABLE 删除表中的所有行，但表结构及其列、约束、索引等保持不变。

TRUNCATE TABLE 比 DELETE 速度快，所用的系统和事务日志资源少。

说明：TRUNCATE TABLE 语句不能用于有外关键字依赖的表。TRUNCATE TABLE 语句和 DELETE 语句都不删除表结构。DROP TABLE 语句可以删除表结构及其数据。

实训： 表数据的操作

1. 实训内容

（1）向 course 和 grade 表插入记录。

（2）教务工作人员孙康添加新课程。

（3）教务工作人员孙康需要将所有课程的学分加 1 分。

（4）教务工作人员孙康删除特定学号学生的记录。

2. 实训目的

掌握插入记录、更新记录和删除记录的方法。

3. 实训过程

（1）使用对象资源管理器参照例 5-1、例 5-2、例 5-3。

（2）使用 T-SQL 语句参照例 5-5、例 5-9、例 5-11。

4. 技术支持

实训内容应训练使用对象资源管理器和 T-SQL 语句两种方法来完成。

【常见问题与解答】

问题：添加表记录的 T-SQL 语句成功运行后，为什么表记录窗口没有变化？

解答：需要刷新才能显示当前记录。

本 章 小 结

本章介绍了数据表的定义、SQL Server 2012 系统数据类型，以及用 SSMS 和 T-SQL 语句创建、管理表，插入、删除和修改数据等。

表用于存储数据库中的所有数据,是数据库中最基本、最主要的数据对象。在逻辑上,数据库由大量的表组成,表由行和列组成;在物理上,表存储在文件中,表中的数据存储在页中。在创建表之前,必须为表中的每一列定义一个数据类型。

可以用 SQL Server Management Studio、T-SQL 语句两种方法创建和管理数据表,插入、删除和修改表数据。

习　　题

上机实践

1. 实践目的

(1) 掌握使用 SQL Server Management Studio 向数据表插入、删除和修改数据。

(2) 掌握使用 T-SQL 语句向数据表插入、删除和修改数据。

2. 实践内容

(1) 使用 SQL Server Management Studio 向 department1 表插入数据,如表 5-2 所示。

表 5-2　向 department1 表插入数据

departID	departName	chariman	office
001	信息系	江波	201
002	工程系	马康	202
003	外语系	李丽	203
004	体育系	赵伟	204

(2) 使用 SQL Server Management Studio 删除 department1 表中 departID 为 001 的数据。

(3) 使用 T-SQL 语句向 stu1 表插入数据,如表 5-3 所示。

表 5-3　向 stu1 表插入数据

studentID	studentName	sex	age	departID
2009001	李明	男	20	001
2009101	王芳	女	19	003

(4) 使用 SELECT…INTO,将第(3)题 stu1 表中的数据插入 newStu1 表中。

(5) 使用 T-SQL 语句,将 stu1 表中 studentID 为 2009101 的学生的 departID 改为 002。

(6) 使用 T-SQL 语句,删除 newStu1 表中 studentID 为 2009001 的数据。

第6章 数据库的查询

学习目标

(1) 掌握：SELECT 语句的语法格式,各种查询技术。

(2) 理解：数据查询的意义。

 工作实战场景

信息管理员王明在前期的工作中创建了学生成绩数据库,创建了所需要的表,并在表格中输入了教务工作人员需要的数据。

教务工作人员孙康在工作中需要查询数据库中的各种数据。

引导问题

(1) 在数据库的海量数据里,若想迅速查找出所需的数据,如何操作?

(2) 在 SQL Server 2012 中,需要使用相关的查询语句才能完成数据查询。那么,查询语句到底是什么? 如何正确使用它?

6.1 SELECT 语句概述

数据库给人们带来了方便,查询是数据库中最基本的数据操作。在 SQL Server 2012 系统中,使用 SELECT 语句来完成数据查询。

SELECT 语句的语法格式如下所述:

```
SELECT [ ALL|DISTINCT ] select_list
FROM table_name
[ WHERE < search_conditions > ]
[ GROUP BYgroup_by_expression ]
[ HAVING < search_conditions > ]
[ ORDER BY < order_ expression > [ ASC | DESC ] ]
```

说明如下。

(1) SELECT 子句:指定要查询的字段(列)。

(2) ALL|DISTINCT:用来标识在查询结果集中对相同行的处理方式。DISTINCT

关键字可从 SELECT 语句的结果集中消除重复的行；ALL 关键字表示返回查询结果集中的所有行，包括重复行。默认值是 ALL。

（3）select_list：指定字段列表，即指定要显示的目标列。

（4）FROM 子句：指定要查询的表名。

（5）WHERE 子句：指定查询条件。

（6）GROUP BY 子句：指定查询结果的分组条件。

（7）HAVING 子句：与 GROUP BY 子句组合使用，对分组的结果集进一步限定查询条件。

（8）ORDER BY 子句：指定结果集的排序方式。

（9）ASC | DESC：表示结果集的排序方式。ASC 表示升序排列；DESC 表示降序排列。默认值是 ASC。

在 SELECT 语句中，SELECT 子句与 FROM 子句是必不可少的，其余子句是可选的。各个子句必须按照语法中列出的次序依次执行；否则，会出现语法错误。

在执行以下操作前，请将完整的 stu 数据库附加到 SQL Server 2012 中。

6.1.1　选择列

1. 查询指定的列

用 SELECT 子句选择表中的列时，只需将希望显示的字段名置于 SELECT 子句后。字段名称之间用逗号隔开。

【例 6-1】　从 stu 数据库的 student 表中查询学生的 sno、sname 和 sex。

在查询分析器中输入如下 T-SQL 语句并执行：

```
USE stu
SELECT sno,sname,sex
FROM student
```

执行结果如图 6-1 所示。

2. 查询所有的列

查询表中所有的列有两种方法：一种方法是将表中的字段名称全部列在 SELECT 子句后；另一种方法是用"*"代替所有的字段名称。

【例 6-2】　查询 stu 数据库 student 表中的所有信息。

在查询分析器中输入如下 T-SQL 语句并执行：

```
USE stu
SELECT *
FROM student
```

111

执行结果如图 6-2 所示。

图 6-1　查询 student 表中的部分列

图 6-2　查询 student 表中的所有信息

3. 设置列别名

在设计表时，表的列名一般采用字符的形式。在显示查询结果时，为了便于理解，用户可以根据需要修改查询结果中的列名，即设置列别名。

设置列别名通常有下述三种方法：

（1）将列别名用单引号括起来后接等号，后接要查询的列名，格式为：'列别名'＝查询的列名。

（2）将列别名用单引号括起来后，写在要查询的列名后面，两者之间用空格隔开，格式为：查询的列名'列别名'。

（3）将列别名用单引号括起来后，写在要查询的列名后面，两者之间使用关键字 AS，格式为：查询的列名 AS '列别名'。

【例 6-3】　查询 stu 数据库的 course 表中的课程编号、课程名称和学分，设置列别名，用汉字显示。

用三种方法设置列别名。

在查询分析器中输入如下 T-SQL 语句并执行：

```
USE stu
SELECT '课程编号' = cno,'课程名称' = cname,'学分' = credit
FROM course
```

在查询分析器中输入如下 T-SQL 语句并执行：

```
USE stu
SELECT cno '课程编号',cname '课程名称',credit '学分'
FROM course
```

在查询分析器中输入如下 T-SQL 语句并执行：

```
USE stu
SELECT cno AS '课程编号',cname AS '课程名称',credit AS '学分'
FROM course
```

三种方法的执行结果如图 6-3 所示。

4. 使用 DISTINCT 关键字消除重复行

在 SELECT 语句中，如果需要消除重复行，可以使用 DISTINCT 关键字。此时，对结果集中的重复行只显示一次，保证行的唯一性。

【例 6-4】　从 stu 数据库的 student 表中查询学生的 native(籍贯)，消除重复行。

在查询分析器中输入如下 T-SQL 语句并执行：

```
USE stu
SELECT DISTINCT native '籍贯'
FROM student
```

执行结果如图 6-4 所示。

图 6-3　为 course 表中的列设置别名

图 6-4　使用 DISTINCT 关键字消除重复行

5. 使用 TOP n[PERCENT]返回前 n 行

在查询数据时，可以使用 TOP 子句限制从查询中返回的行数。行数指前 n 行或前 n percent(n%)行。

【例 6-5】 从 stu 数据库的 student 表中查询所有信息，只显示前 10 行记录。

在查询分析器中输入如下 T-SQL 语句并执行：

```
USE stu
SELECT TOP 10 *
FROM student
```

执行结果如图 6-5 所示。

	sno	sname	sex	native	birthday	spname	home	tel
1	16001	张丰	男	南京	1996-02-01	计算机应用	南京珠江路	888888
2	16002	王平	男	徐州	1996-03-12	计算机应用	徐州大学路	777001
3	16003	程东	男	苏州	1996-12-13	计算机应用	苏州东街	786540
4	16004	李想	女	苏州	1997-01-23	计算机应用	苏州东站	650990
5	16005	林如	女	无锡	1996-10-20	计算机应用	无锡鼋头渚	349890
6	16006	赵小平	男	南京	1997-03-09	计算机应用	南京新街口	665054
7	16007	严宏峰	男	徐州	1997-03-04	计算机应用	徐州淮塔路	568790
8	16008	孙岩	女	扬州	1996-10-09	计算机应用	扬州广陵区	786759
9	16009	罗三丹	女	宿迁	1995-04-05	计算机应用	宿州西路	456090
10	16110	马强	男	南通	1996-12-05	网络工程	南通汽车站	239800

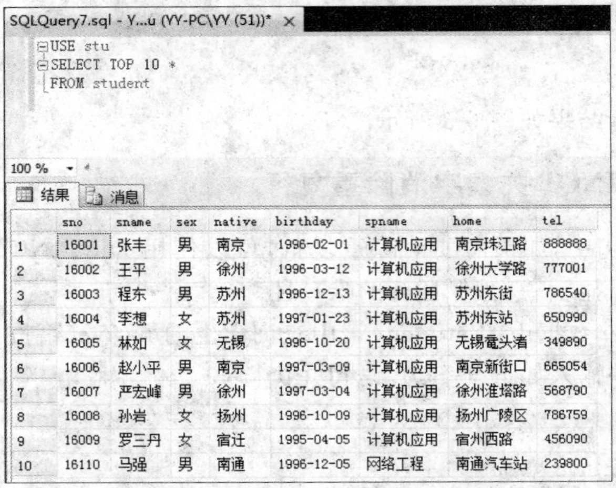

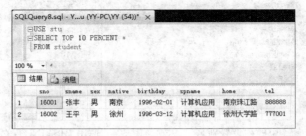

图 6-5　使用 TOP 关键字显示 student 表中前 10 行记录

【例 6-6】 从 stu 数据库的 student 表中查询所有信息，只显示前 10%行记录。

在查询分析器中输入如下 T-SQL 语句并执行：

```
USE stu
SELECT TOP 10 PERCENT *
FROM student
```

执行结果如图 6-6 所示。

	sno	sname	sex	native	birthday	spname	home	tel
1	16001	张丰	男	南京	1996-02-01	计算机应用	南京珠江路	888888
2	16002	王平	男	徐州	1996-03-12	计算机应用	徐州大学路	777001

图 6-6　使用 TOP 关键字显示 student 表中前 10%行记录

说明：student 表中共有 18 条记录，18 条记录的 10%是 1.8，即显示 2 条记录。

6. 在查询结果中增加字符串

在查询过程中，可以在查询结果中增加字符串，方法是在 SELECT 子句中，将字符串用单引号括起来，和列名之间用逗号隔开。

【例 6-7】　从 stu 数据库的 student 表中查询学生的 sno 和 sname。这两列前面分别增加"学号："和"姓名："字符串。

在查询分析器中输入如下 T-SQL 语句并执行：

```
USE stu
SELECT '学号:',sno,'姓名:',sname
FROM student
```

执行结果如图 6-7 所示。

7. 计算列值

在使用 SELECT 语句查询数据时，可以在结果中显示对列值计算后的值，即通过对某些列的数据进行计算得到的结果。

【例 6-8】　将 stu 数据库 grade 表中的 score(成绩)减 15 分计算，显示最终结果。

在查询分析器中输入如下 T-SQL 语句并执行：

```
USE stu
SELECT sno,cno,score = score - 15
FROM grade
```

执行结果如图 6-8 所示。

图 6-7　在查询结果中增加字符串

图 6-8　计算列值

115

说明:对于计算列,可以使用+(加)、-(减)、*(乘)、/(除)、%(取余)、字符串连接符等。

【例 6-9】 使用字符串连接符,连接学生 sno、sname、native 和 home。

在查询分析器中输入如下 T-SQL 语句并执行:

```
USE stu
SELECT '学号:'+sno+'姓名:'+sname+'籍贯:'+native+'家庭住址:'+home AS '学生信息'
FROM student
```

执行结果如图 6-9 所示。

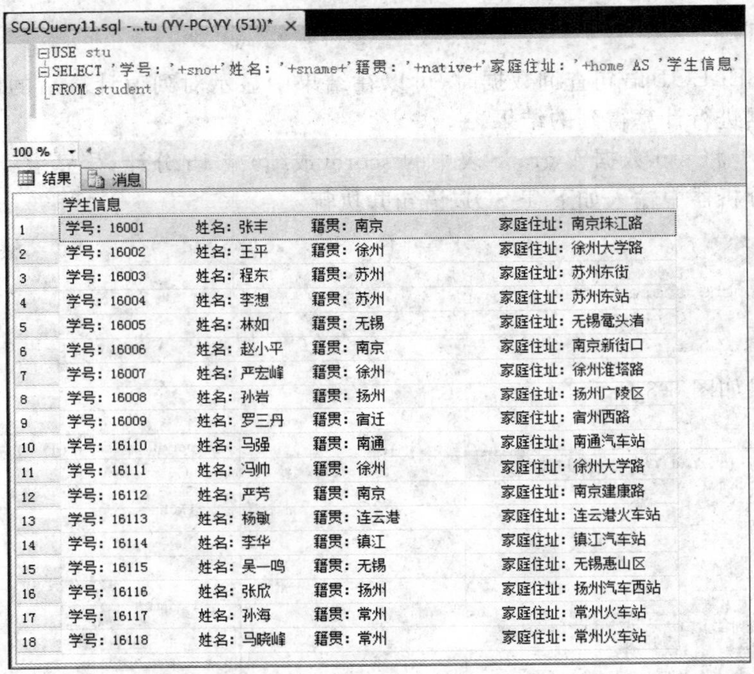

图 6-9 使用字符串连接符连接列

6.1.2 WHERE 子句

在实际查询过程中,用户有时需要在数据表中查询满足某些条件的记录。此时,在 SELECT 语句中使用 WHERE 子句给定查询条件。数据库系统处理语句时,将不满足条件的记录筛选掉,返回满足条件的记录。

1. 使用比较运算符

WHERE 子句的比较运算符主要有=(等于)、<(小于)、>(大于)、>=(大于等于)、<=(小于等于)、<>(不等于)、!=(不等于)、!<(不小于)、!>(不大于)。语法格

116

式如下所示：

```
WHERE expression1 comparsion_operator expression2
```

说明如下。

（1）expression1 和 expression2：要比较的表达式。

（2）comparsion_operator：比较运算符。

【例 6-10】　查询 stu 数据库的 student 表中性别为"男"的学生信息。

在查询分析器中输入如下 T-SQL 语句并执行：

```
USE stu
SELECT *
FROM student
WHERE sex = '男'
```

执行结果如图 6-10 所示。

【例 6-11】　查询 stu 数据库的 grade 表中成绩大于 80 分的学生情况。

在查询分析器中输入如下 T-SQL 语句并执行：

```
USE stu
SELECT *
FROM grade
WHERE score > 80
```

执行结果如图 6-11 所示。

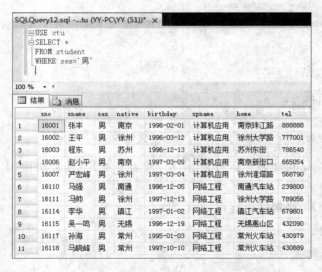

图 6-10　查询性别为"男"的学生信息

图 6-11　查询成绩大于 80 分
的学生情况

117

说明：在使用比较运算符做查询时，若连接的数据类型不是数字，需用单引号将比较运算符后面的数据引起来。运算符两边表达式的数据类型必须保持一致。

2. 使用逻辑运算符

WHERE 子句中的逻辑运算符有 NOT、AND、OR。当使用 WHERE 子句处理多个条件查询时，要用到逻辑运算符。

使用逻辑运算符时，需要遵守如下规则。

（1）NOT：表示否认一个表达式。只应用于简单条件，不能将 NOT 应用于包含 AND 或者 OR 条件的复合条件中。

（2）AND：用于合并简单条件和包括 NOT 条件，这些条件不允许包含 OR 条件。当使用多个 AND 条件时，不需要括号，可以按任意顺序合并在一起。

（3）OR：可以使用 AND 和 NOT 合并所有的复合条件。当使用多个 OR 条件时，不需要括号，可以按任意顺序合并在一起。

从优先级来看，从高到低的顺序是 NOT、AND、OR。

【例 6-12】 查询 stu 数据库的 student 表中性别是"女"且籍贯为"苏州"的学生信息。

在查询分析器中输入如下 T-SQL 语句并执行：

```
USE stu
SELECT sname, sex, native
FROM student
WHERE sex = '女' and native = '苏州'
```

执行结果如图 6-12 所示。

图 6-12　查询性别是"女"且籍贯为"苏州"的学生信息

【例 6-13】 查询 stu 数据库的 student 表中籍贯为"南京"或者专业是"计算机应用"的学生信息。

在查询分析器中输入如下 T-SQL 语句并执行：

```
USE stu
SELECT *
FROM student
WHERE spname = '计算机应用' or native = '南京'
```

执行结果如图 6-13 所示。

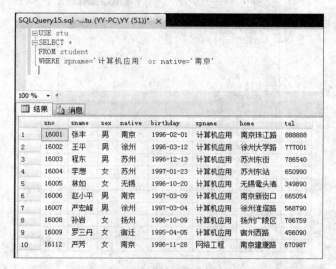

图 6-13　查询籍贯为"南京"或者专业是"计算机应用"的学生信息

3. 使用范围运算符

在使用范围运算符时,可以指定某个查询范围内的数据。用 BETWEEN 关键字设置范围之内的数据,用 NOT BETWEEN 关键字设置范围之外的数据。

语法格式如下所示:

```
WHERE expression [NOT] BETWEEN value1 AND value2
```

说明如下。

(1) value1:表示范围的下限。

(2) value2:表示范围的上限,value2 的值大于等于 value1 的值。

【例 6-14】　查询 stu 数据库的 grade 表中 202 课程号的成绩在 65～75 分的学生的学号和成绩。

在查询分析器中输入如下 T-SQL 语句并执行:

```
USE stu
SELECT sno,score
FROM grade
WHERE cno = '202' and score BETWEEN 65 AND 75
```

执行结果如图 6-14 所示。

【例 6-15】　查询 stu 数据库的 student 表中出生日期在 1996-01-01～1997-01-01 的学生信息。

在查询分析器中输入如下 T-SQL 语句并执行:

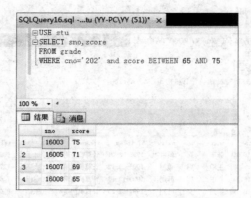

图 6-14　查询 202 课程号的成绩在 65～75 分的学生信息

```
USE stu
SELECT *
FROM student
WHERE birthday BETWEEN '1996 - 01 - 01' AND '1997 - 01 - 01'
```

执行结果如图 6-15 所示。

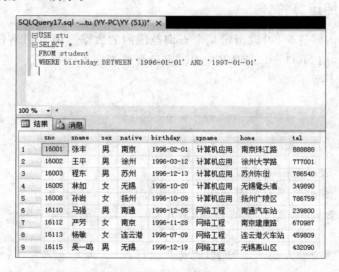

图 6-15　查询出生日期在 1996-01-01～1997-01-01 的学生信息

说明：当使用日期作为范围条件时，必须用单引号引起来，并且使用的日期必须是"年-月-日"的形式。

4. 使用列表运算符

在使用列表运算符时，利用 IN 或 NOT IN 关键字确定表达式的取值是否属于某一列表值。

语法格式如下所示：

```
WHERE expression [NOT] IN value_list
```

其中,value_list 表示列表值。当有多个值时,需要用括号将这些值括起来,并且用逗号分隔。

【例 6-16】　查询 stu 数据库的 student 表中籍贯是南京或徐州的学生信息。

在查询分析器中输入如下 T-SQL 语句并执行:

```
USE stu
SELECT *
FROM student
WHERE native IN('南京','徐州')
```

执行结果如图 6-16 所示。

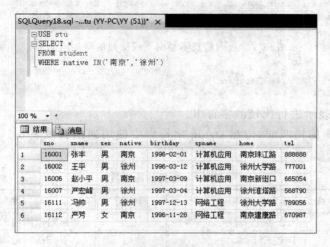

图 6-16　查询籍贯是南京或徐州的学生信息

【例 6-17】　查询 stu 数据库的 student 表中籍贯不是南京或徐州的学生信息。

在查询分析器中输入如下 T-SQL 语句并执行:

```
USE stu
SELECT *
FROM student
WHERE native NOT IN('南京','徐州')
```

执行结果如图 6-17 所示。

说明:在使用 IN 关键字时,有效值列表中不能包含 NULL 值的数据。

5. 使用 LIKE 条件

使用字符匹配符 LIKE 或 NOT LIKE 可以把表达式与字符串进行比较,实现对字符串的模糊查询。语法格式如下所示:

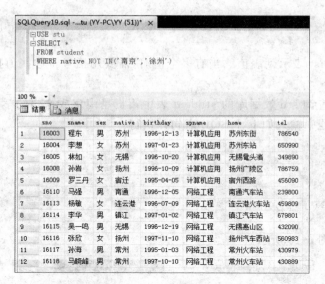

图 6-17   查询籍贯不是南京或徐州的学生信息

```
WHERE expression [NOT] LIKE'string'
```

其中,string 表示进行比较的字符串。

在进行字符串模糊匹配时,在 string 字符串中使用通配符。表 6-1 列出了常用的通配符。

表 6-1   常用的通配符

通配符	含　义	通配符	含　义
%	任意多个字符	[ ]	指定范围内的单个字符
_	单个字符	[^]	不在指定范围内的单个字符

【例 6-18】   查询 stu 数据库的 student 表中名字里含有"峰"的学生信息。

在查询分析器中输入如下 T-SQL 语句并执行:

```
USE stu
SELECT *
FROM student
WHERE sname LIKE '%峰%'
```

执行结果如图 6-18 所示。

【例 6-19】   查询 stu 数据库的 student 表中名字里不含有"峰"的学生信息。

在查询分析器中输入如下 T-SQL 语句并执行:

```
USE stu
SELECT *
FROM student
WHERE sname NOT LIKE '%峰%'
```

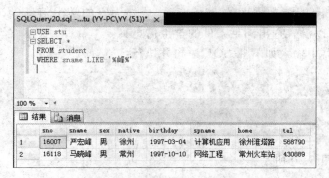

图 6-18　查询名字里含有"峰"的学生信息

执行结果如图 6-19 所示。

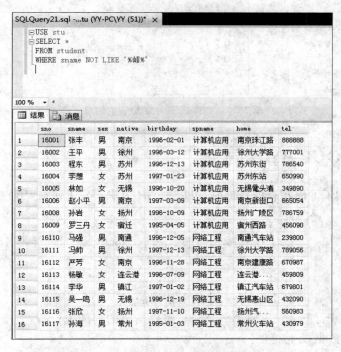

图 6-19　查询名字里不含有"峰"的学生信息

6. 使用 IS NULL 条件

使用 IS NULL 或 IS NOT NULL 条件可以查询某一数据值是否为 NULL 的信息。IS NULL 可以查询数据值为 NULL 的信息，IS NOT NULL 可以查询数据值不为 NULL 的信息。

语法格式如下所示：

```
WHERE column IS [NOT] NULL
```

【例 6-20】 查询 stu 数据库的 grade 表中成绩为空的学生信息(grade 表中的 score 列值均不为空,所以没有查出满足条件的学生信息)。

在查询分析器中输入如下 T-SQL 语句并执行:

```
USE stu
SELECT  *
FROM grade
WHERE score IS NULL
```

执行结果如图 6-20 所示。

图 6-20　查询成绩为空的学生信息

6.1.3　GROUP BY 子句

在使用 SELECT 语句查询数据时,可以用 GROUP BY 子句对某列数据值分组。语法格式如下所示:

```
GROUP BY group_by_expression [WITH ROLLUP] [CUBE]
```

说明如下。

(1) group_by_expression:表示分组所依据的列。

(2) ROLLUP:表示只返回第一个分组条件指定的列的统计行,若改变列的顺序,会使返回的结果行数据发生变化。

(3) CUBE:是 ROLLUP 的扩展,表示除了返回由 GROUP BY 子句指定的列外,还返回按组统计的行。

GROUP BY 子句通常与统计函数一起使用。常见的统计函数如表 6-2 所示。

表 6-2　常用的统计函数

函数名	功　能	函数名	功　能
COUNT	求组中行数,返回整数	MIN	求最小值,返回表达式中所有值的最小值
SUM	求和,返回表达式中所有值的和	ABS	求绝对值,返回数值表达式的绝对值
AVG	求平均值,返回表达式中所有值的平均值	ASCII	求 ASCII 码,返回字符型数据的 ASCII 码
MAX	求最大值,返回表达式中所有值的最大值	RAND	产生随机数,返回一个位于 0 和 1 之间的随机数

【**例 6-21**】　按学生籍贯统计各个地区的人数。

在查询分析器中输入如下 T-SQL 语句并执行：

```
USE stu
SELECT native,COUNT(native) as '籍贯人数'
FROM student
GROUP BY native
```

执行结果如图 6-21 所示。

【**例 6-22**】　查询选修 303 课程的学生的平均成绩。

在查询分析器中输入如下 T-SQL 语句并执行：

```
USE stu
SELECT AVG(score) AS '303 课程平均成绩'
FROM grade
WHERE cno = '303'
```

执行结果如图 6-22 所示。

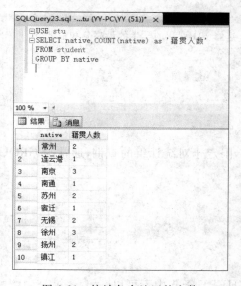

图 6-21　统计各个地区的人数　　　　　图 6-22　选修 303 课程的学生的平均成绩

【**例 6-23**】　查询学号为 16008 的学生所学课程的总成绩。

在查询分析器中输入如下 T-SQL 语句并执行：

```
USE stu
SELECT SUM(score) AS '课程总成绩'
FROM grade
WHERE sno = '16008'
```

执行结果如图 6-23 所示。

【例 6-24】 查询选修 101 课程的学生的最高分和最低分。

在查询分析器中输入如下 T-SQL 语句并执行：

```
USE stu
SELECT MAX(score) AS '101 课程的最高分',MIN(score) AS '101 课程的最低分'
FROM grade
WHERE cno = '101'
```

执行结果如图 6-24 所示。

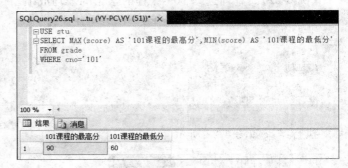

图 6-23 学号为 16008 的学生所学
课程的总成绩

图 6-24 选修 101 课程的学生的最高分和最低分

6.1.4 HAVING 子句

HAVING 子句指定了组或聚合的查询条件,限定于对统计组的查询,通常与 GROUP BY 子句一起使用。

语法格式如下所示：

```
HAVING search_conditions
```

其中,search_conditions 指定查询条件。

HAVING 子句中可以使用聚合函数,而 WHERE 子句中不可以。

【例 6-25】 查询籍贯为"无锡"的学生的平均年龄。

在查询分析器中输入如下 T-SQL 语句并执行：

```
USE stu
SELECT native AS '籍贯',AVG(YEAR(GETDATE()) − YEAR(birthday)) AS '平均年龄'
FROM student
GROUP BY native
HAVING native = '无锡'
```

执行结果如图 6-25 所示。

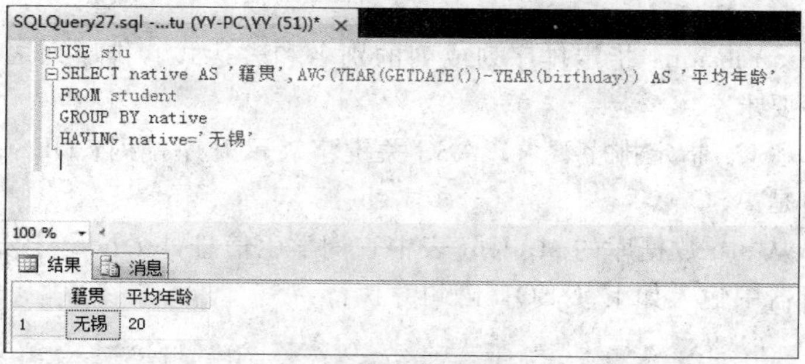

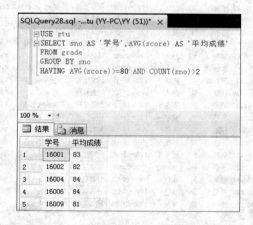

图 6-25　籍贯为"无锡"的学生的平均年龄

【例 6-26】　查询选修课程超过 2 门,并且平均成绩在 80 分以上的学生学号和平均成绩。

在查询分析器中输入如下 T-SQL 语句并执行:

```
USE stu
SELECT sno AS '学号',AVG(score) AS '平均成绩'
FROM grade
GROUP BY sno
HAVING AVG(score)> = 80 AND COUNT(sno)> 2
```

执行结果如图 6-26 所示。

图 6-26　选修课程超过 2 门且平均成绩在 80 分以上的学生学号和平均成绩

6.1.5　ORDER BY 子句

在进行数据查询时,可以使用 ORDER BY 子句对查询的结果按照一个或多个列排序。语法格式如下所示:

```
ORDER BY order_expression [ASC|DESC]
```

说明如下。

(1) order_expression：指定排序列或列的别名和表达式。排序列之间用逗号分隔，列后可指明排序要求。

(2) ASC|DESC：指定排序要求。ASC 关键字表示升序排列；DESC 关键字表示降序排列。默认值是 ASC。

【例 6-27】 从 stu 数据库的 student 表中查询学生信息，birthday 按照降序排列。

在查询分析器中输入如下 T-SQL 语句并执行：

```
USE stu
SELECT *
FROM student
ORDER BY birthday DESC
```

执行结果如图 6-27 所示。

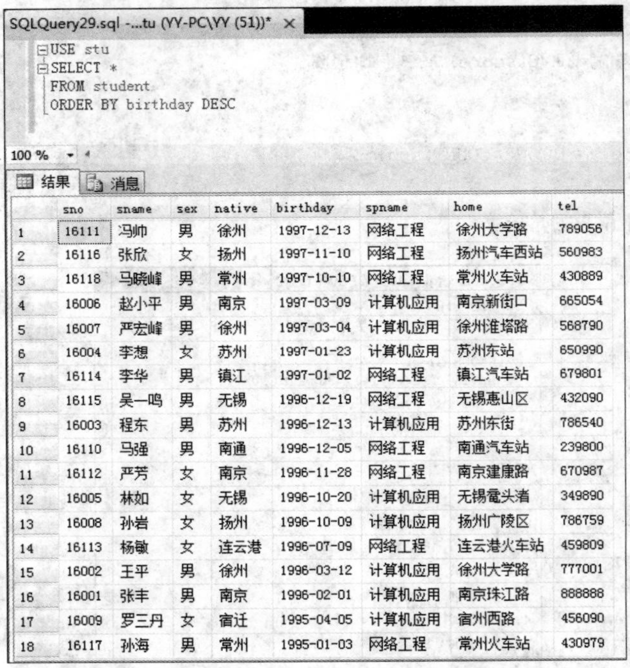

	sno	sname	sex	native	birthday	spname	home	tel
1	16111	冯帅	男	徐州	1997-12-13	网络工程	徐州大学路	789056
2	16116	张欣	女	扬州	1997-11-10	网络工程	扬州汽车西站	560983
3	16118	马晓峰	男	常州	1997-10-10	网络工程	常州火车站	430889
4	16006	赵小平	男	南京	1997-03-09	计算机应用	南京新街口	665054
5	16007	严宏峰	男	徐州	1997-03-04	计算机应用	徐州淮塔路	568790
6	16004	李想	女	苏州	1997-01-23	计算机应用	苏州东站	650990
7	16114	李华	男	镇江	1997-01-02	网络工程	镇江汽车站	679801
8	16115	吴一鸣	男	无锡	1996-12-19	网络工程	无锡惠山区	432090
9	16003	程东	男	苏州	1996-12-13	计算机应用	苏州东街	786540
10	16110	马强	男	南通	1996-12-05	网络工程	南通汽车站	239800
11	16112	严芳	女	南京	1996-11-28	网络工程	南京建康路	670987
12	16005	林如	女	无锡	1996-10-20	计算机应用	无锡鼋头渚	349890
13	16008	孙岩	女	扬州	1996-10-09	计算机应用	扬州广陵区	786759
14	16113	杨敏	女	连云港	1996-07-09	网络工程	连云港火车站	459809
15	16002	王平	男	徐州	1996-03-12	计算机应用	徐州大学路	777001
16	16001	张丰	男	南京	1996-02-01	计算机应用	南京珠江路	888888
17	16009	罗三丹	女	宿迁	1995-04-05	计算机应用	宿州西路	456090
18	16117	孙海	男	常州	1995-01-03	网络工程	常州火车站	430979

图 6-27 birthday 按照降序排列

【例 6-28】 查询选修 101 课程的学生学号和成绩，成绩按照降序排列。

在查询分析器中输入如下 T-SQL 语句并执行：

```
USE stu
SELECT sno,score
FROM grade
WHERE cno = '101'
ORDER BY score DESC
```

执行结果如图 6-28 所示。

图 6-28　选修 101 课程的学生成绩按照降序排列

6.2　多表连接查询

在实际应用中,要查询的数据可能不在一张表或视图中,可能来源于多张表,此时需要进行多表连接查询。

多表连接查询是指通过多张表之间共同列的相关性来查询数据,是数据库查询最主要的特征。

6.2.1　内连接

内连接是比较常用的数据连接查询方式。内连接使用比较运算符进行多张基表间数据的比较操作,并列出这些基表中与连接条件相匹配的所有数据行。内连接分为等值连接、非等值连接和自然连接,一般用 INNER JOIN 或 JOIN 关键字指定内连接。语法格式如下所示:

```
FROM table1 INNER JOIN table2 [ON join_conditions]
```

1. 等值连接

等值连接是在连接条件中使用比较运算符等号（＝）来比较连接列的列值，在其结果中列出被连接表中的所有数据，并且包括重复列。

【例 6-29】 查询 stu 数据库的学生情况和选修课程情况。

在查询分析器中输入如下 T-SQL 语句并执行：

```
USE stu
SELECT *
FROM student INNER JOIN grade
ON student. sno = grade. sno
```

执行结果如图 6-29 所示。

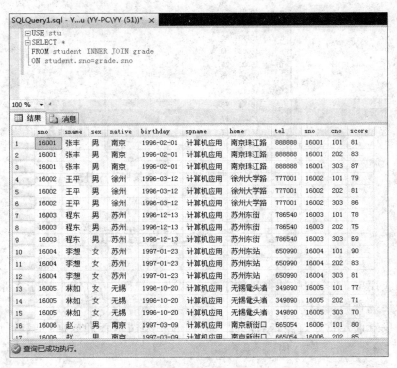

图 6-29 查询 stu 数据库的学生情况和选修课程情况

【例 6-30】 查询选修 101 课程且成绩为 90 分的学生姓名、学号和成绩。

在查询分析器中输入如下 T-SQL 语句并执行：

```
USE stu
SELECT student. sno, student. sname, grade. score
FROM student INNER JOIN grade
ON student. sno = grade. sno
WHERE cno = '101' AND score = 90
```

执行结果如图 6-30 所示。

2. 非等值连接

非等值连接是在等值查询的连接条件中不使用等号,而使用其他比较运算符,例如 >、<、>=、<=、<>和 BETWEEN。

【例 6-31】 查询选修 303 课程且成绩在及格以上的学生姓名、学号和成绩,并且按照成绩降序排列。

在查询分析器中输入如下 T-SQL 语句并执行:

```
SELECT s. sno, s. sname, g. score
FROM student s INNER JOIN grade g
ON s. sno = g. sno
WHERE cno = '303' AND score > = 60
ORDER BY g. score DESC
```

执行结果如图 6-31 所示。

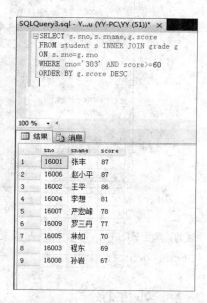

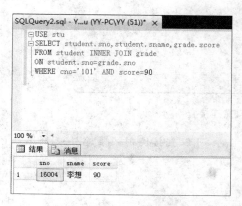

图 6-30 选修 101 课程且成绩
为 90 分的学生情况

图 6-31 选修 303 课程且成绩在及格
以上的学生情况

3. 自然连接

自然连接是指在等值连接中去除目标列中重复的属性列。在使用自然连接查询时,它为具有相同名称的列自动进行记录匹配。

【例 6-32】 对例 6-29 使用自然连接查询。

在查询分析器中输入如下 T-SQL 语句并执行:

```
USE stu
SELECT DISTINCT student.sno,student.sname,grade.cno,grade.score
FROM student INNER JOIN grade
ON student.sno = grade.sno
```

执行结果如图 6-32 所示。

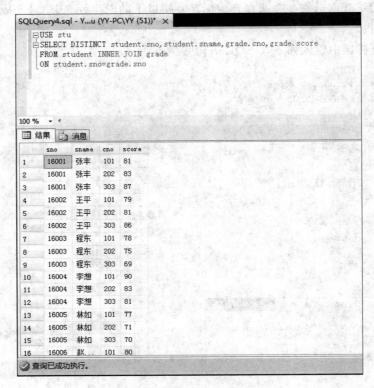

图 6-32　使用自然连接查询

说明：在 FROM 子句中给出基表定义别名时，可以直接使用＜表名＞＜别名＞的方式，例如，student s。

6.2.2　外连接

若一些数据行在其他表中不存在匹配行，使用内连接查询时通常会删除原表中的这些行，使用外连接时会返回 FROM 子句中提到的至少一张表或视图中所有符合搜索条件的行。

参与外连接查询的表有主从之分。以主表中的每行数据去匹配从表中的数据行，如果符合连接条件，则直接返回到查询结果中；如果不匹配，则主表的行保留，从表的对应位置填入 NULL 值。

外连接分为左外连接、右外连接和完全外连接三种类型。

1. 左外连接

在左外连接的查询中,左表就是主表,右表就是从表。左外连接的查询结果除了包括满足连接条件的行外,还包括左表的所有行。如果左表的某数据行没有在右表中找到匹配的数据行,则右表的对应位置填入 NULL 值。语法格式如下所示:

```
FROM table1 LEFT OUTER JOIN table2 [ON join_conditions]
```

说明如下。

（1）OUTER JOIN：表示外连接。

（2）LEFT：表示左外连接的关键字。

（3）table1：表示主表。

（4）table2：表示从表。

【例 6-33】　查询学生信息,包括所选修的课程号。

在查询分析器中输入如下 T-SQL 语句并执行:

```
USE stu
SELECT student. * ,cno
FROM student LEFT OUTER JOIN grade
ON student. sno = grade. sno
```

执行结果如图 6-33 所示。

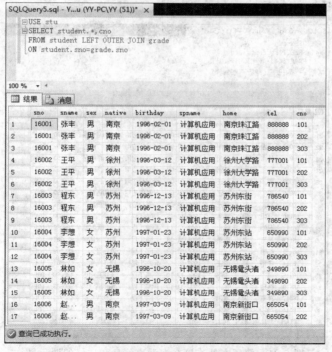

图 6-33　使用左外连接查询学生信息和选修的课程号

133

2. 右外连接

在右外连接的查询中,右表就是主表,左表就是从表。右外连接的查询结果除了包括满足连接条件的行外,还包括右表的所有行。右外连接是左外连接的反向,如果右表的某数据行没有在左表中找到匹配的数据行,则左表的对应位置填入 NULL 值。语法格式如下所示:

```
FROM table1 RIGHT OUTER JOIN table2 [ON join_conditions]
```

【例 6-34】 对例 6-33 的左外连接使用右外连接。

为理解右外连接与左外连接的区别,在做本例前,先向 grade 表添加如下记录:

sno	cno	score
15001	202	89

学号为 15001 的学生在 student 表中是不存在的。
在查询分析器中输入如下 T-SQL 语句并执行:

```
USE stu
SELECT student. * , cno
FROM student RIGHT OUTER JOIN grade
ON student. sno = grade. sno
```

执行结果如图 6-34 所示。

图 6-34　使用右外连接查询学生信息和选修的课程号

3．完全外连接

完全外连接的查询结果中除了包括满足连接条件的行外，还包括左表和右表中所有行的数据。若表之间有匹配的行，则结果包含表中的数据值；若某行在一张表中没有匹配的行，则另一张表与之相对应列的值为 NULL。

语法格式如下所示：

```
FROM table1 FULL OUTER JOIN table2 [ON join_conditions]
```

【例 6-35】　对例 6-33 的左外连接使用完全外连接。

为理解完全外连接与左外连接、右外连接的区别，在做本例前，先向 student 表添加如下记录：

sno	sname	sex	native	birthday	spname	home	tel
17001	崔达	女	镇江	1997-01-02	网络工程	南京和燕路	909012

学号为 17001 的学生在 grade 表中是不存在的。

在查询分析器中输入如下 T-SQL 语句并执行：

```
USE stu
SELECT student. * ,cno
FROM student FULL OUTER JOIN grade
ON student. sno = grade. sno
```

执行结果如图 6-35 所示。

图 6-35　使用完全外连接查询学生信息和选修的课程号

135

说明：做完例 6-34 和例 6-35 后，删除新添加的两条记录。

6.2.3 交叉连接

交叉连接也称为笛卡儿乘积，当对两张表使用交叉连接查询时，将生成来自这两张表各行的所有可能组合。语法格式如下所示：

```
FROM table1 CROSS JOIN table2 [ON join_conditions]
```

在交叉连接中，生成的结果分为两种情况：不使用 WHERE 子句的交叉连接和使用 WHERE 子句的交叉连接。

1. 不使用 WHERE 子句的交叉连接

不使用 WHERE 子句的交叉连接，返回的结果是两张表所有行的笛卡儿乘积，相当于一张表中符合查询条件的行数乘以另一张表中符合查询条件的行数。

【例 6-36】 查询 stu 数据库的 student 表和 grade 表中的所有数据信息。

在查询分析器中输入如下 T-SQL 语句并执行：

```
USE stu
SELECT student. * ,cno
FROM student CROSS JOIN grade
```

执行结果如图 6-36 所示。

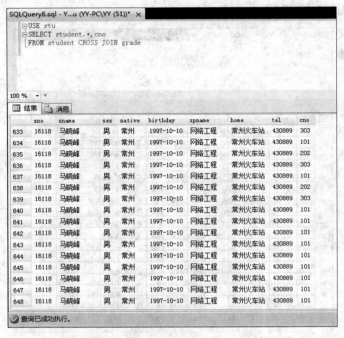

图 6-36　不使用 WHERE 子句的交叉连接查询

2. 使用 WHERE 子句的交叉连接

使用 WHERE 子句的交叉连接,返回的结果是两张表所有行的笛卡儿乘积减去 WHERE 子句条件搜索到的数据的行数。

【例 6-37】　对 stu 数据库的 student 表和 grade 表进行交叉连接查询,查询选修 202 课程的学生信息和成绩,并按成绩升序排列。

在查询分析器中输入如下 T-SQL 语句并执行:

```
USE stu
SELECT student. * , grade. score
FROM student CROSS JOIN grade
WHERE grade. sno = student. sno AND grade. cno = '303'
ORDER BY grade. score ASC
```

执行结果如图 6-37 所示。

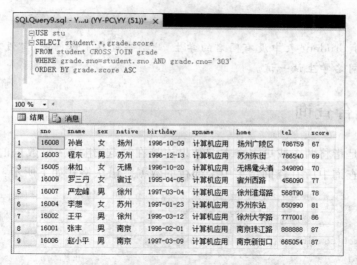

图 6-37　使用 WHERE 子句的交叉连接查询

6.2.4　自连接

连接操作不仅可以在不同的表中进行,也可以在一张表内进行连接查询,即将同一张表的不同行连接起来,叫做自连接。在进行自连接操作时,需要为表定义两个别名,且对所有列的引用都要使用别名限定。自连接操作与两张表的连接操作类似。

【例 6-38】　查询同名学生的学号、姓名和专业名。

在查询分析器中输入如下 T-SQL 语句并执行:

```
USE stu
SELECT A. sno, A. sname, B. spname
```

```
FROM student A INNER JOIN student B
ON A. sname = B. sname
WHERE A. sno!= B. sno
```

执行结果如图 6-38 所示。

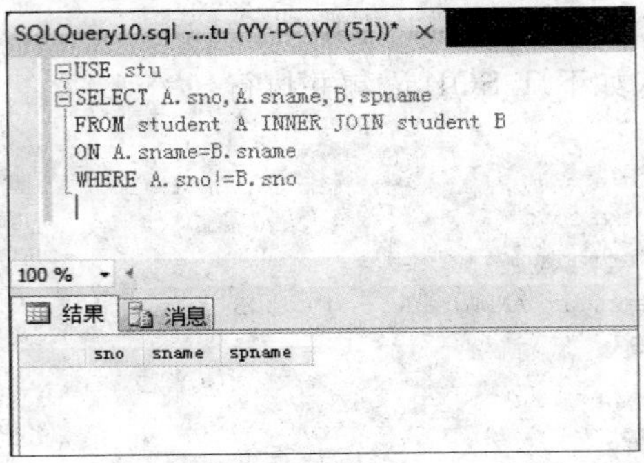

图 6-38　使用自连接查询

说明：由于 student 表中没有同名的学生，此例查询结果返回的是"没有数据行"。读者可自行添加同名学生试一试。

6.2.5　组合查询

组合查询是指将两个或更多个查询结果连接在一起，组成一组数据的查询方式。该结果包含组合查询中所有查询结果中全部行的数据。语法格式如下所示：

```
SELECT select_list
FROM table_source
[WHERE search_conditions]
{UNION [ALL]
SELECT select_list
FROM table_source
[WHERE search_conditions]}
[ORDER BY order_expression]
```

其中，ALL 关键字表示将返回全部满足匹配的结果；不使用 ALL 关键字，则返回结果重复行中的一行。

【**例 6-39**】　在 stu 数据库的 student 表中查询性别为"女"的学生的学号和姓名，并为其增加新列"所属位置"，新列的内容为"学生信息表"。在 grade 表中查询所有的学号和课程号信息，并定义新增列的内容为"选课信息表"。最后，将两个查询结果组合在一起。

在查询分析器中输入如下 T-SQL 语句并执行：

```
USE stu
SELECT sno,sname,'学生信息表' AS 所属位置
FROM student
WHERE sex = '女'
UNION
SELECT sno,cno,'选课信息表'
FROM grade
```

执行结果如图 6-39 所示。

图 6-39　组合查询部分查询结果

说明：在进行组合查询时，查询结果的列标题是第一个查询语句的列标题。在进行组合查询时，需保证每个组合查询语句的选择列表中具有相同数量的表达式，并且每个查询选择表达式应具有相同的数据类型，或者可以自动将它们转换为相同的数据类型。

6.3　子　查　询

子查询和连接子查询都可以实现对多张表中的数据进行查询访问。根据子查询返回的行数不同，将其分为：带有 IN 运算符的子查询、带有比较运算符的子查询、带有 EXISTS 运算符的子查询和单值子查询。

6.3.1 带有 IN 运算符的子查询

IN 关键字可以判断一张表中指定列的值是否包含在已定义的列表中,或在另一张表中。通过 IN 将原表中目标列的值和子查询的返回结果进行比较,若列值与子查询的结果一致,或存在与之匹配的数据行,查询结果中就包含该数据行。语法格式如下所示:

```
WHERE expression IN|NOT IN(subquery)
```

说明如下。

(1) expression:指定所要查询的目标列或表达式。

(2) subquery:指定子查询的内容。

【例 6-40】 在 stu 数据库的 student 表中,查询与"张丰"相同籍贯的学生信息。

在查询分析器中输入如下 T-SQL 语句并执行:

```
USE stu
SELECT * FROM student
WHERE native IN(
    SELECT native FROM student
    WHERE sname = '张丰'
)
```

执行结果如图 6-40 所示。

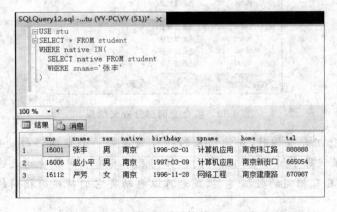

图 6-40 带有 IN 运算符的子查询

【例 6-41】 在 stu 数据库的 student 表中,查询与"张丰"不同籍贯的学生信息。

在查询分析器中输入如下 T-SQL 语句并执行:

```
USE stu
SELECT * FROM student
WHERE native NOT IN(
```

```
    SELECT native FROM student
    WHERE sname = '张丰'
)
```

执行结果如图 6-41 所示。

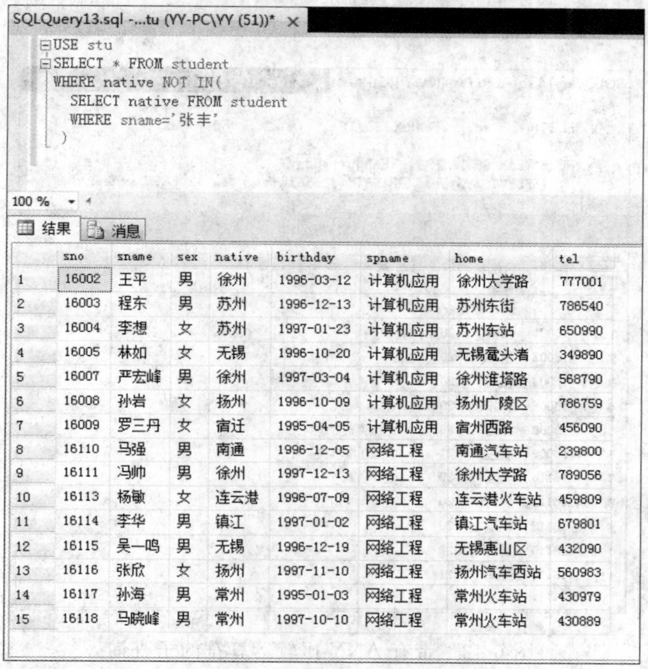

SQLQuery13.sql -...tu (YY-PC\YY (51))*

```
USE stu
SELECT * FROM student
WHERE native NOT IN(
  SELECT native FROM student
  WHERE sname='张丰'
)
```

	sno	sname	sex	native	birthday	spname	home	tel
1	16002	王平	男	徐州	1996-03-12	计算机应用	徐州大学路	777001
2	16003	程东	男	苏州	1996-12-13	计算机应用	苏州东街	786540
3	16004	李想	女	苏州	1997-01-23	计算机应用	苏州东站	650990
4	16005	林如	女	无锡	1996-10-20	计算机应用	无锡鼋头渚	349890
5	16007	严宏峰	男	徐州	1997-03-04	计算机应用	徐州淮塔路	568790
6	16008	孙岩	女	扬州	1996-10-09	计算机应用	扬州广陵区	786759
7	16009	罗三丹	女	宿迁	1995-04-05	计算机应用	宿州西路	456090
8	16110	马强	男	南通	1996-12-05	网络工程	南通汽车站	239800
9	16111	冯帅	男	徐州	1997-12-13	网络工程	徐州大学路	789056
10	16113	杨敏	女	连云港	1996-07-09	网络工程	连云港火车站	459809
11	16114	李华	男	镇江	1997-01-02	网络工程	镇江汽车站	679801
12	16115	吴一鸣	男	无锡	1996-12-19	网络工程	无锡惠山区	432090
13	16116	张欣	女	扬州	1997-11-10	网络工程	扬州汽车西站	560983
14	16117	孙海	男	常州	1995-01-03	网络工程	常州火车站	430979
15	16118	马晓峰	男	常州	1997-10-10	网络工程	常州火车站	430889

图 6-41　带有 NOT IN 运算符的子查询

6.3.2　带有比较运算符的子查询

带有比较运算符的子查询与带有 IN 运算符的子查询一样，返回一张值列表。语法格式如下所示：

```
WHERE expression operator [ANY|ALL|SOME](subquery)
```

说明如下。

(1) operator：表示比较运算符。

(2) ANY|ALL|SOME：SQL 支持的在子查询中进行比较的关键字。

ANY 和 SOME 表示若返回值中至少有一个值的比较为“真”，就满足查询条件。ALL 表示无论子查询返回的每个值的比较是否是“真”，或有无返回值，都满足查询条件。

【例 6-42】 在 stu 数据库的 student 表中查询出任意一个大于平均年龄的学生的学号、姓名和年龄。

在查询分析器中输入如下 T-SQL 语句并执行：

```
USE stu
SELECT sno,sname,YEAR(GETDATE()) - YEAR(birthday) as age
FROM student
WHERE YEAR(GETDATE()) - YEAR(birthday)>
ANY (SELECT AVG(YEAR(GETDATE()) - YEAR(birthday)) FROM student)
```

执行结果如图 6-42 所示。

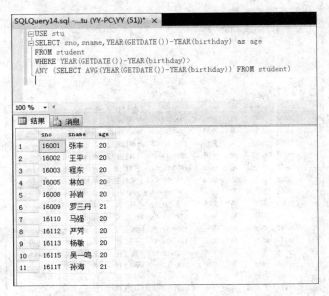

图 6-42　带有 ANY 比较运算符的子查询

6.3.3　带有 EXISTS 运算符的子查询

EXISTS 运算符用于在 WHERE 子句中测试子查询返回的数据行是否存在。它不需要返回多行数据，只产生一个真值或假值，也就是说，如果子查询的值存在，则返回真值；如果不存在，则返回假值。语法格式如下所示：

```
WHERE EXISTS|NOT EXISTS (subquery)
```

【例 6-43】　查询已选修课程的学生的学号和姓名。

在查询分析器中输入如下 T-SQL 语句并执行：

```
USE stu
SELECT sno,sname
FROM student
WHERE EXISTS
(SELECT sno FROM grade)
```

执行结果如图 6-43 所示。

图 6-43　带有 EXISTS 运算符的子查询

6.3.4　单值子查询

单值子查询是指查询结果返回一个值，然后将一列值与这个返回的值进行比较。单值子查询中，比较运算符不需要使用 ANY、SOME 等关键字；在 WHERE 子句中可以使用比较运算符来连接子查询。语法格式如下所示：

```
WHERE expression operator (subquery)
```

【例 6-44】　查询成绩在 80 分以上的学生的学号和姓名。

在查询分析器中输入如下 T-SQL 语句并执行：

```
USE stu
SELECT sno,sname
FROM student
WHERE sno IN
(SELECT sno FROM grade WHERE score >'80')
```

执行结果如图 6-44 所示。

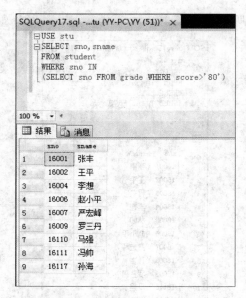

图 6-44　单值子查询

实训：　数据库的查询

1．实训内容

(1) 查询 course 表中所有课程的信息。

(2) 查询某课程编号的课程名和学分。

(3) 查询某学生的平均成绩。

(4) 查询某班级某课程的成绩，并按成绩的降序排列。

2．实训目的

(1) 掌握 SELECT 基本语句的使用方法。

(2) 掌握分组统计。

(3) 掌握多表连接和子查询的使用。

3．实训过程

参照例 6-2、例 6-10、例 6-22、例 6-27、例 6-28。

4．技术支持

根据查询要求，正确书写查询语句。

【常见问题与解答】

问题：查询实现的结果集怎么保存？

解答：在查询出结果的区域右击，在弹出的快捷菜单中选择"将结果保存为"命令，弹出"保存结果"对话框，输入文件名称即可完成保存。

本 章 小 结

本章介绍了 SELECT 语句的语法格式以及数据库中的各种查询技术。

在 SQL Server 2012 系统中，通过使用 SELECT 语句完成数据查询。本章介绍了高级数据查询，如多表连接查询和子查询。多表连接查询是指通过多张表之间共同列的相关性来查询数据，是数据库查询最主要的特征。子查询可以实现对多张表中的数据进行查询、访问。

习　　题

一、填空题

(1) 数据查询中，SELECT 和_____是 SELECT 语句必需的两个关键字。

(2) 在 SELECT 查询语句中，使用_____关键字可以消除重复行。

(3) GROUP BY 子句用来指定_____。

(4) 将数据添加到表中，应该使用_____语句。

二、简答题

(1) 简述内连接和外连接。

(2) 自连接在什么情况下使用？

(3) 左外连接和右外连接的区别是什么？

三、上机实践

1. 实践目的

(1) 掌握 SELECT 语句的基本语法和用法。

(2) 掌握使用 SELECT 语句进行简单数据查询和复杂数据查询。

2. 实践内容

(1) 查询 course 表中的所有信息。

(2) 查询籍贯为"镇江"的学生信息。

(3) 查询选修 303 课程的报名人数。

(4) 查询姓"李"且名字为两个字的学生信息。

(5) 查询选修 101 课程的学生学号、姓名、专业和成绩，并按成绩降序排列。

（6）统计"网络工程"专业的学生的平均年龄。

（7）查询年龄大于"计算机应用"专业学生平均年龄的学生学号、姓名、性别和年龄。

（8）查询202号课程成绩在85～95分的学生学号、姓名。

（9）查询籍贯相同但专业不同的学生信息,包括学号、姓名、性别和专业。

（10）查询与"冯帅"同学不同籍贯的学生信息,包括学号、姓名、性别和籍贯。

第 7 章　T-SQL 语言基础

 学习目标

(1) 掌握：变量的声明与使用，各种类型运算符的使用，T-SQL 中控制语句的使用，函数的使用。

(2) 理解：常量与变量的区别。

(3) 了解：T-SQL 语言概述。

 工作实战场景

信息管理员王明创建了学生成绩数据库，创建了相关的表，并输入了所有表中的记录。现在，教务工作人员孙康在工作中需要使用 SQL Server 完成更多的操作，比如：

(1) 在 student 表中插入记录。如输入有误，则输出错误信息。

(2) 将 grade 表中的学生成绩判断等次，如优秀、良好、合格、不合格。

引导问题

(1) 在前面的学习任务中，你应当已经学会了基本的 SQL 语句。你有没有想过，SQL Server 是一种什么语言呢？

(2) 在 SQL Server 数据库中，可以使用 T-SQL 语言执行哪些操作呢？

(3) 若想统计和处理数据，还可以通过 T-SQL 语言编写函数来操作。这是否能给你的工作和生活带来便捷呢？

7.1　T-SQL 语言概述

T-SQL 语言是基于商业应用的结构化查询语言，是标准 SQL 语言的增强版本，是在 SQL 语言基础上扩充而来的事务化 SQL 语言。除了提供标准的 SQL 命令之外，T-SQL 还对 SQL 做了补充，提供类似 C 语言、BASIC 语言的基本功能。

7.2　T-SQL 语言基础

T-SQL 语言是一种交互式查询语言，有自己的数据类型、表达式和关键字等。它是一种非过程化语言，只需提出"做什么"，不需要指出"如何做"。

7.2.1 T-SQL 语言的组成

在 SQL Server 数据库中,T-SQL 语言由数据定义语言(DDL)、数据操纵语言(DML)、数据控制语言(DCL)和增加的语言元素组成。

1. 数据定义语言(DDL)

数据定义语言是最基础的 T-SQL 语言类型,主要用于执行数据库的任务,例如创建、删除、修改数据库对象。DDL 的主要语句及功能如下。

(1) CREATE 语句:创建对象。

(2) ALTER 语句:修改对象。

(3) DROP 语句:删除对象。

2. 数据操纵语言(DML)

数据操纵语言主要用于操纵数据库中的各种对象,例如检索、插入、更新和删除数据等。DML 的主要语句及功能如下。

(1) SELECT 语句:检索表或视图中的数据。

(2) INSERT 语句:向表或视图中插入数据。

(3) UPDATE 语句:修改表或视图中的数据。

(4) DELETE 语句:删除表或视图中的数据。

3. 数据控制语言(DCL)

数据控制语言主要用于安全管理,用来设置或更改数据库用户或角色的权限。DCL 的主要语句及功能如下。

(1) GRANT 语句:将语句权限或对象权限授予其他用户和角色。

(2) REVOKE 语句:收回权限,但不影响用户或角色从其他角色中作为成员继承的权限。

(3) DENY 语句:拒绝给当前数据库的用户或角色授予权限,并禁止用户或角色从其他角色继承权限。

4. 增加的语言元素

增加的语言元素是 Microsoft 公司为了用户编程方便而增加的,例如变量、运算符、流程控制语句、函数等。

7.2.2 常量

常量,也称文字值或标量值,是表示一个特定数据值的符号,在程序运行过程中值不变的量。常量的格式取决于它所表示的值的数据类型。SQL Server 2012 中的常量分为以下几种类型。

1. 字符串常量

字符串常量括在单引号内，包含字母、数字字符（a～z、A～Z 和 0～9）以及特殊字符。以下是字符串常量的示例：

```
'abcd'
'数据库'
'abc@126.com'
```

2. Unicode 字符串

Unicode 字符串的格式与普通字符串相似，但它前面有一个 N 标识符（N 代表 SQL-92 标准中的区域语言）。N 前缀必须是大写字母。

以下是 Unicode 字符串的示例：

```
N'abcd'
N'数据库'
```

对于字符数据，存储 Unicode 数据时，每个字符使用 2 字节，而不是每个字符 1 字节。

3. 二进制常量

二进制常量具有前缀 0x，并且是十六进制数字字符串。这些常量不使用引号括起。以下是二进制常量的示例：

```
0xAE
0x12Ef
0x
```

4. bit 常量

bit 常量用数字 0 或 1 表示，并且不括在引号中。如果使用一个大于 1 的数字，该数字将转换为 1。

5. datetime 常量

datetime 常量使用特定格式的字符日期值来表示，并被单引号括起来。以下是 datetime 常量的示例：

```
'December12, 2011'
'12 December, 2011'
'111212'
'12/12/11'
'2011 - 12 - 12 11:11:10'
```

6. 整型常量

整型常量以没有用引号括起来并且不包含小数点的数字字符串来表示。整型常量必须全部为数字,不能包含小数。

以下是整型常量的示例:

```
10
500
- 236
```

7. decimal 常量

decimal 常量由没有用引号括起来并且包含小数点的数字字符串来表示。

以下是 decimal 常量的示例:

```
10.12
2.36
- 203.68
```

8. float 和 real 常量

float 和 real 常量使用科学记数法来表示。

以下是 float 和 real 常量的示例:

```
101.2E3
2.5E - 2
- 12E3
```

9. money 常量

money 常量是以 $ 作为前缀的一个整型或实型常量数据。money 常量不使用引号括起。

以下是 money 常量的示例:

```
$ 12
$ 210.34
- $ 34.76
```

10. uniqueidentifier 常量

uniqueidentifier 常量是用于表示全局唯一标识符(GUID)值的字符串。可以使用字符或二进制字符串格式指定。

以下是 uniqueidentifier 常量的示例：

```
'6F9619FF - 8B86 - D011 - B42D - 00C04FC964FF'
0xff19966f868b11d0b42d00c04fc964ff
```

7.2.3　变量

变量用于临时存放数据。在程序运行过程中，变量中的数据可以改变。变量由变量名和数据类型组成。变量名用于标识该变量，不能与命令或函数名称相同；变量的数据类型确定变量存放值的格式和允许的运算。

变量分为系统全局变量和局部变量两种。

1. 系统全局变量

系统全局变量由系统提供且预先声明，其实质是一组特殊的系统函数，在名称前面加上@@，用户不能自定义系统全局变量，也不能修改系统全局变量的值。

SQL Server 提供了 30 多个系统全局变量。下面列出常用的系统全局变量，如表 7-1 所示。

表 7-1　系统全局变量

系统全局变量	描　　述
@@CONNECTIONS	返回自上次启动 SQL Server 以来连接或试图连接的次数
@@CURSOR_ROWS	返回最后连接上并打开的游标中当前存在的合格行的数量
@@CPU_BUSY	返回自 SQL Server 最近一次启动以来 CPU 的工作时间，其单位为毫秒(ms)
@@ERROR	返回最后执行的 T-SQL 语句的错误代码
@@DATEFIRST	返回使用 SET DATEFIRST 命令而被赋值的 DATEFIRST 参数值。SET DATEFIRST 命令用来指定每周的第一天是星期几
@@DBTS	返回当前数据库的时间戳值，必须保证数据库中时间戳的值是唯一的
@@FETCH_STATUS	返回针对连接当前打开的任何游标发出的上一条游标 FETCH 语句的状态
@@IDENTITY	返回最后插入行的标识列的列值
@@IDLE	返回自 SQL Server 最近一次启动以来 CPU 处于闲置的时间，单位为毫秒(ms)
@@IO_BUSY	返回自 SQL Server 最后一次启动以来 CPU 执行输入/输出操作的时间，单位为毫秒(ms)
@@LANGID	返回当前使用的语言的本地语言标识符(ID)
@@LANGUAGE	返回当前使用的语言名称
@@LOCK_TIMEOUT	返回当前会话的当前锁定超时设置，其单位为毫秒(ms)
@@MAX_CONNECTIONS	返回允许连接到 SQL Server 的最大连接数目
@@MAX_PRECISION	返回 decimal 和 numeric 数据类型的精确度

续表

系统全局变量	描　　述
@@NESTLEVEL	返回当前执行的存储过程的嵌套级数,初始值为 0
@@OPTIONS	返回当前 SET 选项的信息
@@PACK_RECEIVED	返回 SQL Server 自上次启动后从网络读取的输入数据包数
@@PACK_SENT	返回 SQL Server 自上次启动后写入网络的输出数据包数
@@PACKET_ERRORS	返回自上次启动 SQL Server 后, 在 SQL Server 连接上发生的网络数据包错误数
@@PROCID	返回 T-SQL 当前模块的对象标识符(ID)
@@REMSERVER	返回远程 SQL Server 数据库服务器在登录记录中显示的名称
@@ROWCOUNT	返回受上一语句影响的行数。任何不返回行的语句将这一变量设置为 0
@@SERVERNAME	返回运行 SQL Server 的本地服务器的名称
@@SERVICENAME	返回 SQL Server 当前运行的服务器名
@@SPID	返回当前用户进程的会话 ID
@@TEXTSIZE	返回 SET 语句的 TEXTSIZE 选项值。SET 语句定义了 SELECT 语句中 text 或 image 数据的最大长度,基本单位为字节
@@TIMETICKS	返回每个时钟周期的微秒数
@@TOTAL_ERRORS	返回自上次启动 SQL Server 之后,SQL Server 所遇到的磁盘写入错误数
@@TOTAL_READ	返回 SQL Server 自上次启动后由 SQL Server 读取(非缓存读取)的磁盘的数目
@@TOTAL_WRITE	返回自上次启动 SQL Server 以来 SQL Server 所执行的磁盘写入数
@@TRANCOUNT	返回在当前连接上已发生的 BEGIN TRANSACTION 语句的数目
@@VERSION	返回当前的 SQL Server 安装版本、处理器体系结构、生成日期和操作系统

【例 7-1】 使用系统全局变量查看当前 SQL Server 的版本信息。

在查询分析器中输入如下 T-SQL 语句并执行:

```
SELECT @@VERSION AS '当前 SQL Server 的版本信息'
```

执行结果如图 7-1 所示。

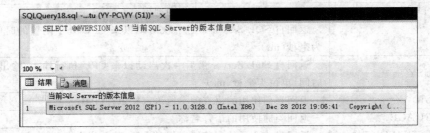

图 7-1　显示当前 SQL Server 的版本信息

【例 7-2】 使用系统全局变量查看当前运行 SQL Server 的本地服务器的名称。
在查询分析器中输入如下 T-SQL 语句并执行：

```
SELECT @@SERVERNAME AS 'SQL Server 的本地服务器的名称'
```

2. 局部变量

局部变量是用户根据需要在程序内部创建的，是可以保存单个特定类型数据值的对象，其作用范围仅限于程序内部。局部变量通常作为计数器计算循环执行的次数，或控制循环执行的次数，用于保存数据值，供控制流语句测试，还用于保存存储过程的返回值或函数返回值。

声明局部变量的语法格式如下所示：

```
DECLARE
{
    {{ @local_variable [AS] data_type } | [ = value ] }
    | { @cursor_variable_name CURSOR }
} [,...n]
    | { @table_variable_name [AS] < table_type_definition >}
```

说明如下。

（1）@local_variable：变量的名称。变量名必须以"@"开头。

（2）data_type：数据类型，用于定义局部变量的类型，可以是系统类型或别名数据类型。但数据类型不能是 text、ntext 或 image。

（3）＝value：以内联方式为变量赋值。值可以是常量或表达式，但它必须与变量声明类型匹配，或者可隐式转换为该类型。

（4）@cursor_variable_name：游标变量的名称。

（5）CURSOR：指定变量是局部游标变量。

（6）n：可以指定多个变量，并对变量赋值的占位符。

（7）@table_variable_name：表数据类型变量的名称。

（8）table_type_definition：定义表数据类型。表声明包括列定义、名称、数据类型和约束。允许的约束类型只包括 PRIMARY KEY、UNIQUE、NULL 和 CHECK。

当局部变量声明之后，可以使用 SET 或 SELECT 语句为其赋值。赋值的语法格式如下所示：

```
SET @local_variable = expression
SELECT @local_variable = expression [,...n]
```

说明如下。

（1）@local_variable：除 cursor、text、ntext、image 或 table 外的任何类型变量的名称。

（2）expression：表示任何有效的表达式。

153

【例 7-3】 定义一个局部变量,并给其赋值,然后输出变量的值。

在查询分析器中输入如下 T-SQL 语句并执行:

```
DECLARE @stu char(20),@stugrade int
SET @stu = '崔达的成绩为'
SET @stugrade = 65
SELECT @stu,@stugrade
```

执行结果如图 7-2 所示。

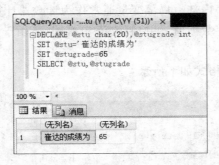

图 7-2　输出定义的局部变量

说明:一条 SET 语句只能为一个变量赋值。

7.2.4　运算符与表达式

运算符是一种符号,用来指定要在一个或多个表达式中执行的操作。SQL Server 2012 的运算符分为算术运算符、比较运算符、赋值运算符、位运算符、逻辑运算符、字符串连接运算符和一元运算符。

表达式是标识符、变量、常量、标量函数、子查询、运算符等的组合。

表达式分为简单表达式和复杂表达式两种类型。简单表达式可以是一个常量、变量、列名或标量函数。复杂表达式是用运算符将两个或更多个简单表达式通过运算符连接起来的表达式。

1. 算术运算符

算术运算符用于在两个表达式上执行数学运算,这两个表达式可以是任何数字数据类型。SQL Server 2012 的算术运算符描述如表 7-2 所示。

表 7-2　算术运算符

算术运算符	说　　明	算术运算符	说　　明
＋(加)	对两个表达式进行加运算	/(除)	对两个表达式进行除运算
−(减)	对两个表达式进行减运算	%(取模)	返回一个除法运算的整数余数
*(乘)	对两个表达式进行乘运算		

【例 7-4】 说明算术运算符的使用。

在查询分析器中输入如下 T-SQL 语句并执行：

```
SELECT 14 + 3,14 − 3
SELECT 14 ∗ 3,14/3
SELECT 14 ％ 3
```

执行结果如图 7-3 所示。

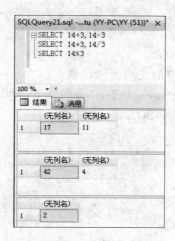

图 7-3　使用算术运算符

2. 比较运算符

比较运算符用于对两个表达式进行比较，测试两个表达式的值是否相同。返回的结果为 TRUE、FALSE 或 UNKOWN。SQL Server 2012 的比较运算符描述如表 7-3 所示。

表 7-3　比较运算符

比较运算符	说　　明
＝（等于）	对于非空参数，如果左边的参数值等于右边的参数值，则返回 TRUE；否则返回 FALSE
＜＞（不等于）	对于非空参数，如果左边的参数值不等于右边的参数值，则返回 TRUE；否则返回 FALSE
＞（大于）	对于非空参数，如果左边的参数值大于右边的参数值，则返回 TRUE；否则返回 FALSE
＞＝（大于或等于）	对于非空参数，如果左边的参数值大于或等于右边的参数值，则返回 TRUE；否则返回 FALSE
＜（小于）	对于非空参数，如果左边的参数值小于右边的参数值，则返回 TRUE；否则返回 FALSE
＜＝（小于或等于）	对于非空参数，如果左边的参数值小于或等于右边的参数值，则返回 TRUE；否则返回 FALSE
!＝（不等于）	非 ISO 标准
!＜（不小于）	非 ISO 标准
!＞（不大于）	非 ISO 标准

【例 7-5】 说明比较运算符的使用。假设第 5 章中 student 表里的数据没有删除，查询 test1 数据库 student 表中 studentID 为 2016002 的学生信息。

在查询分析器中输入如下 T-SQL 语句并执行：

```
USE test1
GO
SELECT *
FROM student
WHERE studentID = '2016002'
```

执行结果如图 7-4 所示。

【例 7-6】 说明比较运算符的使用。假设第 5 章中 student 表里的数据没有删除，查询 test1 数据库 student 表中 grade1 大于 90 分的学生信息。

在查询分析器中输入如下 T-SQL 语句并执行：

```
USE test1
GO
SELECT *
FROM student
WHERE grade1 > 90
```

执行结果如图 7-5 所示。

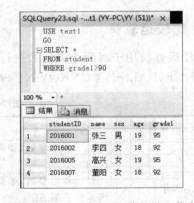

图 7-4　studentID 为 2016002 的学生信息　　　　图 7-5　grade1 大于 90 分的学生信息

3. 赋值运算符

等号(＝)是唯一的 T-SQL 赋值运算符。

【例 7-7】 使用等号(＝)为一个变量赋值。

在查询分析器中输入如下 T-SQL 语句并执行：

```
DECLARE @name char(10)
SET @name = '李四'
```

4. 位运算符

位运算符在两个表达式之间执行位操作,这两个表达式的类型可以是整型或与整型兼容的数据类型。SQL Server 2012 的位运算符描述如表 7-4 所示。

表 7-4　位运算符

位 运 算 符	说 明
&(位与)	位与逻辑运算,两个位均为"1"时,结果为"1",否则为"0"
|(位或)	位或逻辑运算,只要一个位为"1",结果为"1",否则为"0"
^(位异或)	位异或逻辑运算,两个位值不同时,结果为"1",否则为"0"

【例 7-8】　说明位运算符的使用。

在查询分析器中输入如下 T-SQL 语句并执行:

```
SELECT 20&16,20|16,20 ^16
```

执行结果如图 7-6 所示。

5. 逻辑运算符

逻辑运算符用于对某些条件进行测试,以获得其真实情况,运算结果为 TRUE、FALSE 或 UNKNOWN。SQL Server 2012 的逻辑运算符描述如表 7-5 所示。

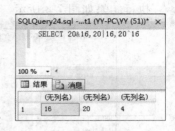

图 7-6　使用位运算符

表 7-5　逻辑运算符

逻辑运算符	说 明
ALL	如果一组的比较都为 TRUE,则运算结果为 TRUE
AND	如果两个布尔表达式都为 TRUE,则运算结果为 TRUE
ANY	如果一组的比较中任何一个为 TRUE,则运算结果为 TRUE
BETWEEN	如果操作数在指定的范围之内,则运算结果为 TRUE
EXISTS	如果子查询包含一些行,则运算结果为 TRUE
IN	如果操作数等于表达式列表中的一个,则运算结果为 TRUE
LIKE	如果操作数与一种模式相匹配,则运算结果为 TRUE
NOT	对任何其他布尔运算符的值取反
OR	如果两个布尔表达式中的一个为 TRUE,则运算结果为 TRUE
SOME	如果在一组比较中,有些值为 TRUE,则运算结果为 TRUE

【例 7-9】　说明逻辑运算符的使用。假设第 5 章中 student 表里的数据没有删除,查询 test1 数据库 student 表中 grade1 在 60~90 分之外的学生信息。

在查询分析器中输入如下 T-SQL 语句并执行:

```
USE test1
GO
SELECT *
```

```
FROM student
WHERE grade1 NOT BETWEEN 60 AND 90
```

执行结果如图 7-7 所示。

6. 字符串连接运算符

字符串连接运算符用于连接字符串,通过运算符加号(+)实现两个字符串的连接运算。

【例 7-10】 说明字符串连接运算符的使用。使用加号(+)连接两个字符串。

在查询分析器中输入如下 T-SQL 语句并执行:

```
SELECT '数据库'+'基础与应用'
```

执行结果如图 7-8 所示。

图 7-7　使用逻辑运算符

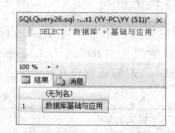

图 7-8　使用字符串连接运算符

7. 一元运算符

一元运算符只对一个表达式执行操作,该表达式可以是 numeric 数据类型类别中的任何一种。SQL Server 2012 的一元运算符描述如表 7-6 所示。

表 7-6　一元运算符

一元运算符	说　明	一元运算符	说　明
+(正)	数值为正	~(位非)	返回数字的非
-(负)	数值为负		

说明:+(正)和-(负)运算符可以用于 numeric 数据类型类别中的任一数据类型的任意表达式。~(位非)运算符只能用于整数数据类型类别中任一数据类型的表达式。

8. 运算符优先级

当一个复杂的表达式有多个运算符时,运算符优先级决定执行运算的先后次序。这些运算符的执行顺序一般会影响表达式的运行结果。

SQL Server 2012 的运算符优先级描述如表 7-7 所示。数字越小，级别越高。

表 7-7　运算符优先级

级　别	运　算　符
1	～（位非）
2	＊（乘）、/（除）、%（取模）
3	＋（正）、－（负）、＋（加）、（＋连接）、－（减）、&（位与）、^（位异或）、|（位或）
4	＝、＞、＜、＞＝、＜＝、＜＞、!＝、!＞、!＜（比较运算符）
5	NOT
6	AND
7	ALL、ANY、BETWEEN、IN、LIKE、OR、SOME
8	＝（赋值）

说明：当一个表达式中的两个运算符有相同的运算符优先级时，将按照它们在表达式中的位置从左到右求值；在表达式中使用括号替代所定义的运算符优先级，首先对括号中的内容求值，产生一个值，然后括号外的运算符使用该值；如果表达式有嵌套的括号，首先对嵌套最深的表达式求值。

【例 7-11】　计算下列表达式的值：$2 \times (4 + (5 - 3))$。

应先计算（5－3）的值，结果为 2；接着计算（4＋2）的值，结果为 6；再计算 2×6 的值，结果为 12。

7.3　流程控制语句

流程控制语句是用来控制程序执行和流程分支的语句。下面介绍 T-SQL 的流程控制语句。

7.3.1　BEGIN…END 语句块

BEGIN…END 语句块用于定义一系列 T-SQL 语句，从而执行一组 T-SQL 语句。语法格式如下所示：

```
BEGIN
    {
        sql_statement | statement_block
    }
END
```

说明如下。

（1）BEGIN：起始关键字，定义 T-SQL 语句的起始位置。

（2）sql_statement：任何有效的 T-SQL 语句。

（3）statement_block：任何有效的 T-SQL 语句块。

（4）END：结束关键字，定义 T-SQL 语句的结束位置。

说明：BEGIN...END 语句块允许嵌套使用；BEGIN 和 END 语句必须成对使用。

7.3.2 IF...ELSE 条件语句

指定 T-SQL 语句的执行条件。如果满足条件，则在 IF 关键字及其条件之后执行 T-SQL 语句，布尔表达式返回 TRUE。可选的 ELSE 关键字引入另一条 T-SQL 语句。当不满足 IF 条件时，执行该语句，布尔表达式返回 FALSE。语法格式如下所示：

```
IF Boolean_expression
    { sql_statement | statement_block }
[ ELSE
    { sql_statement | statement_block } ]
```

说明如下。

（1）Boolean_expression：返回 TRUE 或 FALSE 的表达式。如果布尔表达式中含有 SELECT 语句，必须用括号将 SELECT 语句括起来。

（2）sql_statement：任何有效的 T-SQL 语句。

（3）statement_block：任何有效的 T-SQL 语句块。若定义语句块，要使用 BEGIN 和 END。

说明：IF...ELSE 条件语句可以嵌套使用；ELSE 子句是可选项，最简单的 IF 语句可以没有 ELSE 子句。

【例 7-12】 假设第 5 章中 student 表里的数据没有删除，查询 test1 数据库 student 表中 studentID 为 2016001 的学生信息之前，先判断有没有该学生。如果有，执行查询操作；如果没有，输出提示信息。

在查询分析器中输入如下 T-SQL 语句并执行：

```
IF (SELECT COUNT( * ) FROM student WHERE studentID = '2016001') = 0
    PRINT '没有该学生!'
ELSE
    BEGIN
        PRINT '该生信息如下: '
        SELECT * FROM student WHERE studentID = '2016001'
    END
```

执行结果如图 7-9 所示。

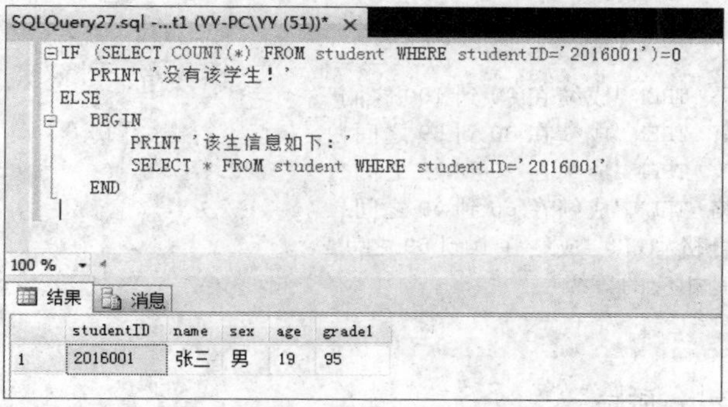

```
SQLQuery27.sql -...t1 (YY-PC\YY (51))*  ×
 IF (SELECT COUNT(*) FROM student WHERE studentID='2016001')=0
     PRINT '没有该学生！'
 ELSE
   BEGIN
       PRINT '该生信息如下：'
       SELECT * FROM student WHERE studentID='2016001'
   END

100 %  ▾ ◂
 结果    消息
      studentID   name   sex   age   grade1
 1    2016001     张三    男    19    95
```

图 7-9　使用 IF…ELSE 条件语句

7.3.3　CASE 表达式

CASE 表达式用于计算条件列表，并返回多个可能结果表达式之一。CASE 表达式有 CASE 简单表达式和 CASE 搜索表达式两种。

1. CASE 简单表达式

CASE 简单表达式通过将表达式与一组简单的表达式进行比较来确定结果。语法格式如下所示：

```
CASE input_expression
     WHEN when_expression THEN result_expression [,…n ]
     [ ELSE else_result_expression ]
END
```

说明如下。

（1）input_expression：所计算的表达式，可以是任意有效的表达式。

（2）when_expression：要与 input_expression 进行比较的简单表达式，可以是任意有效的表达式。input_expression 及每个 when_expression 的数据类型必须相同，或必须是隐式转换的数据类型。

（3）result_expression：当 input_expression ＝ when_expression 计算结果为 TRUE，或者 Boolean_expression 计算结果为 TRUE 时，返回的表达式。

（4）else_result_expression：比较运算计算结果为 FALSE 时返回的表达式，可以是任意有效的表达式。else_result_expression 及任何 result_expression 的数据类型必须相同，或必须是隐式转换的数据类型。

【例 7-13】　使用 CASE 简单表达式，比较成绩等级所代表的分数范围。

在查询分析器中输入如下 T-SQL 语句并执行：

```
DECLARE @grade char(20)
SET @grade = '优秀'
```

```
SELECT '优秀' =
    CASE @grade
        WHEN '优秀' THEN '成绩在 90 到 100 之间'
        WHEN '良好' THEN '成绩在 80 到 89 之间'
        WHEN '中等' THEN '成绩在 70 到 79 之间'
        WHEN '合格' THEN '成绩在 60 到 69 之间'
        WHEN '不合格' THEN '成绩在 0 到 59 之间'
        ELSE '没有相应的等级'
    END
```

执行结果如图 7-10 所示。

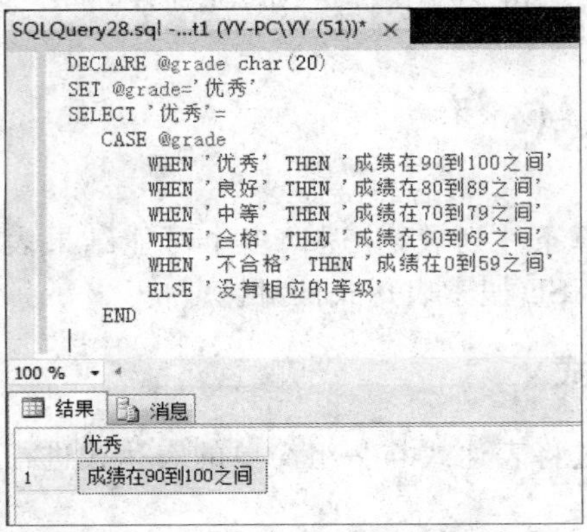

图 7-10 使用 CASE 简单表达式

2. CASE 搜索表达式

CASE 搜索表达式通过计算一组布尔表达式来确定结果。语法格式如下所示：

```
CASE
    WHEN Boolean_expression THEN result_expression [,...n ]
    [ ELSE else_result_expression ]
END
```

说明如下。

(1) Boolean_expression：要计算的布尔表达式,可以是任意有效的布尔表达式。

(2) result_expression：当 Boolean_expression 表达式的结果为 TRUE 时返回的表达式,可以是任意有效的表达式。

【例 7-14】 使用 CASE 搜索表达式,确定分数所属的成绩等级。

在查询分析器中输入如下 T-SQL 语句并执行：

```
DECLARE @score int
SET @score = 75
SELECT '75 所属的等级' =
```

```
CASE
    WHEN @score BETWEEN 90 AND 100 THEN '优秀'
    WHEN @score BETWEEN 80 AND 89 THEN '良好'
    WHEN @score BETWEEN 70 AND 79 THEN '中等'
    WHEN @score BETWEEN 60 AND 69 THEN '合格'
    WHEN @score BETWEEN 0 AND 59 THEN '不合格'
    ELSE '没有相应的等级'
END
```

执行结果如图 7-11 所示。

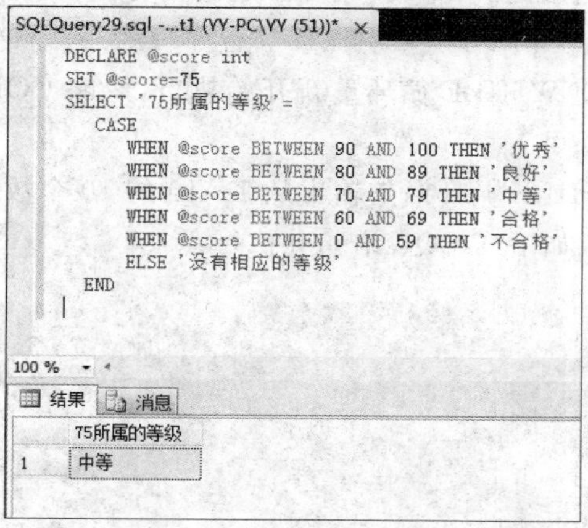

图 7-11　使用 CASE 搜索表达式

7.3.4　无条件转移语句

无条件转移语句用于将执行流程转移到标签处,跳过 GOTO 后面的 T-SQL 语句,并从标签位置继续处理。语法格式如下所示:

```
GOTO label
```

其中,对于 label,如果 GOTO 语句指向该标签,则其为处理的起点。标签必须符合标识符规则。

说明:一般不使用 GOTO 语句。因为使用 GOTO 语句实现跳转,将破坏结构化语句的结构。

7.3.5　循环语句

循环语句设置重复执行 SQL 语句或语句块的条件。只要指定的条件为真,就重复执行构成循环体的 T-SQL 语句或语句块。可以使用 BREAK 和 CONTINUE 关键字在循环内部控制 WHILE 循环中语句的执行。语法格式如下所示:

```
WHILE Boolean_expression
    { sql_statement | statement_block | BREAK | CONTINUE }
```

说明如下。

(1) Boolean_expression：返回 TRUE 或 FALSE 的表达式。如果布尔表达式中含有 SELECT 语句，必须用括号将 SELECT 语句括起来。

(2) sql_statement | statement_block：T-SQL 语句或用语句块定义的语句分组。如需要定义语句块，使用关键字 BEGIN 和 END 来定义。

(3) BREAK：从最内层的 WHILE 循环中退出。将执行出现在 END 关键字后面的任何语句。

(4) CONTINUE：使 WHILE 循环重新开始执行，忽略 CONTINUE 关键字后面的任何语句。

【例 7-15】 使用 WHILE 循环语句输出从 1～10 的 10 个数。

在查询分析器中输入如下 T-SQL 语句并执行：

```
DECLARE @i int,@j int
SET @i = 10
SET @j = 1
WHILE @i > = @j
    BEGIN
        PRINT @j
        SET @j = @j + 1
    END
```

执行结果如图 7-12 所示。

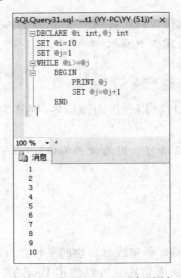

图 7-12   使用 WHILE 循环语句

7.3.6　返回语句

返回语句用于从存储过程、批处理语句或语句块中无条件退出。语法格式如下所示：

```
RETURN [integer_expression]
```

说明如下。

integer_expression 是返回的整数值。除非特别说明，否则返回值 0 表示成功返回，返回值非 0 表示失败。当用于存储过程时，RETURN 不能返回空值。

7.3.7　等待语句

等待语句用于在达到指定时间或时间间隔之前，或者指定语句至少修改或返回一行之前，阻止执行批处理、存储过程或事务。语法格式如下所示：

```
WAITFOR
{
    DELAY 'time_to_pass' | TIME 'time_to_execute'
}
```

说明如下。

（1）DELAY：可以继续执行批处理、存储过程或事务之前所等待的一段时间间隔，最长 24 小时。

（2）'time_to_pass'：等待的时段。可以使用 datetime 数据格式指定，也可以将其指定为局部变量，不能指定日期。

（3）TIME：指定的执行批处理、存储过程或事务的时间。

（4）'time_to_execute'：WAITFOR 语句完成的时间。值的指定同'time_to_pass'。

【例 7-16】　等待 1 小时 20 分 20 秒后执行查询语句。

在查询分析器中输入如下 T-SQL 语句并执行：

```
BEGIN
    WAITFOR DELAY '01:20:20'
    SELECT * FROM student
END
```

7.3.8　错误处理语句

TRY...CATCH 错误处理语句用于对 T-SQL 实现错误处理。语法格式如下所示：

```
BEGIN TRY
        { sql_statement | statement_block }
END TRY
BEGIN CATCH
            [ { sql_statement | statement_block } ]
END CATCH
[ ; ]
```

说明如下。

（1）sql_statement：任何 T-SQL 语句。

（2）statement_block：批处理或包含在 BEGIN…END 块中的任何 T-SQL 语句块。

7.4　常用函数

为了便于统计和处理数据，SQL Server 2012 提供了系统内置函数和用户自定义函数。函数是一组编译好的 T-SQL 语句，它们可以带一个或多个参数，也可以不带参数。函数执行的结果是返回一个数值或数值集合，也可能没有返回值。

7.4.1　系统内置函数

在程序设计过程中，常常调用系统提供的内置函数。下面介绍一些常用的系统内置函数。

1. 聚合函数

聚合函数对一组值执行计算，并返回单个值。除了 COUNT 函数以外，聚合函数会忽略空值。聚合函数经常与 SELECT 语句的 GROUP BY 子句一起使用。

表 7-8 列举了常用的聚合函数。

表 7-8　常用的聚合函数

聚 合 函 数	功　　能
AVG([ALL | DISTINCT]expression)	计算一组数据的平均值
MIN([ALL | DISTINCT]expression)	返回一组数据的最小值
MAX([ALL | DISTINCT] expression)	返回一组数据的最大值
SUM([ALL | DISTINCT]expression)	计算一组数据的和
COUNT({ [[ALL | DISTINCT]expression] | * })	计算总行数，COUNT(*)返回行数，包含空值，返回结果是 int 类型数据
COUNT_BIG({ [ALL | DISTINCT] expression } | *)	计算总行数，与 COUNT 函数用法类似，区别是返回值的类型不同。COUNT_BIG 函数返回的是 bigint 数据类型值
CHECKSUM_AGG([ALL | DISTINCT]expression)	返回校验和，忽略空值

2. 字符串函数

为了方便字符串类型数据的操作和处理,实现字符串查找、转换等操作,SQL Server 2012 提供了功能较全的字符串函数。

表 7-9 列举了常用的字符串函数。

表 7-9　常用的字符串函数

字符串函数	功　　能
ASCII(character_expression)	返回字符表达式中最左侧字符的 ASCII 代码值
CHAR(integer_expression)	将 int ASCII 代码转换为字符
CHARINDEX（expression1,expression2 [,start_location]）	返回 expression1 在 expression2 的开始位置,可从 start_location 查找。若未指定 start_location,或者指定为负数或 0,默认从 expression2 的开始位置查找
DIFFERENCE（character_expression, character_expression）	返回一个整数值,指定两个字符表达式的 SOUNDEX 值之间的差异
LEFT（character_expression,integer_expression）	返回字符串中从左边开始指定个数的字符
LEN(string_expression)	返回指定字符串表达式的字符数,其中不包含尾随空格
LOWER(character_expression)	将大写字符数据转换为小写字符数据后,返回字符表达式
LTRIM(character_expression)	返回删除了前导空格之后的字符表达式
NCHAR(integer_expression)	返回具有指定整数代码的 Unicode 字符
PATINDEX（'％pattern％',expression）	返回指定表达式中某模式'％pattern％'第一次出现的起始位置;如果在全部有效的文本和字符数据类型中没有找到该模式,返回 0
REPLACE（string_expression,string_pattern,string_replacement）	用 string_replacement 替换 string_expression 中出现的所有指定字符串 string_pattern
REPLICATE(string_expression,integer_expression)	以 integer_expression 指定的次数重复字符串 string_expression 的值
REVERSE(string_expression)	返回字符串值的逆向值
RIGHT（character_expression,integer_expression）	返回字符串 character_expression 中从右边开始指定个数 integer_expression 的字符
RTRIM(character_expression)	截断所有尾随空格后返回一个字符串
SOUNDEX(character_expression)	返回字符表达式所对应的 4 个字符的代码
SPACE(integer_expression)	返回由重复的空格组成的字符串
STR（float_expression [,length [,decimal]]）	返回由数字数据转换来的字符数据
STUFF（character_expression,start,length,character_expression）	将字符串插入另一字符串。它在第一个字符串中从开始位置删除指定长度的字符;然后将第二个字符串插入第一个字符串的开始位置
SUBSTRING（value_expression,start_expression,length_expression）	返回字符表达式、二进制表达式、文本表达式或图像表达式的一部分,是 value_expression 中从 start_expression 开始的 length_expression 字符
UPPER(character_expression)	返回小写字符数据转换为大写的字符表达式

【例 7-17】 使用字符串函数。将小写的字符串"abc"转换成大写表示。

在查询分析器中输入如下 T-SQL 语句并执行：

```
SELECT UPPER('abc')
```

执行结果如图 7-13 所示。

【例 7-18】 使用字符串函数。用 REPLACE 函数替换字符串。

在查询分析器中输入如下 T-SQL 语句并执行：

```
SELECT REPLACE('数据库基础与应用','应用','实训')
```

执行结果如图 7-14 所示。

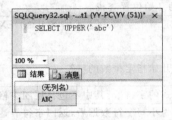
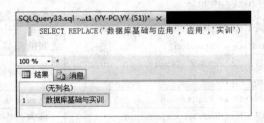

图 7-13　使用 UPPER 函数　　　　图 7-14　使用 REPLACE 函数

3. 日期时间函数

日期时间函数用于处理日期。表 7-10 列举了常用的日期时间函数。

表 7-10　常用的日期时间函数

日期时间函数	功　能
DATEADD(datepart,number,date)	通过将时间间隔 number 与指定 date 的指定 datepart 相加，返回一个新的 datetime 值
DATENAME(datepart,date)	返回表示指定 date 的指定 datepart 的字符串
DATEPART(datepart,date)	返回表示指定 date 的指定 datepart 的整数
DATEDIFF(datepart,startdate,enddate)	返回两个指定日期之间所跨日期或时间 datepart 边界的数目
DAY(date)	返回表示指定 date 的"日"部分的整数
MONTH(date)	返回表示指定 date 的"月"部分的整数
YEAR(date)	返回表示指定 date 的"年"部分的整数
GETDATE( )	返回当前系统的日期和时间，日期时间类型为 datetime
GETUTCDATE( )	返回当前系统的日期和时间，日期时间类型为 datetime。日期和时间作为 UTC 时间（通用协调时间）返回

【例 7-19】 使用日期时间函数。获取当前系统的时间、年份、月份、日。

在查询分析器中输入如下 T-SQL 语句并执行：

```
SELECT GETDATE(),YEAR(GETDATE()),MONTH(GETDATE()),DAY(GETDATE())
```

执行结果如图 7-15 所示。

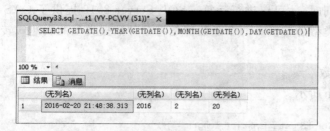

图 7-15 使用日期时间函数

4. 数学函数

数学函数便于操作与处理数字数据类型的数据。表 7-11 列举了常用的数学函数。

表 7-11 常用的数学函数

数 学 函 数	功　　能
ABS(numeric_expression)	返回数值表达式 numeric_expression 的绝对值
ACOS(float_expression)	返回其余弦是所指定的 float_expression 表达式的角(弧度),也称为反余弦函数
ASIN(float_expression)	返回以弧度表示的角,其正弦为指定 float_expression 表达式,也称为反正弦函数
ATAN(float_expression)	返回以弧度表示的角,其正切为指定的 float_expression 表达式,也称为反正切函数
ATAN2 (float _ expression, float _ expression)	返回以弧度表示的角
CEILING(numeric_expression)	返回大于或等于指定数值表达式的最小整数
FLOOR(numeric_expression)	返回小于或等于指定数值表达式的最大整数
PI()	返回 PI 的常量值
RAND([seed])	返回一个介于 0 到 1(不包括 0 和 1)之间的伪随机 float 值
ROUND(numeric _ expression, length [,function])	返回 numeric_expression 的值,并按给定小数位数四舍五入
SIGN(numeric_expression)	返回指定表达式的正号(+1)、零(0)或负号(−1)

【例 7-20】 使用数学函数。

在查询分析器中输入如下 T-SQL 语句并执行:

```
SELECT ABS( − 11)
SELECT PI(),ROUND( − 2.12456,2)
SELECT FLOOR(13.1),FLOOR( − 13.1)
SELECT CEILING(13.1),CEILING( − 13.1)
```

执行结果如图 7-16 所示。

5. 数据类型转换函数

数据类型相同时，才可以进行运算。SQL Server 2012 提供了 CAST 和 CONVERT 函数来实现数据类型的转换。两个函数都是将一种数据类型的表达式转换为另一种数据类型的表达式。

1）CAST 函数

语法格式如下所示：

```
CAST (expression AS data_type [ ( length ) ] )
```

说明如下。

（1）expression：任何有效的表达式。

（2）data_type：目标数据类型，包括 xml、bigint 和 sql_variant，不能使用别名数据类型。

（3）length：指定目标数据类型长度的可选整数，默认值为 30。

【例 7-21】 使用 CAST 函数将字符串"50"和"16"转换成数字并相加，将数字 50 和 16 转换为字符串并连接。

在查询分析器中输入如下 T-SQL 语句并执行：

```
SELECT CAST('50' AS int) + CAST('16' AS int) AS '转换为数字'
SELECT CAST(50 AS char(5)) + CAST(60 AS char(5)) AS '转换为字符串'
```

执行结果如图 7-17 所示。

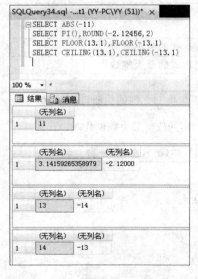

图 7-16　使用数学函数

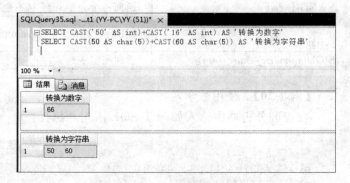

图 7-17　使用 CAST 函数

2）CONVERT 函数

语法格式如下所示：

```
CONVERT (data_type [ ( length ) ] , expression [ , style ] )
```

其中，style 指定 CONVERT 函数如何转换 expression 的整数表达式。如果 style 为 NULL，则返回 NULL。该范围由 data_type 确定。

【例 7-22】 使用 CONVERT 函数将字符串"12/12/2015"转换为日期。

在查询分析器中输入如下 T-SQL 语句并执行：

```
SELECT CONVERT(date,'12/12/2015',110)
```

执行结果如图 7-18 所示。

说明：style 的值为 110，表示日期格式为 mm-dd-yy。

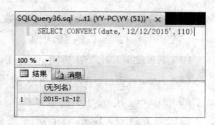

除以上介绍的五种系统内置函数外，系统内置函数还有元数据函数、安全函数、行集函数、游标函数、配置函数、文本与图像函数，它们的语法和功能可参考"SQL Server 联机丛书"，这里不再介绍。

图 7-18　使用 CONVERT 函数

7.4.2　用户自定义函数

SQL Server 2012 提供的系统内置函数极大地方便了用户处理数据问题。但在实际使用中，用户可能需要根据自己的要求，创建自定义函数。SQL Server 2012 允许用户根据实际需要创建自定义函数。与编程语言中的函数类似，Microsoft SQL Server 用户自定义函数是接收一个或多个参数，执行操作（例如复杂计算）并将操作结果以值的形式返回的例程。返回值可以是单个标量值或结果集。

根据用户自定义函数返回值的类型，用户自定义函数分为标量值函数和表值函数两大类。其中，表值函数又分为内联表值函数和多语句表值函数。

1. 标量值函数

创建标量值函数的语法格式如下所示：

```
CREATE FUNCTION [schema_name. ] function_name
( [ { @parameter_name [ AS ][ type_schema_name. ] parameter_data_type
    [ = default ] [ READONLY ] }
    [ ,...n ]
  ]
)
RETURNS return_data_type
    [ WITH < function_option > [ ,...n ] ]
```

```
    [ AS ]
    BEGIN
                function_body
        RETURN scalar_expression
    END
[ ; ]
```

说明如下。

(1) schema_name:用户自定义函数所属的架构的名称。

(2) function_name:用户自定义函数的名称。

(3) @parameter_name:用户定义函数中的参数。

(4) type_schema_name:参数的数据类型所属的架构。

(5) parameter_data_type:参数的数据类型。

(6) default:参数的默认值。

(7) READONLY:指定不能在函数定义中更新或修改参数。

(8) return_data_type:函数的返回值。

(9) function_option:用来指定创建函数的选项。

(10) function_body:指定一系列定义函数值的 T-SQL 语句。

(11) scalar_expression:指定标量值函数返回的标量值。

标量值函数返回单个数据值,其类型是在 RETURNS 子句中定义的。函数的主体在 BEGIN…END 块中定义,其中包含返回值的一系列 T-SQL 语句。

【例 7-23】 创建用户自定义函数。假设 test1 数据库中的 student 表未删除,实现从 student 表根据学生学号返回学生成绩。

在查询分析器中输入如下 T-SQL 语句并执行:

```
USE test1
GO
CREATE FUNCTION getgrade(@studentID char(12))
RETURNS int
WITH ENCRYPTION
AS
    BEGIN
        DECLARE @grade1 int
        SELECT @grade1 = grade1 FROM student
            WHERE studentID = @studentID
        RETURN @grade1
    END
```

执行结果如图 7-19 所示。

调用该函数,查找 studentID 为 2016002 的学生的 grade1,语句如下:

```
SELECT dbo.getgrade('2016002') AS '成绩'
```

执行结果如图 7-20 所示。

图 7-19　成功创建标量值函数

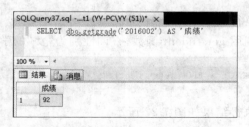

图 7-20　调用标量值函数 getgrade

说明：当调用用户自定义的标量值函数时，需要指定其所属架构名称 dbo。

2. 内联表值函数

用户自定义表值函数返回 table 类型。

在创建内联表值函数时，需要使用 TABLE 关键字，指定表值函数的返回值为表。

语法格式如下所示：

```
CREATE FUNCTION [schema_name. ] function_name
( [ [ { @parameter_name [ AS ][ type_schema_name. ] parameter_data_type
    [ = default ] [ READONLY ] }
    [ ,...n ]
  ]
)
RETURNS TABLE
    [ WITH < function_option > [ ,...n ] ]
    [ AS ]
    RETURN [ ( ] select_stmt [ ) ]
[ ; ]
```

说明如下。

（1）TABLE：指定表值函数的返回值为表。

（2）select_stmt：定义内联表值函数返回值的单个 SELECT 语句。

【例 7-24】　创建用户自定义函数。假设 test1 数据库中 student 表未删除，实现从 student 表根据学生性别返回学生信息。

在查询分析器中输入如下 T-SQL 语句并执行：

```
USE test1
GO
CREATE FUNCTION getstudent(@sex char(2))
RETURNS TABLE
```

```
WITH ENCRYPTION
AS
    RETURN SELECT * FROM student WHERE sex = @sex
```

执行结果如图 7-21 所示。

调用 getstudent 函数，查询性别为"女"的学生信息，语句如下：

```
SELECT * FROM getstudent('女')
```

执行结果如图 7-22 所示。

图 7-21　成功创建内联表值函数

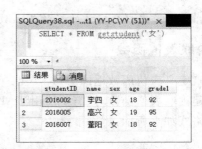

图 7-22　调用内联表值函数 getstudent

3. 多语句表值函数

多语句表值函数也返回 table 类型，但所返回的表数据不限于一条 SELECT 语句，是在 BEGIN…END 块中定义的 T-SQL 语句块。这些语句可生成行，并将其插入将返回的表中。

语法格式如下所示：

```
CREATE FUNCTION [ schema_name. ] function_name
( [ { @parameter_name [ AS ][ type_schema_name. ] parameter_data_type
    [ = default ] [ READONLY ] }
    [ ,...n ]
  ]
)
RETURNS @return_variable TABLE < table_type_definition >
    [ WITH < function_option > [ ,...n ] ]
    [ AS ]
    BEGIN
                function_body
        RETURN
    END
[ ; ]
```

说明如下。

（1）@return_variable：表变量，用于存储和汇总作为函数值返回的记录集。

（2）table_type_definition：表数据类型。

4. 用户自定义函数的删除

删除用户自定义函数有两种方法。

（1）通过 SSMS 删除。选择"服务器"，展开"数据库"|test1|"可编程性"|"函数"|"标量值函数"，然后右击需要删除的用户自定义函数的名称，在弹出的快捷菜单中选择"删除"命令，如图 7-23 所示。

（2）使用 T-SQL 语句删除，语法格式如下所示：

图 7-23　使用 SSMS 删除用户自定义函数

```
DROP FUNCTION { [ schema_name. ] function_name } [ ,...n ]
```

说明如下。

① schema_name：用户自定义函数所属架构的名称。

② function_name：要删除的用户自定义函数的名称。可以选择是否指定架构名称，不能指定服务器名称和数据库名称。

【例 7-25】　使用 T-SQL 语句删除例 7-24 中创建的 getstudent 内联表值函数。

在查询分析器中输入如下 T-SQL 语句并执行：

```
DROP FUNCTION dbo.getstudent
```

实训：T-SQL 语句

1. 实训内容

将本章工作实战场景中的 grade 表中的学生成绩判断等次。成绩为 90～100 分，判断为优秀；成绩为 80～89 分，判断为良好；成绩为 60～79 分，判断为合格；成绩为 60 分以下，判断为不合格。

2. 实训目的

（1）掌握 T-SQL 语句要素的使用方法。

（2）掌握 T-SQL 语句的编写方法。

(3) 掌握使用 T-SQL 语言处理错误信息。

3. 实训过程

参照例 7-13、例 7-14。

4. 技术支持

掌握 T-SQL 语句的书写规则和错误调试方法。

【常见问题与解答】

问题:在什么情况下需要创建多语句表值函数?

解答:当解决的问题需要以表结构体现时,需要使用表值函数。当所需结果不是一次查询就可以完成的时候,也就是说,结果需要多次查询操作,需要使用多语句表值函数。

本 章 小 结

本章主要介绍了 T-SQL 语言的基础知识,以及流程控制语句和常用函数。

T-SQL 语言是一种交互式查询语言。T-SQL 语言由数据定义语言(DDL)、数据操纵语言(DML)、数据控制语言(DCL)和增加的语言元素组成。

常量也称文字值或标量值,是表示一个特定数据值的符号,在程序运行过程中值不变的量。变量用于临时存放数据,在程序运行过程中,变量中的数据可以改变。变量由变量名和数据类型组成。

运算符是一种符号,用来指定要在一个或多个表达式中执行的操作。表达式是标识符、变量、常量、标量函数、子查询、运算符等的组合。

流程控制语句是用来控制程序执行和流程分支的语句。

为了便于统计和处理数据,SQL Server 2012 提供了系统内置函数和用户自定义函数。函数是一组编译好的 T-SQL 语句,它们可以带一个或多个参数,也可以不带参数。函数执行的结果是返回一个数值或数值集合,也可能没有返回值。

习 题

一、填空题

(1) T-SQL 语言可以分为_____、_____和数据控制语言。

(2) 声明局部变量需要使用_____关键字,变量以@字符开头。

(3) 使用_____可以定义一个 T-SQL 语句块,从而将语句块中的 T-SQL 语句作为一组语句来执行。

二、简答题

（1）什么是 T-SQL？

（2）T-SQL 语言分成哪几个部分？

（3）在 SQL Server 2012 中，运算符有哪些？

（4）什么是局部变量？什么是全局变量？

三、上机实践

1．实践目的

（1）掌握流程控制语句的用法。

（2）掌握常用函数的用法。

2．实践内容

（1）使用常用的系统内置函数。

① 使用 SELECT 语句查看从 2010 年 1 月 1 日至今天经过了多少年、多少月、多少天。

② 执行 SELECT 'abc'＋111，返回结果是什么？

③ 执行如下语句，返回结果是什么？

```
DECLARE @str char(20)
SET @str = '数据库基础'
SELECT SUBSTRING(@str,1,3)
```

（2）使用流程控制语句。

① 用 CASE 语句编程查看某个分数对应的成绩等级。已知成绩等级按分数段分为优秀、良好、中等、及格和不及格。

② 使用 WHILE 语句，在屏幕上输出一个菱形，效果如下图所示：

```
   *
  ***
 *****
*******
 *****
  ***
   *
```

第8章 数据库的视图与索引

8.1 视 图

在对数据库进行操作时，提高数据存取的性能和操作速度，使得用户能够快速、准确地查询所需数据，是最值得关注的问题。视图可以提高查询数据的效率。

8.1.1 视图的概念

视图是从一张或者几张表或者视图中导出的虚拟表，是从现有表中提取若干子集组成的用户的"专用表"，并不表示任何物理数据。数据库中只存储视图的定义，不存储视图对应的数据，数据仍然存放在原来的表中。用户使用视图时才去查询对应的数据，从视图中查询出来的数据随表中数据的变化而改变。

8.1.2　视图的优缺点

视图有其优缺点,体现在以下几个方面。

1. 视图的优点

(1) 数据集中显示。视图着重于用户感兴趣的某些特定数据及所负责的特定任务,通过只允许用户看到视图中定义的数据而不是视图引用表中的数据,提高了数据的操作效率。

(2) 简化数据的操作。在定义视图时,若视图本身是一个复杂查询的结果集,在每一次执行相同的查询时,不必重新写这些复杂的查询语句,而直接在视图中查询,可以大大地简化用户对数据的操作。

(3) 用户定制数据。视图使得不同的用户以不同的方式看到不同或者相同的数据集。

(4) 导出和导入数据。用户可以使用视图将数据导出至其他应用程序。

(5) 合并及分割数据。在某些情况下,由于表中数据量过大,设计表时,需将表进行水平分割或垂直分割,表结构的变化会对应用程序产生不良的影响。使用视图可以重新保持原有的结构关系,使外模式保持不变,原有的应用程序仍可以通过视图来重载数据。

(6) 安全机制。通过视图,用户只能查看和修改与自己有关的数据,其他数据库或表既不可见,也不可以访问。用户使用数据库授权命令可以将数据库的检索限制到特定的数据库对象上,但不能授权到数据库特定行和特定列上。通过视图,用户使用权限被限制在数据的不同子集上:

① 使用权限可被限制在基表的行的子集上。

② 使用权限可被限制在基表的列的子集上。

③ 使用权限可被限制在基表的行和列的子集上。

④ 使用权限可被限制在多张基表的连接所限定的行上。

⑤ 使用权限可被限制在基表中数据的统计汇总上。

⑥ 使用权限可被限制在另一视图的一个子集上,或是一些视图和基表合并后的子集上。

(7) 逻辑数据独立性。用户可以通过使用视图屏蔽真实表结构变化带来的影响。

2. 视图的缺点

视图可以和表一样被查询与更新数据。但在某些情形下,对视图操作时,会受到一定的限制。这些视图具有以下特征:由两张以上的表导出的视图;视图的字段来自字段表达式函数;视图定义中有嵌套查询;在一个不允许更新的视图上定义的视图。

8.1.3 视图的类型

在 SQL Server 2012 中，将视图分为以下三种类型。

1. 标准视图

通常情况下的视图都是标准视图。标准视图组合了一张或多张表中的数据，可以获得使用视图的大多数优点，是一张虚拟表，不占用物理存储空间。

2. 索引视图

索引视图是被具体化了的视图，它包含经过计算的物理数据。可以为视图创建索引，即对视图创建一个唯一的聚集索引。索引视图可以显著提高聚合多行数据的视图查询性能。索引视图尤其适用于聚合许多行的查询，但索引视图不太适合经常更新的基本数据集。

3. 分区视图

分区视图在一台或多台服务器间水平连接一组成员表中的分区数据，使得这些数据看起来就像来自同一张表中一样。连接同一张 SQL Server 实例中的成员表的视图是一个本地分区视图。

8.2 视图的操作

对视图进行操作，包括创建视图、查看视图、重命名视图、修改和删除视图、视图加密等。

8.2.1 创建视图

用户必须拥有数据库所有者授予的创建视图的权限，才可以创建视图；用户还必须对定义视图时所引用的表有适当的权限。在 SQL Server 2012 系统中，通常通过 SSMS 和 T-SQL 语句两种方式创建视图。

1. 使用 SSMS 创建视图

【例 8-1】 使用 SSMS 创建一个基于 stu 数据库名为 V_stugrade 的视图。该视图能够查询选修 303 课程学生的学号、姓名和成绩。

（1）打开 SQL Server Management Studio，连接到 SQL Server 上的数据库引擎。

（2）展开服务器 | "数据库" | stu，然后右击"视图"节点，从弹出的快捷菜单中选择"新建视图"命令，如图 8-1 所示。

（3）弹出"添加表"对话框，如图 8-2 所示。在"表"选项卡中，将 grade 表和 student 表添加为视图的基本表。

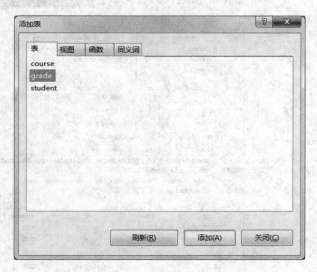

图 8-1　"新建视图"快捷菜单　　　　　　图 8-2　"添加表"对话框

（4）添加完成后，单击"关闭"按钮，开始设计视图。

（5）在"视图"页面中，选中 student 表中 sno、sname 字段名前的复选框，选中 grade 表中 cno、score 字段名前的复选框，并在"筛选器"中设置"cno＝303"，如图 8-3 所示。

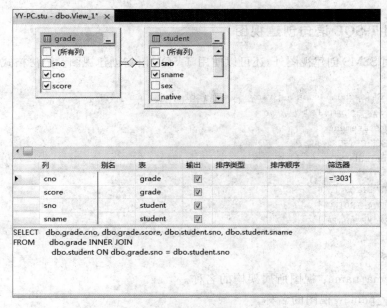

图 8-3　设计视图

（6）单击工具栏中的"保存"按钮，弹出"选择名称"对话框。输入视图名称 V_stugrade，然后单击"确定"按钮，保存视图。

181

(7) 单击"执行 SQL"按钮,在"显示结果"窗格中显示查询的结果集,如图 8-4 所示。

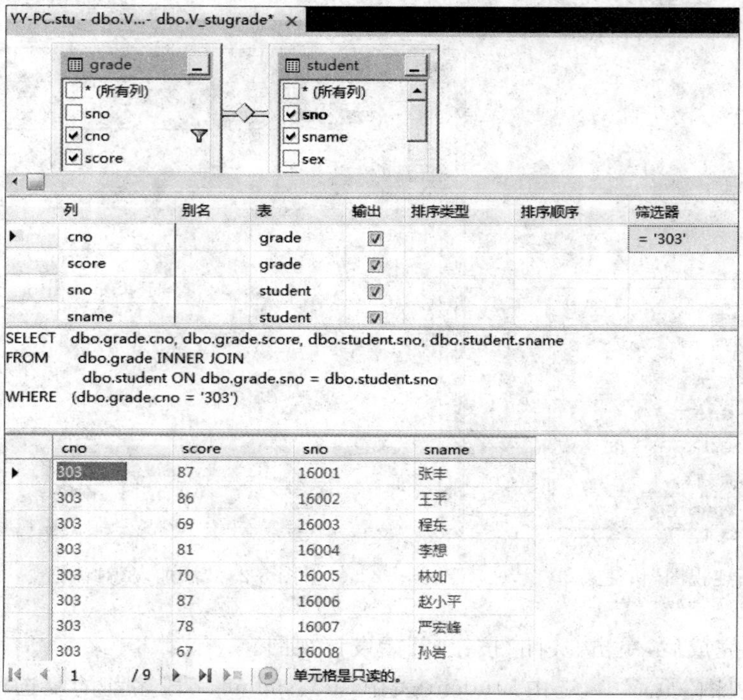

图 8-4　查看查询的结果集

2. 使用 T-SQL 语句创建视图

除了使用 SSMS 创建视图外,还可以使用 T-SQL 语句创建视图。语法格式如下所示:

```
CREATE VIEW [ schema_name . ] view_name [ (column [ ,...n ] ) ]
[ WITH < view_attribute > [ ,...n ] ]
AS select_statement
[ WITH CHECK OPTION ] [ ; ]
< view_attribute > :: =
{
    [ ENCRYPTION ]
    [ SCHEMABINDING ]
    [ VIEW_METADATA ]        }
```

说明如下。

(1) schema_name:视图所属架构的名称。

(2) view_name:视图的名称。

(3) column:视图中的列使用的名称。

(4) AS:指定视图要执行的操作。

(5) select_statement:定义视图的 SELECT 语句。

（6）CHECK OPTION：强制针对视图执行的所有数据修改语句都必须符合在 select_statement 中设置的条件。

（7）ENCRYPTION：表示对视图加密。

（8）SCHEMABINDING：将视图绑定到基础表的架构。

（9）VIEW_METADATA：指定为引用视图的查询请求浏览模式的元数据时，SQL Server 实例将向 DB-Library、ODBC 和 OLE DB API 返回有关视图的元数据信息，而不返回基表的元数据信息。浏览模式元数据是 SQL Server 实例向这些客户端 API 返回的附加元数据。

【例 8-2】　使用 T-SQL 语句创建一个基于 stu 数据库名为 V_grade 的视图来查询"冯帅"同学的所有成绩。

在查询分析器中输入如下 T-SQL 语句并执行：

```
CREATE VIEW V_grade
AS
    SELECT student.sno,student.sname,grade.score
    FROM student INNER JOIN grade
    ON student.sno = grade.sno
    WHERE student.sname = '冯帅'
```

执行后，在 SSMS 右边窗格中，成功创建视图 V_grade，如图 8-5 所示。

创建视图后，可以使用 SELECT 语句查询。语句与执行结果如图 8-6 所示。

图 8-5　成功创建视图 V_grade

图 8-6　视图查询结果

说明：只有在当前数据库中才能创建视图。视图的命名必须遵循标识符命名规则，且不能与表同名；不能把规则、默认值或触发器与视图相关联。

8.2.2　查看视图

视图创建后，可以查看视图的信息。一般使用 SSMS 和通过系统存储过程查看视图信息。

1. 使用 SSMS 查看视图信息

【例 8-3】　使用 SSMS 查看 V_stugrade 视图信息。

（1）打开 SQL Server Management Studio，连接到 SQL Server 上的数据库引擎。

（2）展开服务器|"数据库"|stu|"视图"节点。

（3）右击 V_stugrade 视图，在弹出的快捷菜单中选择"设计"命令，打开"视图"页面，如图 8-7 所示。

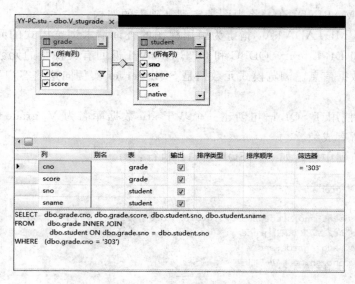

图 8-7　使用 SSMS 查看视图信息

（4）在图 8-7 所示页面中，查看和修改视图。

2. 通过系统存储过程查看视图信息

【例 8-4】　通过系统存储过程查看 V_grade 视图的定义信息。
在查询分析器中输入如下 T-SQL 语句并执行：

```
USE stu
EXEC sp_helptext V_grade
```

执行结果如图 8-8 所示。

【例 8-5】　通过系统存储过程查看 V_stugrade 视图的名称、拥有者和创建日期等。
在查询分析器中输入如下 T-SQL 语句并执行：

```
USE stu
EXEC sp_help V_stugrade
```

执行结果如图 8-9 所示。

【例 8-6】　通过系统存储过程查看 V_grade 生成视图的对象和列。
在查询分析器中输入如下 T-SQL 语句并执行：

```
USE stu
EXEC sp_depends V_grade
```

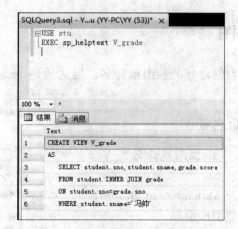

图 8-8　通过系统存储过程查看视图定义信息

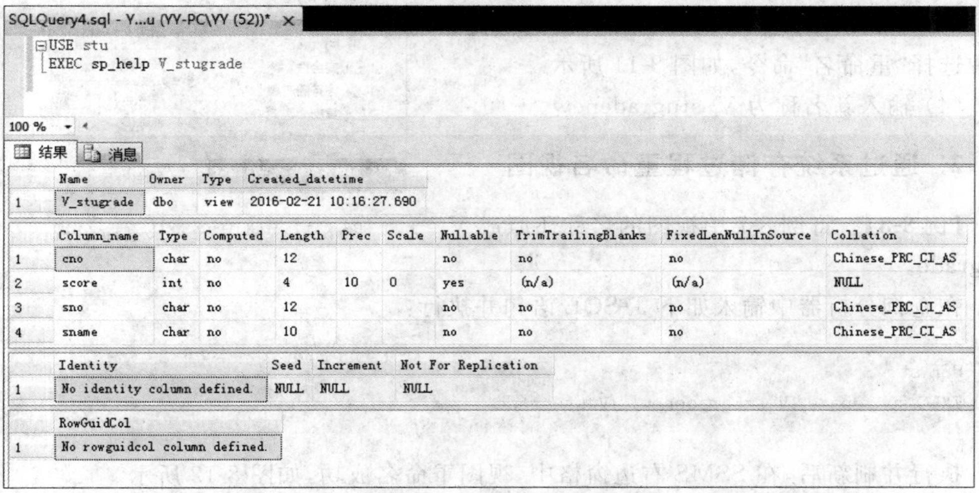

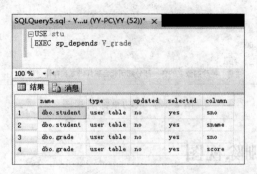

图 8-9　通过系统存储过程查看视图信息

执行结果如图 8-10 所示。

	name	type	updated	selected	column
1	dbo.student	user table	no	yes	sno
2	dbo.student	user table	no	yes	sname
3	dbo.grade	user table	no	yes	sno
4	dbo.grade	user table	no	yes	score

图 8-10　通过系统存储过程查看生成视图的对象和列

8.2.3 重命名视图

在实际使用中，可以为创建好的视图重命名。通过使用 SSMS 和系统存储过程对视图重命名。

1. 使用 SSMS 重命名视图

【例 8-7】 将 V_stugrade 视图重命名为 V_stugradenew。

（1）打开 SQL Server Management Studio，连接到 SQL Server 上的数据库引擎。

（2）展开服务器 | "数据库" | stu | "视图"节点。

（3）右击 V_stugrade 视图，在弹出的快捷菜单中选择"重命名"命令，如图 8-11 所示。

（4）输入新名称为 V_stugradenew。

2. 通过系统存储过程重命名视图

【例 8-8】 将例 8-7 中视图的名称还原成 V_stugrade。

图 8-11 使用 SSMS 重命名视图

在查询分析器中输入如下 T-SQL 语句并执行：

```
USE stu
EXEC sp_rename 'V_stugradenew','V_stugrade'
```

执行并刷新后，在 SSMS 右边窗格中，视图重命名成功，如图 8-12 所示。

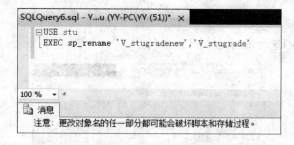

图 8-12 成功重命名视图

8.2.4 修改和删除视图

修改和删除视图可以通过 SSMS 和 T-SQL 语句两种方式来完成。

1. 使用 SSMS 修改视图

在 SSMS 窗口中右击视图 V_stugrade，在弹出的快捷菜单中选择"设计"命令，进入
"视图"页面，即可修改视图结构。修改完毕，单击工具栏中的"保存"按钮。

2. 使用 T-SQL 语句修改视图

修改视图也可以使用 T-SQL 语句来完成，语法格式如下所示：

```
ALTER VIEW [ schema_name . ] view_name [ ( column [ ,...n ] ) ]
[ WITH < view_attribute > [ ,...n ] ]
AS select_statement
[ WITH CHECK OPTION ] [ ; ]
< view_attribute > :: =
{
    [ ENCRYPTION ]
    [ SCHEMABINDING ]
    [ VIEW_METADATA ]
}
```

【例 8-9】　将例 8-2 中创建的 V_grade 视图修改为包含"冯帅"同学的学号、姓名、籍
贯和成绩。

在查询分析器中输入如下 T-SQL 语句并执行：

```
ALTER VIEW V_grade
AS
    SELECT student. sno, student. sname, student. native, grade. score
    FROM student INNER JOIN grade
    ON student. sno = grade. sno
    WHERE student. sname = '冯帅'
```

执行结果如图 8-13 所示。

图 8-13　成功修改 V_grade 视图

3. 使用 SSMS 删除视图

【例 8-10】 使用 SSMS 删除 V_grade 视图（为保证后续学习，此例中的视图实际不删除）。

（1）打开 SQL Server Management Studio，连接到 SQL Server 上的数据库引擎。

（2）展开服务器|"数据库"|stu|"视图"节点。

（3）右击 V_grade 视图，在弹出的快捷菜单中选择"删除"命令，如图 8-14 所示。

图 8-14 使用 SSMS 删除视图

（4）弹出"删除对象"对话框，单击"确定"按钮。

4. 使用 T-SQL 语句删除视图

语法格式如下所示：

```
DROP VIEW [ schema_name . ] view_name [ ...,n ] [ ; ]
```

说明如下。

（1）schema_name：视图所属架构的名称。

（2）view_name：要删除的视图的名称。

【例 8-11】 使用 T-SQL 语句删除 V_grade 视图（为保证后续学习，此例中的视图实际不删除）。

在查询分析器中输入如下 T-SQL 语句并执行：

```
DROP VIEW V_grade
```

8.2.5　视图加密

要保护定义视图的逻辑,可以在 CREATE VIEW 或 ALTER VIEW 语句中指定 WITH ENCRYPTION 选项。

【例 8-12】　修改例 8-9 中的 V_grade 视图,启用加密。

在查询分析器中输入如下 T-SQL 语句并执行:

```
ALTER VIEW V_grade WITH ENCRYPTION
AS
    SELECT student. sno, student. sname, student. native, grade. score
    FROM student INNER JOIN grade
    ON student. sno = grade. sno
    WHERE student. sname = '冯帅'
```

执行结果如图 8-15 所示。

说明:如果创建加密视图,则在修改该视图时,必须指定 WITH ENCRYPTION 选项;否则,加密将被禁用。

8.2.6　通过视图管理数据

通过视图,可以向表中插入、修改和删除数据。

图 8-15　视图加密

1. 插入数据

使用 INSERT 语句,通过视图,向表中插入数据。

【例 8-13】　创建一个基于 stu 数据库 student 表的 V_student 视图,再向该视图插入一行数据。

在查询分析器中输入如下 T-SQL 语句并执行:

```
CREATE VIEW V_student
AS
    SELECT sno, sname, native
    FROM student
```

再向 V_student 视图中插入一行数据,在查询分析器中输入如下 T-SQL 语句并执行:

```
INSERT INTO V_student
values('15180','王山','常州')
```

执行后,查询 V_student 视图中的数据,结果如图 8-16 所示。

189

2. 修改数据

使用 UPDATE 语句，可以通过视图修改基本表的数据。

【例 8-14】 将例 8-13 V_student 视图中学号为 15180 的学生的籍贯改为"南京"。

在查询分析器中输入如下 T-SQL 语句并执行：

```
UPDATE V_student
    SET native = '南京'
    WHERE sno = '15180'
```

执行后，查询 V_student 视图中的数据，结果如图 8-17 所示。

3. 删除数据

通过使用 DELETE 语句删除视图中的数据，表中的数据同时被删除。

【例 8-15】 删除 V_student 视图中学号为 15180 的学生信息。

在查询分析器中输入如下 T-SQL 语句并执行：

```
DELETE FROM V_student
WHERE sno = '15180'
```

执行后，查询 V_student 视图中的数据，结果如图 8-18 所示。

图 8-16　查询插入数据后的视图　图 8-17　查询修改数据后的视图　图 8-18　查询删除数据后的视图

说明：通过视图管理数据,除了使用 T-SQL 语句操作外,还可以使用 SSMS,操作方法与对表中数据插入、修改和删除的界面操作方法基本相同,这里不再举例。

在通过视图管理数据时,有几点需要注意:

(1) 在创建视图时,如果 SELECT 语句中包含 DISTINCT、表达式(如计算列和函数),或在 FROM 子句中引用多张表,或引用不可更新的视图,或有 GROUP BY 或 HAVING 子句,都不能通过视图管理数据。

(2) 当视图基于多张表创建时,只能修改一张表中的数据。

(3) 当视图引用了多张表时,无法使用 DELETE 语句删除数据。

8.3 索 引

在相应的表中创建索引,可以提高数据库查询性能。

8.3.1 索引的概念

数据查询是用户操作数据库的核心任务。在执行查询操作时,需要对整张表进行数据搜索。随着表中数据增多,搜索需要很长时间。为提高数据查询效率,数据库引入了索引机制。

SQL Server 中的索引类似于书的目录,可以通过目录快速找到对应的内容。索引是一个单独的、物理的数据库结构,它是某张表中一列或若干列的集合和相应的指向表中物理标识这些值的数据页的逻辑指针清单。索引是依赖于表建立的,它提供了在数据库中编排表中数据的内部方法。例如,数据库中有 1 万条记录,要执行查询：SELECT * FROM table WHERE num=5000。如果没有索引,必须遍历整张表,直到 num 等于 5000 的这一行被找到为止；如果在 num 列上创建索引,SQL Server 不需要任何扫描,直接在索引里找到 5000,就得知这一行的位置。

一张表的存储由数据页和索引页组成。数据页用来存放除了文本和图像数据以外的所有与表的某一行相关的数据；索引页包含组成特定索引的列中的数据。检索数据时,系统先检索索引页面,从中找到所需数据的指针,再直接通过指针从数据页面读取数据。

8.3.2 索引的优缺点

1. 索引的优点

建立索引有如下优点:

(1) 数据记录的唯一性。通过创建唯一索引,可以保证数据记录的唯一性。

(2) 提高数据检索速度。在查询数据时,数据库首先搜索索引列,找到要查询的值；其次,按照索引中的位置确定表中的行,提高了数据的检索效率。

(3) 加快表之间的连接。如果每张表中都有索引列,数据库可以直接搜索各张表的索引列,找到所需数据。

(4) 减少查询中的分组和排序时间。给表中的列创建索引,在使用 ORDER BY 和 GROUP BY 子句对数据检索时,执行速度将提高。

(5) 提高系统性能。在检索过程中使用优化隐藏器,可提高系统性能。

2. 索引的缺点

(1) 创建索引和维护索引要耗费时间,并且随着数据量的增加,耗费的时间也会增加。

(2) 索引需要占用磁盘空间,除了数据表占用数据空间之外,每一个索引还要占用一定的物理空间。如果有大量的索引,索引文件可能比数据文件更快达到最大文件尺寸。

(3) 当对表中数据进行增加、删除和修改时,索引也要动态维护,将降低数据的维护速度。

8.3.3　索引的类型

在 SQL Server 2012 系统中,索引按照不同的组织方式,分为聚集索引和非聚集索引两种类型,其区别在于物理数据的存储方式上。

1. 聚集索引

聚集索引将数据行的键值在表内排序,并存储对应的数据记录,使得数据表物理顺序与索引顺序一致。

可以在表或视图的一列或多列的组合上创建索引。当建立主键约束时,如果表中没有聚集索引,SQL Server 用主键列作为聚集索引键。一张表中只能包含一个聚集索引。

2. 非聚集索引

非聚集索引完全独立于数据行的结构,其数据存储在一个位置,索引存储在另一个位置。索引带有指针,指向数据的存储位置。

非聚集索引不会对表和视图进行物理排序。一个表中最多只能有一个聚集索引,但可以有一个或多个非聚集索引。

由于创建聚集索引时会改变数据记录的物理存放顺序,因此,当在一张表中既要创建聚集索引又要创建非聚集索引时,应先创建聚集索引,再创建非聚集索引。

具有以下特点的查询可以考虑使用非聚集索引。

(1) 使用 JOIN 或 GROUP BY 子句。应为连接和分组操作中涉及的列创建多个非聚集索引,为任何外键列创建一个聚集索引。

(2) 包含大量唯一值的字段。

（3）不返回大型结果集的查询。创建筛选索引，以覆盖从大型表中返回定义完善的行子集的查询。

（4）经常包含在查询的搜索条件中的列。

3. 其他索引

除了聚集索引和非聚集索引之外，SQL Server 2012 还提供了其他索引类型。

（1）唯一索引：确保索引键不包含重复的值，因此，表或视图中的每一行在某种程度上是唯一的。

（2）包含列索引：一种非聚集索引，它扩展后不仅包含键列，还包含非键列。

（3）索引视图：在视图上添加索引后能提高视图的查询效率。视图的索引将具体化视图，并将结果集永久存储在唯一的聚集索引中，而且其存储方法与带聚集索引的表的存储方法相同。创建聚集索引后，可以为视图添加非聚集索引。

（4）全文索引：一种特殊类型的基于标记的功能性索引，由 SQL Server 全文引擎生成和维护。这种索引的结构与数据库引擎使用的聚集索引或非聚集索引的 B 树结构是不同的。

（5）空间索引：一种针对 geometry 数据类型的列建立的索引，可以更高效地对列中的空间对象执行某些操作。空间索引可以减少需要应用开销相对较大的空间操作的对象数。

（6）筛选索引：一种经过优化的非聚集索引，尤其适用于涵盖从定义完善的数据子集中选择数据的查询。

（7）XML 索引：是与 XML 数据关联的索引形式，是 XML 二进制大对象的已拆分持久表示形式。XML 索引又分为主索引和辅助索引。

8.4　索引的操作

索引的操作主要包括创建索引、查看索引、重命名索引以及修改和删除索引。

8.4.1　创建索引

在 SQL Server 2012 系统中，通常通过 SSMS 和 T-SQL 语句两种方式创建索引。

1. 使用 SSMS 创建索引

【例 8-16】　使用 SSMS 给 stu 数据库的 student 表创建基于 sno 列，名为 student_index 的唯一聚集索引。

（1）打开 SQL Server Management Studio，连接到 SQL Server 上的数据库引擎。

（2）展开服务器|"数据库"|stu|"表"|student 节点，然后右击"索引"节点，在弹出的快捷菜单中选择"新建索引"|"聚集索引"命令，如图 8-19 所示。

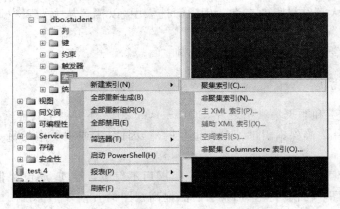

图 8-19 "新建索引"快捷菜单

（3）弹出"新建索引"对话框，在"常规"页面输入索引名称 student_index，并选中"唯一"复选框，如图 8-20 所示。

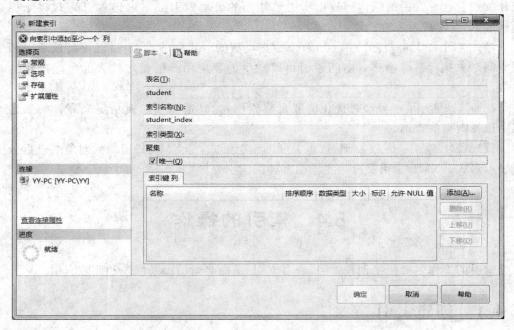

图 8-20 "新建索引"对话框

（4）单击"添加"按钮，打开"从 dbo. student 中选择列"对话框。选中 sno 复选框，如图 8-21 所示。

（5）单击"确定"按钮，返回"新建索引"对话框。单击"确定"按钮，完成索引的创建。

说明：在创建聚集索引之前，如果已经将 student 表的 sno 列创建为主键，则在创建主键时自动将其定义为聚集索引。但一张表只能有一个聚集索引，所以此例先将 sno 主键删除。

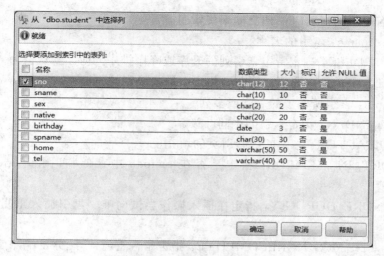

图 8-21 选择列

2. 使用 T-SQL 语句创建索引

除了使用 SSMS 创建索引外，还可以使用 T-SQL 语句创建索引。语法格式如下所示：

```
CREATE [ UNIQUE ] [ CLUSTERED | NONCLUSTERED ] INDEX index_name
    ON {[ database_name. [ schema_name ] . | schema_name. ] table_or_view_name}
      ( column [ ASC | DESC ] [ ,...n ] )
    [ INCLUDE ( column_name [ ,...n ] ) ]
    [ WITH ( < relational_index_option > [ ,...n ] ) ]
    [ ON { partition_scheme_name ( column_name ) | filegroup_name | default }]
    [ ; ]

< relational_index_option > :: =
{
  PAD_INDEX = { ON | OFF }
  | FILLFACTOR = fillfactor
  | SORT_IN_TEMPDB = { ON | OFF }
  | IGNORE_DUP_KEY = { ON | OFF }
  | STATISTICS_NORECOMPUTE = { ON | OFF }
  | DROP_EXISTING = { ON | OFF }
  | ONLINE = { ON | OFF }
  | ALLOW_ROW_LOCKS = { ON | OFF }
  | ALLOW_PAGE_LOCKS = { ON | OFF }
  | MAXDOP = max_degree_of_parallelism
}
```

说明如下。

（1）UNIQUE：表示为表或视图创建唯一索引。

（2）CLUSTERED：建立聚集索引。

(3) NON CLUSTERED：建立非聚集索引。

(4) index_name：索引的名称。

(5) ASC | DESC：确定特定索引列的升序或降序排序方向。默认值为 ASC。

(6) INCLUDE：指定要添加到非聚集索引的叶级别的非键列。

(7) column：索引所基于的一列或多列。

(8) PAD_INDEX：指定索引的中间叶级。

(9) FILLFACTOR：指定叶级索引页的填充度。

(10) SORT_IN_TEMPDB：指定是否在 tempdb 中存储临时排序结果。默认值为 OFF。

(11) IGNORE_DUP_KEY：指定在插入操作尝试向唯一索引插入重复键值时的错误响应。

(12) STATISTICS_NORECOMPUTE：指定是否重新计算、分发统计信息。

(13) DROP_EXISTING：指定应删除并重新生成已命名的先前存在的聚集索引或非聚集索引。

(14) ONLINE：指定在索引操作期间，基础表和关联的索引是否可用于查询与数据修改操作。

(15) ALLOW_ROW_LOCKS：指定是否允许使用行锁。

(16) ALLOW_PAGE_LOCKS：指定是否允许使用页锁。

(17) MAXDOP：指定在索引操作期间覆盖最大并行度配置选项。

(18) ON {partition_scheme_name(column_name)}：指定分区方案。

(19) filegroup_name：为指定文件组创建指定索引。

(20) default：为默认文件组创建指定索引。

【例 8-17】 使用 T-SQL 语句为 stu 数据库 student 表中的 sname 列创建一个非聚集不唯一的索引 stuname_index。

在查询分析器中输入如下 T-SQL 语句并执行：

```
USE stu
CREATE INDEX stuname_index
ON student(sname)
```

执行结果如图 8-22 所示。

图 8-22　成功创建索引 stuname_index

【**例 8-18**】　使用 T-SQL 语句为 stu 数据库 course 表的 cno 列创建唯一聚集索引 coursecno_index。

在查询分析器中输入如下 T-SQL 语句并执行：

```
USE stu
CREATE UNIQUE CLUSTERED INDEX coursecno_index
ON course(cno)
```

执行结果如图 8-23 所示。

说明：course 表中已定义了 cno 为主键，因此 course 表中存在一个聚集索引。由于一张表中只能有一个聚集索引，需删除后才能创建索引 coursecno_index。

【**例 8-19**】　使用 T-SQL 语句为 stu 数据库 course 表的 cname 列创建一个非唯一性非聚集索引 coursecname_index，按升序排列，填充度为 40%。

在查询分析器中输入如下 T-SQL 语句并执行：

```
USE stu
CREATE NONCLUSTERED INDEX coursecname_index
ON course(cname ASC)
WITH FILLFACTOR = 40
```

执行结果如图 8-24 所示。

图 8-23　成功创建索引 coursecno_index　　　图 8-24　成功创建索引 coursecname_index

【**例 8-20**】　使用 T-SQL 语句为 stu 数据库 student 表的 sno 和 sname 列创建一个唯一性聚集索引 student_index，按降序排列，删除并重新创建同名的索引文件。

在查询分析器中输入如下 T-SQL 语句并执行：

```
USE stu
CREATE UNIQUE CLUSTERED INDEX student_index
ON student(sno DESC, sname DESC)
WITH DROP_EXISTING
```

8.4.2　查看索引

索引创建后，可以查看索引信息，通常有两种方法。

1. 使用 SSMS 查看索引信息

【例 8-21】 使用 SSMS 查看例 8-20 中创建的索引信息。

（1）打开 SQL Server Management Studio，连接到 SQL Server 上的数据库引擎。

（2）展开服务器|"数据库"|stu|"表"|student|"索引"节点，然后右击 student_index
索引，从弹出的快捷菜单中选择"属性"命令，如图 8-25 所示。

图 8-25　索引"属性"快捷菜单

（3）弹出"索引属性-student_index"对话框，如图 8-26 所示，即可看到该索引的信息。

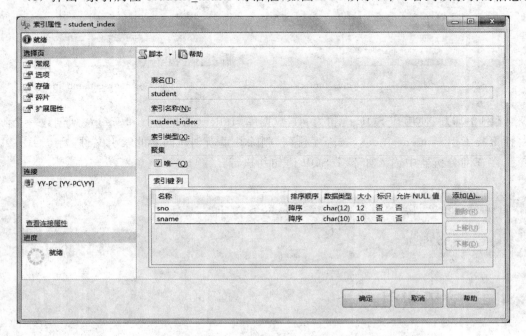

图 8-26　"索引属性-student_index"对话框

198

2. 通过系统存储过程查看索引信息

【例 8-22】　通过系统存储过程 sp_helpindex 查看 stu 数据库 student 表中的索引
信息。

在查询分析器中输入如下 T-SQL 语句并执行：

```
USE stu
EXEC sp_helpindex student
```

执行结果如图 8-27 所示。

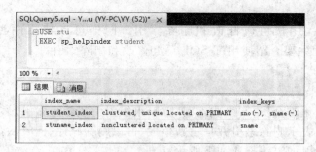

图 8-27　通过系统存储过程查看索引信息

8.4.3　重命名索引

可以给创建好的索引重命名，也有两种方法。

1. 使用 SSMS 重命名索引

右击需要重命名的索引，在弹出的快捷菜单中选择"重命名"命令，然后输入新名称。

2. 使用 T-SQL 语句重命名索引

语法格式如下所示：

```
EXEC sp_name table_name.old_index_name,new_index_name
```

【例 8-23】　使用 T-SQL 语句将 stu 数据库 student 表的索引 student_index 重命名
为 stu_index。

在查询分析器中输入如下 T-SQL 语句并执行：

```
USE stu
EXEC sp_rename 'student.student_index','stu_index'
```

执行结果如图 8-28 所示。

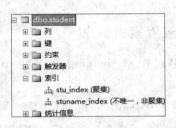

图 8-28　成功重命名索引

8.4.4　修改和删除索引

创建索引之后,用户可以修改和删除索引。同样可以使用两种方法:SSMS 和 T-SQL 语句。下面主要介绍使用 T-SQL 语句修改和删除索引。

1. 修改索引

当数据发生变化时,要重新生成索引、重新组织索引或禁止索引。

重新生成索引表示删除索引并且重新生成,可以删除碎片、回收磁盘空间和重新排序索引。重新生成索引的语法格式如下所示:

```
ALTER INDEX index_name ON table_or_view_name REBUILD
```

重新组织索引对索引碎片的整理程序低于重新生成索引选项,其语法格式如下所示:

```
ALTER INDEX index_name ON table_or_view_name REORGANIZE
```

禁止索引则表示禁止用户访问索引,其语法格式如下所示:

```
ALTER INDEX index_name ON table_or_view_name DISABLES
```

说明如下。

(1) index_name:表示要修改的索引名称。

(2) table_or_view_name:表示当前索引基于的表名或视图名。

【例 8-24】　重建 stu 数据库 student 表中的所有索引。

在查询分析器中输入如下 T-SQL 语句并执行:

```
USE stu
ALTER INDEX ALL ON student REBUILD
```

【例 8-25】　重建 stu 数据库 student 表中的 stuname_index 索引。

在查询分析器中输入如下 T-SQL 语句并执行:

```
USE stu
ALTER INDEX stuname_index ON student REBUILD
```

2. 删除索引

使用 T-SQL 语句删除索引的语法格式如下所示：

```
DROP INDEX
{index_name ON table_or_view_name[,...n]
|table_or_view_name.index_name[,...n]
}
```

说明如下。

（1）index_name：指定要删除的索引名。

（2）table_or_view_name：指定索引所在的表名或视图名。

【例 8-26】　使用 T-SQL 语句删除 stu 数据库 student 表中的 stuname_index 索引。

在查询分析器中输入如下 T-SQL 语句并执行：

```
USE stu
DROP INDEX student.stuname_index
```

说明：DROP INDEX 语句不能删除通过 PRIMARY KEY 或 UNIQUE 约束创建的索引。要删除这些索引，必须先删除约束。在删除聚集索引时，表中的所有非聚集索引都将被重建。在系统表的索引上不能执行 DROP INDEX 操作。

8.4.5　索引的维护

创建索引之后，随着用户频繁地对数据执行插入、修改和删除等操作，使得索引页产生碎片。为了得到最佳性能，必须对索引进行维护。

1. 更新索引的统计信息

在创建索引时，SQL Server 自动存储有关的统计信息。但随着用户的使用，统计信息可能已陈旧，需要对这些统计信息进行更新。

语法格式如下所示：

```
UPDATE STATISTICS table_name index_name
```

说明如下。

（1）table_name：指定要更新其统计信息的表或索引视图的名称。

（2）index_name：要更新其统计信息的索引的名称。

【例 8-27】　使用 UPDATE STATISTICS 命令更新 stu 数据库 student 表里的 stu_index 索引的统计信息。

在查询分析器中输入如下 T-SQL 语句并执行：

```
USE stu
UPDATE STATISTICS student stu_index
```

2. 显示索引的碎片信息

使用 DBCC SHOWCONTIG 语句扫描表，显示表的数据和索引的碎片信息。执行 DBCC SHOWCONTIG 语句，SQL Server 浏览叶级上的整个索引页，并通过返回值确定该表的索引页是否产生严重碎片。

语法格式如下所示：

```
DBCC SHOWCONTIG
[(
    { table_name | table_id | view_name | view_id }
    [ , index_name | index_id ]
) ]
```

说明如下。

（1）table_name | table_id | view_name | view_id：要检查碎片信息的表或视图。如果未指定，则检查当前数据库中的所有表和索引视图。

（2）index_name | index_id：要检查碎片信息的索引。如果未指定，该语句将处理指定表或视图的基本索引。

【例 8-28】 使用 DBCC SHOWCONTIG 语句获取 stu 数据库 student 表中的 stu_index 索引的碎片信息。

在查询分析器中输入如下 T-SQL 语句并执行：

```
USE stu
DBCC SHOWCONTIG (student,stu_index)
```

执行结果如图 8-29 所示。

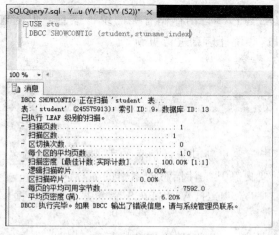

图 8-29　统计索引碎片信息

3. 整理碎片

使用 DBCC INDEXDEFRAG 语句整理索引页上的碎片。DBCC INDEXDEFRAG 语句对索引的叶级进行碎片整理,使得页的物理顺序与叶节点从左到右的逻辑顺序相匹配,从而提高索引扫描性能。

语法格式如下所示:

```
DBCC INDEXDEFRAG
(
    { database_name | database_id | 0 }
        , { table_name | table_id | view_name | view_id }
    [ , { index_name | index_id } [ , { partition_number | 0 } ] ]
)
    [ WITH NO_INFOMSGS ]
```

说明如下。

(1) database_name | database_id | 0:要进行碎片整理的索引的数据库。如果指定为 0,则使用当前数据库。

(2) table_name | table_id | view_name | view_id:要进行碎片整理的索引的表或视图。

(3) index_name | index_id:要进行碎片整理的索引的名称或 ID。

(4) partition_number | 0:要进行碎片整理的索引的分区号。

(5) WITH NO_INFOMSGS:取消严重级别 0~10 的所有信息性消息。

【例 8-29】　使用 DBCC INDEXDEFRAG 语句对 stu 数据库 student 表中的 stu_index 索引进行碎片整理。

在查询分析器中输入如下 T-SQL 语句并执行:

```
USE stu
DBCC INDEXDEFRAG( stu, student, stu_index)
```

执行结果如图 8-30 所示。

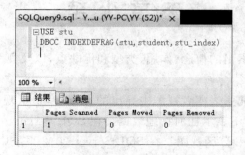

图 8-30　碎片整理

203

实训： 视图和索引

1. 实训内容

（1）基于 course 表创建视图，可以查询表中信息。

（2）修改第（1）题创建的视图，查询表中信息。

（3）在 course 表中的某字段上创建聚集索引，在该表的另一个字段上创建非聚集索引。

2. 实训目的

（1）掌握视图的概念及分类。

（2）掌握操作视图的方法。

（3）掌握索引的概念及分类。

（4）掌握操作索引的方法。

3. 实训过程

（1）使用对象资源管理器参照例 8-1、例 8-3、例 8-16。

（2）使用 T-SQL 语句参照例 8-2、例 8-4、例 8-9、例 8-17。

4. 技术支持

实训内容应训练使用 SSMS 和 T-SQL 语句两种方法来完成。

【常见问题与解答】

问题：为什么有时不能创建索引？

解答：如果是聚集索引，请查看该表是否已存在聚集索引。如果已有聚集索引，先删除现有聚集索引，再创建索引。

本 章 小 结

本章介绍了视图和索引的概念、作用、类型和优缺点，以及视图和索引的创建、修改和删除等。

视图是从一张或者几张表或者视图中导出的虚拟表，是从现有表中提取若干子集组成的用户的"专用表"，并不表示任何物理数据。在 SQL Server 2012 中，视图分为三种类型：标准视图、索引视图和分区视图。在 SQL Server 2012 系统中，通常通过 SSMS 和 T-SQL 语句两种方式创建、查看和修改视图。

SQL Server 中的索引类似于书的目录，可以通过目录快速找到对应的内容。索引是一个单独的、物理的数据库结构，它是某张表中一列或若干列的集合和相应地指向表中物理标识这些值的数据页的逻辑指针清单。在 SQL Server 2012 系统中，索引按照不同的组织方式，分为聚集索引和非聚集索引两种类型。索引的操作主要包括创建索引、查看索引、重命名索引以及修改和删除索引。在 SQL Server 2012 系统中，通常通过 SSMS 和 T-SQL 语句两种方式创建、查看和修改索引。

习　　题

一、简答题

(1) 视图是什么？视图有哪些优缺点？

(2) 视图分为哪几种类型？

(3) 索引是什么？索引有哪些优缺点？

(4) 索引分为哪几种类型？

二、上机实践

1. 实践目的

掌握使用 SSMS 和 T-SQL 语句两种方法来创建、查看、修改、删除视图和索引。

2. 实践内容

(1) 使用 SSMS 对 stu 数据库 course 表中的 cno 列创建一个唯一聚集索引 cno_index。

(2) 使用 T-SQL 语句对 stu 数据库 course 表中的 cno、cname 列创建不唯一非聚集索引 course_index。

(3) 使用 T-SQL 语句将第(2)题中创建的 course_index 索引重命名为 newcourse_index。

(4) 获取 stu 数据库 course 表中 cno_index 索引的碎片信息。

(5) 对 stu 数据库 course 表中 cno_index 索引进行碎片整理。

(6) 使用 SSMS 删除第(1)题中创建的索引 cno_index。

(7) 使用 T-SQL 语句删除第(3)题中的索引 newcourse_index。

(8) 使用 SSMS 在 stu 数据库 course 表中创建一个 newcourse_view1 视图，其中包含 course 表中的所有信息。

(9) 使用 T-SQL 语句在 stu 数据库 student 表中创建一个 newstu_view1 视图，其中包含 sno、sname、sex、native 信息。

(10) 在第(9)题创建的 newstu_view1 视图中用 T-SQL 语句插入、修改和删除一条数据。数据自定义。

(11) 使用 T-SQL 语句删除第(8)题中创建的 newcourse_view1 视图。

(12) 使用 SSMS 删除第(9)题中创建的 newstu_view1 视图。

第 9 章　数据库的数据完整性

学习目标

（1）掌握：使用约束实现数据完整性的方法，使用规则实现数据完整性的方法，使用默认值对象实现数据完整性的方法，使用 IDENTITY 列的方法。

（2）理解：数据完整性的概念。

（3）了解：数据完整性的类型。

工作实战场景

信息管理员王明创建了学生成绩数据库，创建了数据库中相关的表，并输入了所有表中的记录。

现在，信息管理员希望做到当输入不符合要求的数据时，系统提示不能存储在数据库中。

引导问题

（1）在向表中操纵数据时，是否考虑过怎样才能避免输入无效的数据？

（2）数据完整性有哪些类型？它们分别可以避免哪些类型的无效数据？

（3）如何在实际操作时实现数据完整性？

9.1　数据完整性概述

数据库中的数据是从外界输入的。在向数据库添加、修改和删除数据时，难免会由于手动操作产生各种错误。如何保证和维护数据的正确性、一致性和可靠性，成为人们对数据库系统关注的问题。利用约束、默认和规则来维护数据完整性，可以避免大部分无效的数据。

9.1.1　数据完整性的概念

数据完整性用于保证数据库中数据的正确性、一致性和可靠性，防止数据库中存在不符合语义规定的数据，以及因错误信息的输入/输出导致无效操作或错误信息。

9.1.2　数据完整性的类型

数据库规划的重要步骤就是确定实现数据完整性的最佳方式。数据完整性包括以下类型。

1. 实体完整性

实体完整性又称行完整性,规定表的每一行在表中是唯一的实体。实体完整性通过索引、PRIMARY KEY 约束、UNIQUE 约束或 IDENTITY 属性实现。

2. 域完整性

域完整性又称列完整性,保证指定列的数据具有正确的数据类型、格式和有效的数据范围。域完整性通过 FOREIGN KEY 约束、CHECK 约束、DEFAULT 约束、NOT NULL 定义和规则实现。

3. 参照完整性

参照完整性又称引用完整性,是指两张表的主键和外键的数据对应一致。它确保了有主关键字的表中对应其他表的外关键字的行存在,即保证了表之间数据的一致性。参照完整性建立在外关键字和主关键字之间或外关键字和唯一性关键字之间的关系上。包含外关键字的表称为从表,被从表引用或参照的表称为主表。参照完整性的作用体现在几个方面:若主表中无关联的记录,则不能将记录添加或更改到相关表中;若可能导致相关表中生成孤立记录,则不能更改主表中的该值;若存在与某记录匹配的相关记录,则不能从主表中删除该记录。

4. 用户自定义完整性

用户自定义完整性是指针对某个特定关系数据库的约束条件,它反映某一具体应用所涉及的数据必须满足的语义要求。所有完整性类别都支持用户自定义完整性,如 CREATE TABLE 中的所有列级和表级约束、存储过程和触发器。

9.2　实　现　约　束

约束是强制数据完整性的首选方法。约束是通过限制列中数据、行中数据以及表之间数据取值,从而实现数据完整性的方法。定义约束可以在创建表时设置,也可以在修改表时添加约束。

在定义约束前,应先确定约束的类型。不同类型的约束强制不同类型的数据完整性。约束可以使用 SSMS 和 T-SQL 语句设置。

9.2.1　PRIMARY KEY 约束

PRIMARY KEY 约束在表中定义一个主键,唯一地标识表中的行。一张表应有一

207

个 PRIMARY KEY 约束,且只能有一个 PRIMARY KEY 约束。PRIMARY KEY 约束中的列不能接受空值和重复值。

若已有 PRIMARY KEY 约束,要将新列作为主键,必须先删除现有的 PRIMARY KEY 约束,然后创建新的主键;当 PRIMARY KEY 约束由另一表的 FOREIGN KEY 约束引用时,不能删除被引用的 PRIMARY KEY 约束,要删除它,必须先删除引用的 FOREIGN KEY 约束。主键可以是一列,也可以是多列组合的复合主键。

1. 使用 SSMS 定义 PRIMARY KEY 约束

【例 9-1】 设置 stu 数据库 course 表的 cno 字段为主键。

(1) 打开 SQL Server Management Studio,连接到 SQL Server 上的数据库引擎。

(2) 展开服务器|"数据库"|stu|"表"节点,然后右击 course 节点,在弹出的快捷菜单中选择"设计"命令,打开"表设计器"页面。选择并右击 cno 列,从弹出的快捷菜单中选择"设置主键"命令,如图 9-1 所示。

图 9-1 选择"设置主键"命令

(3) 单击工具栏中的"保存"按钮,关闭窗口。

2. 使用 T-SQL 语句定义 PRIMARY KEY 约束

创建表时,可通过定义 PRIMARY KEY 约束来创建主键。语法格式如下所示:

```
CREATE TABLE table_name
(column_name data_type
[DEFAULT default_expression]|
[IDENTITY [(seed, increment)]]
[[CONSTRAINT constraint_name]
PRIMARY KEY[CLUSTERED|NONCLUSTERED]
][,...n]
)
```

说明如下。

（1）DEFAULT：默认值约束的关键字，用于指定其后的常数表达式 default_expression 为该列的默认值。

（2）IDENTITY［（seed，increment）］：表示该列为标识列，或称自动编号列。

（3）CONSTRAINT constraint_name：指定约束名称。

（4）PRIMARY KEY：表示该列具有主键约束。

（5）CLUSTERED|NONCLUSTERED：表示创建聚集索引或非聚集索引。CLUSTERED 表示聚集索引，NONCLUSTERED 表示非聚集索引。

【例 9-2】　假设 test 数据库存在，在该数据库中使用 T-SQL 语句创建 teacher 表，并将 teacid 列定义为 PRIMARY KEY 约束。

在查询分析器中输入如下 T-SQL 语句并执行：

```
USE test
CREATE TABLE teacher(
    teacid char(10) PRIMARY KEY,
    teacname char(8) NOT NULL,
    teacage int,
    teacpassword varchar(20) DEFAULT '123456' NOT NULL
)
```

执行结果如图 9-2 所示。

【例 9-3】　使用 T-SQL 语句，在 test 数据库中创建 teac_course 表，并将 teacid 和 cno 设置为组合 PRIMARY KEY 约束。

在查询分析器中输入如下 T-SQL 语句并执行：

```
USE test
CREATE TABLE teac_course(
    teacid char(10),
    cno char(20),
    cname char(20),
    credit int
    CONSTRAINT pk_teac PRIMARY KEY (teacid,cno)
)
```

执行结果如图 9-3 所示。

图 9-2　成功定义 PRIMARY KEY 约束

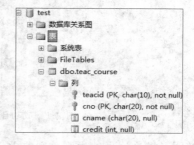

图 9-3　成功定义组合 PRIMARY KEY 约束

【例 9-4】 修改 test 数据库中的 teacher 表，设置 teacid 和 teacname 为组合 PRIMARY KEY 约束。

在查询分析器中输入如下 T-SQL 语句并执行：

```
USE test
ALTER TABLE teacher
ADD CONSTRAINT pk_teacher PRIMARY KEY(teacid,teacname)
```

说明：使表中现有的一列或列组合成为主键，要求表中原先没有主键，且备选主键列中的已有数据不得重复或为空。语法格式如下所示：

```
ALTER TABLE table_name
[WITH CHECK|WITH NONCHECK]
ADD [CONSTRAINT constraint_name]
PRIMARY KEY[CLUSTERED|NONCLUSTERED](column_name[,...n])
```

说明如下。

（1）WITH CHECK：表示将使用新的 PRIMARY KEY 约束来检查表中已有数据是否符合 PRIMARY KEY 条件；若使用 WITH NONCHECK 选项，则不检查。默认选项是 WITH CHECK。

（2）ADD：指定要添加的约束。

【例 9-5】 删除例 9-4 中创建的组合 PRIMARY KEY 约束。

在查询分析器中输入如下 T-SQL 语句并执行：

```
USE test
ALTER TABLE teacher
DROP CONSTRAINT pk_teacher
```

执行结果如图 9-4 所示。

图 9-4 成功删除组合 PRIMARY KEY 约束

说明：将表的主键由当前列更改为另一列前，必须先删除之前设置的主键，然后添加主键。删除主键约束的语法格式如下所示：

```
ALTER TABLE table_name DROP [CONSTRAINT] primarykey_name
```

其中，primarykey_name 指约束的名称。

9.2.2　DEFAULT 约束

DEFAULT 约束是在用户未提供某些列的数据时，数据库系统为用户提供的默认值。

表的每一列都可包含一个 DEFAULT 定义。可以修改或删除现有的 DEFAULT 定义，但必须先删除已有的 DEFAULT 定义，然后通过新定义重新创建。默认值必须与 DEFAULT 定义适用的列的数据类型一致，每一列只能定义一个默认值。

1. 使用 SSMS 定义 DEFAULT 约束

【例 9-6】　使用 SSMS 设置 test 数据库 teac_course 表中的 credit 字段不输入值时，系统自动设置为 3。

（1）打开 SQL Server Management Studio，连接到 SQL Server 上的数据库引擎。

（2）展开服务器|"数据库"|test|"表"节点，然后右击 teac_course 节点，在弹出的快捷菜单中选择"设计"命令，打开"表设计器"页面。选择 credit 列，在下面的"列属性"设置中，将属性"默认值或绑定"设置为 3，如图 9-5 所示。

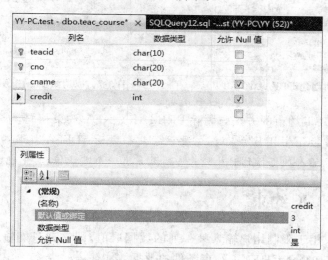

图 9-5　设置默认值

（3）单击工具栏中的"保存"按钮，关闭窗口。

2. 使用 T-SQL 语句定义 DEFAULT 约束

【例 9-7】　在 test 中创建 course 表，并设置 credit 默认值为 3。

在查询分析器中输入如下 T-SQL 语句并执行：

```
USE test
CREATE TABLE course(
    cno char(20),
    cname char(20),
    semester tinyint,
    credit int DEFAULT 3,
    memo varchar(100) NULL
)
```

执行结果如图 9-6 所示。

【例 9-8】 修改 test 数据库中的 teacher 表,设置 teacage 默认值为 35。

在查询分析器中输入如下 T-SQL 语句并执行:

```
USE test
ALTER TABLE teacher
    ADD CONSTRAINT DF_teacher_age DEFAULT(35) FOR teacage
```

执行结果如图 9-7 所示。

图 9-6　成功创建 DEFAULT 约束

图 9-7　成功添加 DEFAULT 约束

删除 DEFAULT 约束的方法与删除 PRIMARY KEY 约束相同,不再举例说明。

说明:在使用 DEFAULT 约束时,需要注意几个方面:DEFAULT 约束定义的默认值仅在执行 INSERT 插入数据操作时生效;一列至多有一个默认值,其中包括 NULL 值。

9.2.3　CHECK 约束

CHECK 约束用于限制用户输入某一列的数据取值,即该列只能输入一定范围的数据。也就是说,只有符合 CHECK 约束条件的数据才能输入。

CHECK 约束可以作为表定义的一部分在创建表时创建,也可以添加到现有表中。在一张表中可以创建多个 CHECK 约束,在一列上也可以创建多个 CHECK 约束。

1. 使用 SSMS 定义 CHECK 约束

【例 9-9】 给 test 数据库 teacher 表的 teacage 列设置 CHECK 约束。

(1) 打开 SQL Server Management Studio,连接到 SQL Server 上的数据库引擎。

（2）展开服务器|“数据库”|test|“表”节点，然后右击 teacher 表，在弹出的快捷菜单中选择“设计”命令，打开“表设计器”页面。

（3）在“表设计器”页面中右击，在弹出的快捷菜单中选择“CHECK 约束”命令，弹出“CHECK 约束”对话框。单击“添加”按钮，然后在“表达式”栏中单击进入编辑框，并输入约束表达式 teacage BETWEEN 22 AND 70，如图 9-8 所示。

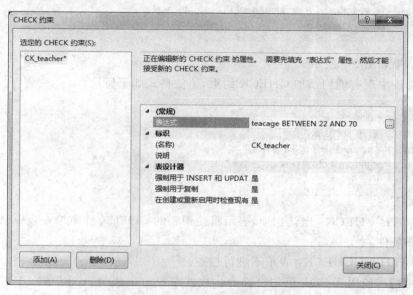

图 9-8　“CHECK 约束”对话框

（4）单击“关闭”按钮，然后单击工具栏中的“保存”按钮。

2. 使用 T-SQL 语句定义 CHECK 约束

创建表时定义 CHECK 约束的语法格式如下所示：

```
CREATE TABLE table_name
(column_name data_type
[[CONSTRAINT constraint_name]
CHECK [NOT FOR REPLICATION]
(check_criterial)[,...n]
][,...n]
)
```

说明如下。

（1）CHECK：表示定义的约束为 CHECK 约束。

（2）NOT FOR REPLICATION：表示在复制表时禁用 CHECK 约束。

（3）check_criterial：检查准则，一般是条件表达式。

【例 9-10】　在 test 数据库中创建 stu_course 表，将 score 列指定为 CHECK 约束。

在查询分析器中输入如下 T-SQL 语句并执行：

```
USE test
CREATE TABLE stu_course(
    sno char(10) PRIMARY KEY,
    cno char(20) NOT NULL,
    sname char(8) NOT NULL,
    cname char(20) NOT NULL,
    score int CHECK(score BETWEEN 0 AND 100)
)
```

执行结果如图 9-9 所示。

可以为表中现有的列添加 CHECK 约束,语法格式如下所示:

```
ALTER TABLE table_name
[WITH CHECK|WITH NOCHECK]
ADD [CONSTRAINT constraint_name]
CHECK[NOT FOR REPLICATION](check_criterial)[,...n]
```

说明如下。

(1) WITH CHECK:默认选项,表示将使用新的 CHECK 约束检查表中已有数据是否符合核查条件。

(2) WITH NOCHECK:表示不进行核查。

【例 9-11】 使用 T-SQL 语句设置 test 数据库 course 表的 credit 值在 1～5 之间,对已有数据不进行核查;memo 只能取值"必修"或"选修"。

在查询分析器中输入如下 T-SQL 语句并执行:

```
USE test
ALTER TABLE course WITH CHECK
    ADD CONSTRAINT ck_course1 CHECK(credit BETWEEN 1 AND 5)
ALTER TABLE course WITH NOCHECK
    ADD CONSTRAINT ck_course2 CHECK(memo in('必修','选修'))
```

执行结果如图 9-10 所示。

图 9-9 定义 CHECK 约束

图 9-10 修改现有表的 CHECK 约束

删除 CHECK 约束的方法与删除 PRIMARY KEY 约束相同,不再举例说明。

9.2.4　UNIQUE 约束

由于一张表只能定义一个主键,而在实际应用中,表中可能有多列的值需要是唯一的,可以使用 UNIQUE 约束确保在非主键列中不输入重复值。要强制一列或多列组合(不是主键)的唯一性时,应使用 UNIQUE 约束。与 PRIMARY KEY 约束不同的是,一张表可以定义多个 UNIQUE 约束,允许列为空值,但空值只能出现一次。

1. 使用 SSMS 定义 UNIQUE 约束

【例 9-12】　使用 SSMS 对 test 数据库 teacher 表里的 teacname 设置 UNIQUE 约束。

(1) 打开 SQL Server Management Studio,连接到 SQL Server 上的数据库引擎。

(2) 展开服务器|“数据库”|test|“表”节点,然后右击 teacher 表,在弹出的快捷菜单中选择“设计”命令,打开“表设计器”页面。

(3) 在“表设计器”页面中右击,从弹出的快捷菜单中选择“索引/键”命令,弹出“索引/键”对话框。

(4) 单击“添加”按钮,然后在“类型”下拉列表框中选择“唯一键”选项。单击“列”右边的“浏览”按钮,然后选择 teacname,如图 9-11 所示。

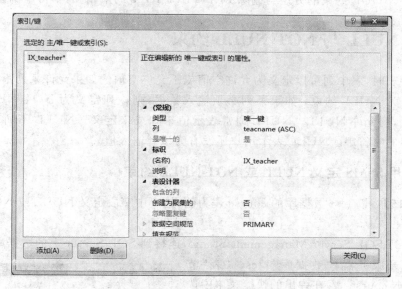

图 9-11　“索引/键”对话框

(5) 单击“关闭”按钮,然后单击工具栏中的“保存”按钮。

2. 使用 T-SQL 语句定义 UNIQUE 约束

【例 9-13】　使用 T-SQL 语句在 test 数据库中创建 student 表,对 sname 设置 UNIQUE 约束。

在查询分析器中输入如下 T-SQL 语句并执行:

```
USE test
CREATE TABLE student(
    sno char(10) NOT NULL,
    sname char(8) UNIQUE,
    sex char(2),
    age int,
    tel char(20),
    memo varchar(100)
)
```

【例 9-14】 修改 test 数据库中的 course 表,对 cname 列设置 UNIQUE 约束。
在查询分析器中输入如下 T-SQL 语句并执行:

```
USE test
ALTER TABLE course
    ADD CONSTRAINT uq_cname UNIQUE(cname)
```

说明:设置 UNIQUE 约束时,若现有列有重复值,将返回错误信息。必须消除重复值后,才能设置 UNIQUE 约束。

删除 UNIQUE 约束的方法与删除 PRIMARY KEY 约束相同,不再举例说明。

9.2.5 NULL 与 NOT NULL 约束

在设计表时,表中列可以定义为允许空值或不允许空值。如果允许某列不输入数据,则该列定义为 NULL 约束;如果某列必须输入数据,则该列定义为 NOT NULL 约束。默认情况下,列允许 NULL。NULL 通常表示值未知或未定义。NULL 不同于零、空白或长度为零的字符串。NULL 表示用户还没有为该列输入值。

1. 使用 SSMS 定义 NULL 或 NOT NULL 约束

【例 9-15】 以 test 数据库的 course 表为例,给表中字段定义 NULL 或 NOT NULL 约束。

(1) 打开 SQL Server Management Studio,连接到 SQL Server 上的数据库引擎。

(2) 展开服务器|"数据库"|test|"表"节点,然后右击 course 表,在弹出的快捷菜单中选择"设计"命令,打开"表设计器"页面,如图 9-12 所示。

(3) 选中"表设计器"页面的"允许 Null 值",表示相应字段被定义为 NULL 约束。若不选中,表示相应字段被定义为 NOT NULL 约束。

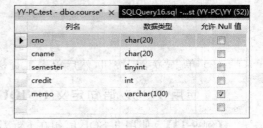

图 9-12 "表设计器"页面

2. 使用 T-SQL 语句定义 NULL 或 NOT NULL 约束

【例 9-16】　观察例 9-13 的语句，sno 已被设置为 NOT NULL 约束。即直接在列定义后书写 NULL 或 NOT NULL。

【例 9-17】　添加例 9-7 中创建的 course 表里的 memo 字段为 NOT NULL 约束。

在查询分析器中输入如下 T-SQL 语句并执行：

```
USE test
ALTER TABLE course
    ALTER COLUMN memo varchar(100) NOT NULL
```

9.2.6　FOREIGN KEY 约束

FOREIGN KEY 约束用于强制实现参照完整性，保证了数据库中表数据的一致性和正确性。FOREIGN KEY 约束可以规定表中的某列参照同一张表或另外一张表中已有的 PRIMARY KEY 约束或 UNIQUE 约束的列。FOREIGN KEY 约束可以在创建表时创建，也可以向现有表添加 FOREIGN KEY 约束。一张表可以有多个 FOREIGN KEY 约束。

1. 使用 SSMS 定义 FOREIGN KEY 约束

【例 9-18】　在 test 数据库中，设置 stu_course 表的 sno 为外键，引用 student 表的 sno。

（1）打开 SQL Server Management Studio，连接到 SQL Server 上的数据库引擎。

（2）展开服务器|"数据库"|test|"表"节点，然后右击 stu_course 表，在弹出的快捷菜单中选择"设计"命令，打开"表设计器"页面。

（3）右击"表设计器"页面，从弹出的快捷菜单中选择"关系"命令，弹出"外键关系"对话框。

（4）单击"添加"按钮，然后单击"表和列规范"属性后面的"浏览"按钮，弹出"表和列"对话框。选择主键表为 student 表，主键为 sno；选择 stu_course 表的 sno 为外键，如图 9-13 所示。

（5）单击"确定"按钮，返回"外键关系"对话框。单击"关闭"按钮，再单击工具栏中的"保存"按钮，完成设置。

2. 使用 T-SQL 语句定义 FOREIGN KEY 约束

使用 T-SQL 语句定义 FOREIGN KEY 约束的语法格式如下所示：

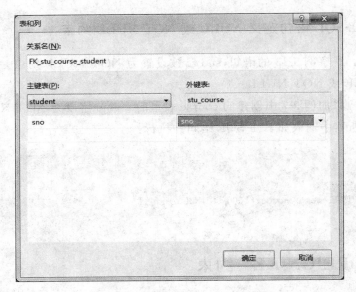

图 9-13　"表和列"对话框

```
CREATE TABLE table_name
(column_name data_type
[[CONSTRAINT constraint_name]
FOREIGN KEY REFERENCES ref_table (ref_column)
[ON DELETE {CASCADE|NO ACTION}]
[ON UPDATE{CASCADE|NO ACTION}]]
[NOT FOR REPLICATION][,...n]
[[CONSTRAINT constraint_name]
FOREIGN KEY (column_name[,...n])
REFERENCES ref_talbe(ref_column[,...n])
[ON DELETE {CASCADE|NO ACTION}]
[ON UPDATE{CASCADE|NO ACTION}]]
[NOT FOR REPLICATION][,...n]
)
```

说明如下。

(1) ref_table (ref_column)：表示引用表名称和列名。该列名所指定的列在引用表中必须为主键或唯一约束列。

(2) ON DELETE {CASCADE|NO ACTION}：表示在主键表中删除数据行时，级联删除外键表中外键所对应的数据行(CASCADE)，或者不做任何操作(NO ACTION)。

(3) NOT FOR REPLICATION：表示在复制表时禁用外键。

【例 9-19】　在 test 数据库中，创建 teac_course_new 表，设置 teacid 为外键，引用 teacher 表的 teacid 字段。

在查询分析器中输入如下 T-SQL 语句并执行：

```
USE test
CREATE TABLE teac_course_new(
teacid char(10) REFERENCES teacher(teacid) ON UPDATE CASCADE,
teacname char(8) NOT NULL,
cno char(20) NOT NULL,
semester tinyint
)
```

【例 9-20】　在 test 数据库中，修改 teac_course 表的 cno 为外键，引用 course 表的 cno 字段。

在查询分析器中输入如下 T-SQL 语句并执行：

```
USE test
ALTER TABLE teac_course WITH CHECK
    ADD CONSTRAINT fk_teaccourse_course FOREIGN KEY(cno)
    REFERENCES course(cno) ON UPDATE CASCADE
```

说明：设置外键时，被引用表（主键表）必须设置了主键或唯一键，并且数据类型和长度必须与外键一致。

9.3　使用默认

默认是一种数据库对象，既可以被绑定到一个或多个列上，也可以被绑定到用户自定义数据类型上。它的作用范围是整个数据库。

用户插入数据时，如果绑定有默认的列，或数据类型没有明确提供值，SQL Server 系统会自动将默认指定的数据填充。

使用默认，首先需要创建默认，然后将其绑定到指定列或数据类型上。当取消默认时，可以解除绑定。默认不再有用时，可以删除。

9.3.1　创建默认

创建默认的语法格式如下所示：

```
CREATE DEFAULT default_name AS default_expression
```

说明如下。

（1）default_name：默认对象名称。

（2）default_expression：常量表达式，指出默认的具体数值或字符串。

【例 9-21】　使用 T-SQL 语句在 test 数据库中创建默认对象，默认值是"男"。

在查询分析器中输入如下 T-SQL 语句并执行：

```
CREATE DEFAULT df_sex AS '男'
```

9.3.2 绑定默认

创建好默认后,接下来需要将其绑定到列上或用户自定义的数据类型上才能生效。绑定默认可以通过 SSMS 和 T-SQL 语句两种方法实现。

1. 使用 SSMS 实现绑定

【例 9-22】 将例 9-21 创建的默认对象绑定到列。

(1) 打开 SQL Server Management Studio,连接到 SQL Server 上的数据库引擎。

(2) 展开服务器|"数据库"|test|"表"节点,然后右击 student 表,在弹出的快捷菜单中选择"设计"命令,打开"表设计器"页面。

(3) 选中要绑定的列 sex,在"列属性"下的"默认值或绑定"下拉列表中选择默认值对象 dbo.df_sex,如图 9-14 所示。

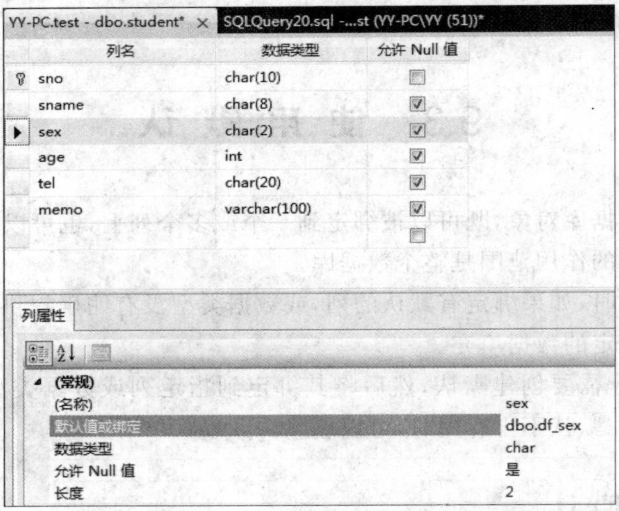

图 9-14 绑定默认值对象到列

(4) 单击工具栏中的"保存"按钮,关闭窗口。

2. 使用 T-SQL 语句实现绑定

绑定默认值,需要通过系统存储过程 sp_bindefault,语法格式如下所示:

```
sp_bindefault default_name,
'table_name.column_name'
```

或者为:

220

```
sp_bindefault default_name,
'user_defined_datatype'[,'futureonly_flag']
```

【例 9-23】　将例 9-21 创建的默认对象绑定到 test 数据库 student 表的 sex 列上。
在查询分析器中输入如下 T-SQL 语句并执行：

```
EXEC sp_bindefault 'df_sex','student.[sex]'
```

9.3.3　解除绑定

1. 使用 SSMS 解除绑定

【例 9-24】　将例 9-22 绑定的默认对象解除。

（1）打开 SQL Server Management Studio，连接到 SQL Server 上的数据库引擎。

（2）展开服务器｜"数据库"｜test｜"表"节点，然后右击 student 表，在弹出的快捷菜单中选择"设计"命令，打开"表设计器"页面。

（3）选中 sex 列，在"列属性"下的"默认值或绑定"对应设置下删除所选默认值对象。

（4）单击工具栏中的"保存"按钮，关闭页面。

2. 使用 T-SQL 语句解除绑定

解除默认值，需要通过系统存储过程 sp_unbindefault，语法格式如下所示：

```
sp_unbindefault'table_name.column_name'
sp_unbindefault'user_defined_datatype'[,'futureonly_flag']
```

【例 9-25】　解除例 9-24 绑定到 student 表的 sex 列上的默认对象。
在查询分析器中输入如下 T-SQL 语句并执行：

```
EXEC sp_unbindefault 'student.sex'
```

9.3.4　删除默认

1. 使用 SSMS 删除默认

【例 9-26】　删除例 9-21 中创建的默认。

（1）打开 SQL Server Management Studio，连接到 SQL Server 上的数据库引擎。

（2）展开服务器｜"数据库"｜test｜"可编程性"｜"默认值"节点，然后选中并右击 df_sex，从弹出的快捷菜单中选择"删除"命令，如图 9-15 所示。

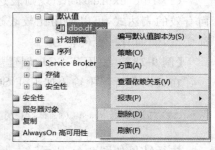

图 9-15　"默认值"快捷菜单

221

（3）弹出"删除对象"对话框，单击"确定"按钮。

2. 使用 T-SQL 语句删除默认

删除默认值的语法格式如下所示：

```
DROP DEFAULT default_name
```

【例 9-27】 用 T-SQL 语句删除创建的默认对象。

在查询分析器中输入如下 T-SQL 语句并执行：

```
DROP DEFAULT df_sex
```

说明：首先需要解除默认值的绑定，才能将其删除。

9.4   使 用 规 则

规则是保证域完整性的主要手段，作用类似于 CHECK 约束。规则是一种数据库对象，可以绑定到一列或多个列上，还可以绑定到用户自定义数据类型上。绑定后，可以检查该列的数据是否符合规则的要求。

使用规则，首先要定义，然后将其绑定到列或用户自定义类型上；不需要时，可以解除绑定并删除。

9.4.1   创建规则

创建规则的语法格式如下所示：

```
CREATE RULE rule_name AS rule_expression
```

说明如下。

（1）rule_name：创建规则的名称。

（2）rule_expression：规则表达式，是定义规则的条件。可以是 WHERE 子句中任何有效的表达式，可以使用比较表达式、逻辑表达式、LIKE 子句等。表达式包含一个局部变量，前面有一个@符号。

【例 9-28】 使用 T-SQL 创建规则，用于规定 sex 列的取值只能是"男"或"女"。

在查询分析器中输入如下 T-SQL 语句并执行：

```
CREATE RULE R_sex AS @sex in('男','女')
```

执行结果如图 9-16 所示。

图 9-16　成功创建规则

9.4.2　绑定规则

规则创建后,需要将其绑定到列或用户自定义数据类型上才能生效。当向绑定规则的列或用户自定义数据类型的列插入或更新数据时,新的数据必须符合规则。

绑定规则的语法格式如下所示:

```
sp_bindrule rule_name,
'table_name.column_name'
```

或者为:

```
sp_bindrule rule_name,
'user_defined_datatype'[,'futureonly_flag']
```

说明如下。

(1) table_name. column_name:表示将 rule_name 所表示的规则绑定到指定表的指定列上。

(2) user_defined_datatype:表示将规则绑定到用户自定义的数据类型上。

(3) futureonly_flag:标志变量,将规则或默认值绑定到用户自定义的数据类型上时使用。

【例 9-29】　将例 9-28 中创建的规则 R_sex 绑定到 test 数据库 student 表的 sex 列上。

在查询分析器中输入如下 T-SQL 语句并执行:

```
USE test
EXEC sp_bindrule R_sex,'student.sex'
```

9.4.3　解除绑定

当表中不再需要规则时,可以将绑定解除。解除绑定通过系统存储过程 sp_unbindrule,语法格式如下所示:

```
sp_unbindrule'table_name.column_name'
```

或者为：

```
sp_unbindrule'user_defined_datatype'[,'futureonly_flag']
```

【例 9-30】 解除例 9-29 中绑定到 student 表的 sex 列上的规则。

在查询分析器中输入如下 T-SQL 语句并执行：

```
EXEC sp_unbindrule 'student.sex'
```

9.4.4 删除规则

当规则不再需要时，可将其删除。

1. 使用 SSMS 删除规则

使用 SSMS 删除规则的方法类似于删除默认值。

（1）打开 SQL Server Management Studio，连接到 SQL Server 上的数据库引擎。

（2）展开服务器|"数据库"|规则所在数据库|"可编程性"|"规则"节点，选中要删除的规则名。

（3）右击，从弹出的快捷菜单中选择"删除"命令，弹出"删除对象"对话框，然后单击"确定"按钮。

2. 使用 T-SQL 语句删除规则

删除规则的语法格式如下所示：

```
DROP RULE rule_name
```

【例 9-31】 删除例 9-28 中创建的规则 R_sex。

在查询分析器中输入如下 T-SQL 语句并执行：

```
DROP RULE R_sex
```

说明：首先需要解除规则的绑定，才能将其删除。

9.5 使用 IDENTITY 列

IDENTITY 列即自动编号列。若在表中创建一个 IDENTITY 列，则当用户向表中插入新的数据行时，系统自动为该行的 IDENTITY 列赋值，并保证其值在表中的唯一性。

每张表中只能有一个 IDENTITY 列,通常与 PRIMARY KEY 约束一起使用,其列值不能由用户更新,不允许空值,不允许绑定默认值或建立 DEFAULT 约束。

1. 使用 SSMS 应用 IDENTITY 列

【例 9-32】　在 test 数据库建立 tuser 表,并将表中的 tid 字段应用标识列。

(1) 打开 SQL Server Management Studio,连接到 SQL Server 上的数据库引擎。

(2) 展开服务器|"数据库"|test,选择并右击"表"节点,从弹出的快捷菜单中选择"新建表"命令,进入"表设计器"页面。

(3) 设置字段名、数据类型和长度,然后选中 id 列。在对应的"列属性"选项中,展开"标识规范"节点,并将"(是标识)"设置为"是"。

(4) 将"标识增量"和"标识种子"两项数值均设置为 1,如图 9-17 所示。

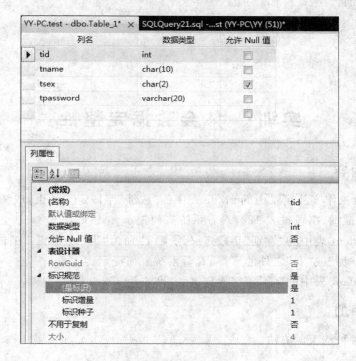

图 9-17　设置标识列

(5) 单击工具栏中的"保存"按钮,输入表的名称 tuser,完成设置。

说明:标识列的有效数据类型可以是任何整数数据类型分类的数据类型(bit 数据类型除外),也可以是 decimal 数据类型,但不能出现小数。

定义标识列时,标识种子指初始值,标识增量指步长值,两者默认值为 1。

2. 使用 T-SQL 语句应用 IDENTITY 列

使用 T-SQL 语句创建 IDENTITY 列的语法格式如下所示:

```
CREATE TABLE table_name
(column_name data_type IDENTITY[(seed,increment)])
```

说明如下。

（1）seed：标识种子，即初始值。

（2）increment：标识增量，即步长值。

【例9-33】 在test数据库中创建tusernew表，将id应用标识列，"标识种子"为10，"标识增量"为1。该列为主键。

在查询分析器中输入如下T-SQL语句并执行：

```
USE test
CREATE TABLE tusernew(
    tid int IDENTITY(10,1) NOT NULL PRIMARY KEY,
    tname char(8) NOT NULL,
    tsex char(2),
    tage int
)
```

实训： 体会数据完整性

1. 实训内容

（1）给本章工作实战场景中的grade表中的"成绩"字段定义约束，成绩为0～100分。试试在其中的"成绩"字段输入120，看看系统有何提示。

（2）给student表中的"性别"字段定义约束，性别为"男"或"女"。试试在其中的"性别"字段输入除"男"或"女"之外的字符，看看系统有何提示。

（3）给student表中的"学号"字段定义为"非空"。

2. 实训目的

掌握创建各种约束的方法。

3. 实训过程

（1）使用对象资源管理器参照例9-9、例9-15。

（2）使用T-SQL语句参照例9-10、例9-16。

4. 技术支持

实训内容应训练使用SSMS和T-SQL语句两种方法来完成。

【常见问题与解答】

问题：对表设置数据完整性后，为什么没有马上起作用？

解答：需要保存后才起作用。

本 章 小 结

本章介绍了数据完整性的概念和类型,以及如何实现约束、使用默认、使用规则和标识符列。

数据完整性用于保证数据库中数据的正确性、一致性和可靠性,防止数据库中存在不符合语义规定的数据以及因错误信息的输入/输出导致无效操作或错误信息。数据完整性包括实体完整性、域完整性、参照完整性和用户自定义完整性。

约束是强制数据完整性的首选方法。约束可以使用 SSMS 和 T-SQL 语句设置。

默认是一种数据库对象。用户插入数据时,如果绑定有默认的列,或者数据类型没有明确提供值,SQL Server 系统会自动将默认指定的数据填充。

规则是保证域完整性的主要手段,作用类似于 CHECK 约束。

IDENTITY 列即自动编号列。

习 题

一、简答题

(1) 什么是数据完整性? 数据完整性分为哪几大类?

(2) 什么是约束? 约束有哪几种?

(3) 什么是默认?

(4) 什么是规则?

(5) 为某列设置 IDENTITY 的作用是什么?

二、上机实践

1. 实践目的

掌握使用 SSMS 和 T-SQL 语句两种方法来实现约束、使用默认、使用规则和标识符列。

2. 实践内容

(1) 建立 stu_info 数据库。

(2) 在 stu_info 数据库中创建 student 表和 dorm 表,要求如下:

student(stuid(学号),stuname(姓名),sex(性别),age(年龄),height(身高),native(籍贯),IDnumber(身份证号),dormid(宿舍编号))。

dorm(ID,dormid(宿舍编号),tel(电话号码))。

① NOT NULL 约束:stuname、age、tel。

② PRIMARY KEY 约束:student. stuid,dorm. dormid。

227

③ FOREIGN KEY 约束：student. dormid，参照 dorm 表的 dormid。

④ DEFAULT 约束：native 字段默认为"南京"。

⑤ UNIQUE 约束：IDnumber。

⑥ CHECK 约束：sex 为"男"或"女"，height 在 1~2.5m 之间。

⑦ IDENTITY 列：ID，"标识种子"为 101，"增量"为 1。

⑧ 创建默认：默认值为"男"，将其绑定到 sex 列。

⑨ 创建规则：值为 18 位的字符，每个字符范围只能是 0~9 的数，将其绑定到 IDnumber 列。

(3) 插入、修改和删除数据，体会数据完整性。

(4) 以上操作使用 SSMS 和 T-SQL 语句两种方法实现。

第 10 章 数据库的存储过程与触发器

学习目标

（1）掌握：创建和执行存储过程的方法，管理存储过程；创建和启用触发器的方法，管理触发器。

（2）理解：存储过程和触发器的概念。

（3）了解：存储过程和触发器的类型。

工作实战场景

学校需要查询学生的各种信息，信息管理员常做如下操作：

（1）查询某系有几个班级。

（2）查询某个班级学生的信息。

（3）输入学号，输出该学生所在班级。

（4）当有学生退学时，能够自动更新相关表中的人数信息。

（5）不允许用户修改、删除 grade 表。

引导问题

（1）存储过程和触发器的作用是什么？它们会为工作带来什么样的便捷？

（2）可以对存储过程和触发器执行哪些操作？

10.1　存储过程概述

存储过程是数据库对象之一，是数据库的子程序，在客户端和服务器端可以直接调用它。存储过程使得数据库的管理和应用更加方便、灵活。系统存储过程是 SQL Server 2012 系统创建的存储过程，它的目的在于能够方便地从系统表中查询信息，或者完成与更新数据库表相关的管理任务或其他系统管理任务。

10.1.1　存储过程的概念

存储过程是存放在数据库服务器中的一组预编译的 T-SQL 语句组成的模块，它能够向用户返回数据,向数据库表插入和修改数据,还可以执行系统函数和管理操作。使用存储过程,可以提高 SQL 语言的功能性和灵活性,完成复杂的判断和运算,提高数据库的访问速度。

10.1.2 存储过程的类型

在 SQL Server 2012 中,可以使用的存储过程类型分为用户定义的存储过程、扩展存储过程和系统存储过程三种。

1. 用户定义的存储过程

用户定义的存储过程是用户自行创建并存储在用户数据库中的存储过程,它封装了可重用代码的模块或例程,可以接收输入参数,向客户端返回表格或标量结果和消息,调用 DDL 和 DML 语句,返回输出参数。创建用户定义的存储过程时,存储过程名前面加上 ♯♯,表示创建了一个全局的临时存储过程;存储过程名前面加上 ♯,表示创建局部临时存储过程。局部临时存储过程只能在创建它的会话中使用,会话结束时,将被删除。

2. 扩展存储过程

扩展存储过程是用户使用外部程序语言编写的外部例程,可以加载到 SQL Server 2012 实例运行的地址空间中执行,其名称以 xp_为前缀。扩展存储过程以动态链接库的形式存在,在使用和执行上与一般存储过程相同。

3. 系统存储过程

系统存储过程是由 SQL Server 2012 系统自身提供的存储过程,可以用来实现许多管理活动,作为命令执行。系统存储过程定义在系统数据库 master 中,其名称以 sp_为前缀。

SQL Server 2012 提供了很多系统存储过程,许多管理工作可以通过执行系统存储过程来完成,系统信息也可以通过执行系统存储过程来获得。如需了解所有的系统存储过程,请参考"SQL Server 联机丛书"。

10.2 简单存储过程的操作

简单存储过程的操作主要包括创建、执行、查看、修改和删除存储过程。做本章实例前,请将样本数据库 stu 附加至 SQL Server 2012。

10.2.1 创建存储过程

创建存储过程,可以通过 SSMS 和 T-SQL 语句两种方法完成。

1. 使用 SSMS 创建存储过程

（1）打开 SQL Server Management Studio，连接到 SQL Server 上的数据库引擎。

（2）展开服务器|"数据库"|stu|"可编程性"节点，选中并右击"存储过程"，从弹出的快捷菜单中选择"新建存储过程"命令，打开一个模板。

（3）根据需要，修改模板中的语句。

2. 使用 T-SQL 语句创建存储过程

使用 T-SQL 语句创建存储过程的语法格式如下所示：

```
CREATE PROCEDURE procedure_name
[WITH ENCRYPTION]
[WITH RECOMPILE]
AS
Sql_statement
```

说明如下。

（1）WITH ENCRYPTION：对存储过程进行加密。

（2）WITH RECOMPILE：对存储过程重新编译。

【例 10-1】　使用 T-SQL 语句在 stu 数据库中创建一个名为 p_student 的存储过程。该存储过程返回 student 表中所有学生籍贯为"南京"的记录。

在查询分析器中输入如下 T-SQL 语句并执行：

```
CREATE PROCEDURE p_student
AS
SELECT *
FROM student
WHERE native = '南京'
```

执行结果如图 10-1 所示。

【例 10-2】　使用 T-SQL 语句在 stu 数据库中创建一个名为 p_grade 的存储过程。该存储过程返回"16005"学生的成绩情况。

在查询分析器中输入如下 T-SQL 语句并执行：

```
CREATE PROCEDURE p_grade
AS
SELECT *
FROM grade
WHERE sno = '16005'
```

执行结果如图 10-2 所示。

图 10-1　成功创建 p_student 存储过程　　　图 10-2　成功创建 p_grade 存储过程

10.2.2　执行存储过程

存储过程创建成功后，用户需要执行存储过程来检查其返回结果。执行存储过程，可以通过 SSMS 和 T-SQL 语句两种方法完成。

1．使用 SSMS 执行存储过程

【例 10-3】　使用 SSMS 执行例 10-1 中创建的存储过程 p_student。

（1）打开 SQL Server Management Studio，连接到 SQL Server 上的数据库引擎。

（2）展开服务器|"数据库"|stu|"可编程性"|"存储过程"节点，选择并右击存储过程 dbo. p_student，从弹出的快捷菜单中选择"执行存储过程"命令，如图 10-3 所示。

图 10-3　选择"执行存储过程"命令

（3）弹出"执行过程"对话框，单击"确定"按钮。

（4）在 SSMS 窗口中打开一个新的查询窗口，显示执行的 T-SQL 语句及其运行结果，如图 10-4 所示。

图 10-4　使用 SSMS 执行存储过程

2. 使用 T-SQL 语句执行存储过程

执行存储过程的 T-SQL 语句的语法格式如下所示：

```
EXEC procedure_name
```

【例 10-4】　使用 T-SQL 语句执行例 10-2 中创建的存储过程 p_grade。

在查询分析器中输入如下 T-SQL 语句并执行：

```
USE stu
EXEC p_grade
```

执行结果如图 10-5 所示。

图 10-5　使用 T-SQL 语句执行存储过程

233

10.2.3　查看存储过程

查看存储过程，同样可以通过 SSMS 和 T-SQL 语句两种方法完成。

1. 使用 SSMS 查看存储过程

（1）打开 SQL Server Management Studio，连接到 SQL Server 上的数据库引擎。

（2）展开服务器|"数据库"|stu|"可编程性"|"存储过程"节点，选择并右击存储过程 dbo.p_student，从弹出的快捷菜单中选择"属性"命令。

（3）弹出"存储过程属性"对话框，查看存储过程。

2. 使用 T-SQL 语句查看存储过程

使用 T-SQL 语句查看存储过程，需要使用系统存储过程。例如，用 sp_helptext 查看存储过程的定义，用 sp_help 查看存储过程的信息，用 sp_depends 查看存储过程的依赖关系。读者可自行体会。

10.2.4　修改存储过程

可以通过 SSMS 和 T-SQL 语句修改存储过程。

1. 使用 SSMS 修改存储过程

（1）打开 SQL Server Management Studio，连接到 SQL Server 上的数据库引擎。

（2）展开服务器|"数据库"|stu|"可编程性"|"存储过程"节点，选择并右击要修改的存储过程，从弹出的快捷菜单中选择"修改"命令，如图 10-6 所示。

（3）弹出修改存储过程的窗口，直接进行修改。修改完毕，保存即可。

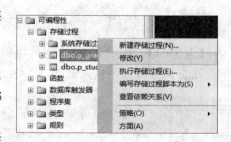

图 10-6　"修改存储过程"快捷菜单

2. 使用 T-SQL 语句修改存储过程

修改存储过程的 T-SQL 语句的语法格式如下所示：

```
ALTER PROCEDURE procedure_name
[WITH ENCRYPTION]
[WITH RECOMPILE]
AS
Sql_statement
```

【例 10-5】　修改 p_student 存储过程，显示籍贯为"南京"的学生的姓名、性别和籍贯三个字段。

在查询分析器中输入如下 T-SQL 语句并执行：

```
ALTER PROCEDURE p_student
AS
SELECT sno,sex,native
FROM student
WHERE native = '南京'
```

10.2.5　删除存储过程

可以通过 SSMS 和 T-SQL 语句删除存储过程。

1. 使用 SSMS 删除存储过程

【例 10-6】　使用 SSMS 删除 p_student 存储过程。

（1）打开 SQL Server Management Studio，连接到 SQL Server 上的数据库引擎。

（2）展开服务器|"数据库"|stu|"可编程性"|"存储过程"节点，选择并右击 p_student 存储过程，从弹出的快捷菜单中选择"删除"命令。

（3）弹出"删除对象"对话框，单击"确定"按钮。

2. 使用 T-SQL 语句删除存储过程

删除存储过程是通过 DROP PROCEDURE 语句完成的。

【例 10-7】　使用 T-SQL 语句删除 p_grade 存储过程。

在查询分析器中输入如下 T-SQL 语句并执行：

```
DROP PROCEDURE p_grade
```

10.3　创建参数化存储过程

存储过程可以不带参数，也可以带参数；参数可以是输入参数，也可以是输出参数。通过参数向存储过程输入和输出信息来扩展存储过程的功能。

10.3.1　创建和执行带输入参数的存储过程

通过定义输入参数，可以在存储过程中设置一个条件。在执行该存储过程时，为这个条件指定值，然后在存储过程中返回相应的信息。

1. 创建带输入参数的存储过程

定义接收输入参数的存储过程时，需要声明一个或多个变量作为参数。其语法格式如下所示：

```
CREATE PROCEDURE procedure_name
@parameter_name datatype = [default]
[with encryption]
[with recompile]
AS
Sql_statement
```

说明如下。

（1）@parameter_name：存储过程的参数名。

（2）datatype：参数的数据类型。

（3）default：参数的默认值。当执行存储过程时未提供该参数的变量值，则使用 default 值。

【例 10-8】 使用 T-SQL 语句在 stu 数据库中创建一个名为 p_studentnew 的存储过程。该存储过程能够根据给定的学生籍贯（native）显示 student 表中对应的记录。

在查询分析器中输入如下 T-SQL 语句并执行：

```
CREATE PROCEDURE p_studentnew
@native char(20)
AS
SELECT *
FROM student
WHERE native = @native
```

说明：存储过程中允许有一个或多个输入参数，多个输入参数之间用逗号隔开。

2. 执行带输入参数的存储过程

在执行带输入参数的存储过程时，要为输入参数赋值。其语法格式如下所示：

```
EXEC procedure_name
[@parameter_name = value]
[,...n]
```

【例 10-9】 为输入参数赋值的方法执行例 9-8 中创建的存储过程，查询籍贯是"南京"的学生记录。

在查询分析器中输入如下 T-SQL 语句并执行：

```
EXEC p_studentnew @native = '南京'
```

执行结果如图 10-7 所示。

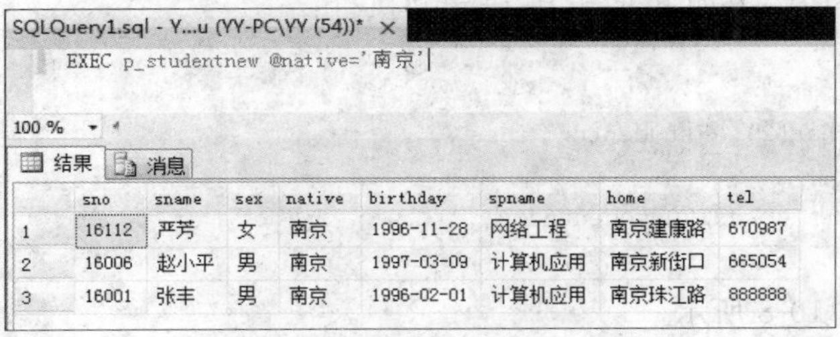

图 10-7　执行带输入参数的存储过程

以下命令的执行结果与上面相同：

```
EXEC p_studentnew '南京'
```

10.3.2　创建和执行带输出参数的存储过程

用户若想获取存储过程中检索出来的字段信息，可以在存储过程中声明输出参数。

1. 创建带输出参数的存储过程

通过定义输出参数，可以从存储过程中返回一个或多个值。其语法格式如下所示：

```
@parameter_name datatype = [default]OUTPUT
```

【例 10-10】　创建存储过程 p_studentnum，要求根据用户给定的学生性别(sex)，统计男生、女生的学生数量，并将数量以输出变量的形式返回给用户。

在查询分析器中输入如下 T-SQL 语句并执行：

```
CREATE PROCEDURE p_studentnum
@sex char(2),
@studentnum int OUTPUT
AS
SET @studentnum =
(SELECT COUNT( * )
  FROM student
  WHERE sex = @sex
)
PRINT @studentnum
```

2. 执行带输出参数的存储过程

执行带输出参数的存储过程，需要先再次声明输出参数。对于输入参数，需要赋值；输出参数无须赋值。

237

【例 10-11】 执行例 10-10 中创建的存储过程 p_studentnum。

在查询分析器中输入如下 T-SQL 语句并执行：

```
USE stu
DECLARE @sex char(2),@studentnum int
SET @sex = '男'
EXEC p_studentnum @sex,@studentnum
```

执行结果如图 10-8 所示。

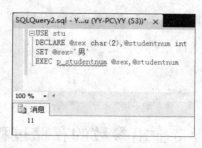

图 10-8 执行带输出参数的存储过程

10.4 触发器概述

触发器是一种特殊的存储过程，是被指定关联到一张表的数据对象。在满足某种特定条件时，触发器被激活并自动执行，完成各种复杂的任务。触发器通常用于对表实现完整性约束。

10.4.1 触发器的概念

触发器是一类由事件驱动的特殊过程，建立在触发事件上。用户对触发器指定的数据执行插入、删除或修改操作时，SQL Server 自动执行建立在这些操作上的触发器。触发器的主要功能是实现由主键和外键不能保证的复杂的参照完整性和数据的一致性。它的主要优点体现在，触发器是自动的，当对表中的数据做了任何修改后立即被激活；触发器可以通过数据库中的相关表进行层叠更改；触发器可以强制限制，这些限制比用 CHECK 约束定义的更复杂，与 CHECK 约束不同的是，触发器可以引用其他表中的列。

10.4.2 触发器的类型

在 SQL Server 2012 中，按照触发事件的不同，将触发器分为 DML 触发器和 DDL 触发器。

1．DML 触发器

当数据库中发生数据操纵语言(DML)事件时,将调用 DML 触发器。DML 事件包括在指定表或视图中执行 INSERT、UPDATE 或 DELETE 语句操作。因此 DML 触发器根据事件类型分为 INSERT、UPDATE 和 DELETE 三种;根据触发器和触发事件的操作事件,分为 AFTER 和 INSTEAD OF 两种类型。当遇到下面的情形时,考虑使用 DML 触发器。

(1) 通过数据库中的相关表实现级联更改。

(2) 防止恶意或者错误的 INSERT、UPDATE 和 DELETE 操作,并强制执行比 CHECK 约束定义的限制更为复杂的其他限制。

(3) 评估数据修改前、后,表的状态,并根据该差异采取措施。

2．DDL 触发器

当数据库中发生数据定义语言(DDL)事件时,将调用 DDL 触发器。DDL 事件包括 CREATE、ALTER、DROP、GRANT、DENY 和 REVOKE 语句操作。DDL 触发器的主要作用是执行管理操作,限制数据库中未经许可的更新和变化。

10.5　触发器的操作

触发器的操作包括创建、启用/禁用、查看、修改和删除触发器。

10.5.1　创建 DML 触发器和 DDL 触发器

创建触发器可以使用 SSMS 和 T-SQL 语句实现。

1．使用 SSMS 创建触发器

使用 SSMS 只能创建 DML 触发器。

(1) 打开 SQL Server Management Studio,连接到 SQL Server 上的数据库引擎。

(2) 展开服务器|"数据库"|相应的数据库|"表"|相应的表,选择并右击"触发器"节点,从弹出的快捷菜单中选择"新建触发器"命令。

(3) 在打开的"触发器脚本编辑"窗口中输入相应的创建触发器的命令,然后单击"执行"按钮。

2．使用 T-SQL 语句创建触发器

1) 创建 DML 触发器

创建 DML 触发器的语法格式如下所示:

```
CREATE TRIGGER [ schema_name. ]trigger_name
ON{table|view}
[WITH < dml_trigger_option>[,...n]]
{FOR|AFTER|INSTEAD OF}
{[ INSERT][,][UPDATE][,][DELETE]}
AS{sql_statement[;][,...n]}
```

说明如下。

(1) schema_name：DML 触发器所属架构的名称。

(2) trigger_name：指定触发器的名称。

(3) table|view：在其上执行触发器的表或视图。

(4) dml_trigger_option：创建 DML 触发器的选项。常用选项为 ENCRYPTION，对触发器的定义文本信息进行加密。

(5) FOR|AFTER：AFTER 用于指定 DML 触发器仅在 SQL 语句中指定的所有操作都已成功执行后才被触发。若仅指定 FOR 关键字，则 AFTER 为默认值。

(6) INSTEAD OF：指定用 DML 触发器中的操作代替触发语句的操作。

(7) [INSERT][,][UPDATE][,][DELETE]：指定数据操纵语句。

(8) sql_statement：触发条件和操纵语句。

【例 10-12】 对 stu 数据库中的 grade 表创建 INSERT 触发器 add_grade，用于检查添加的学生成绩是否填写规范。如果不符合规范，则拒绝添加。

在查询分析器中输入如下 T-SQL 语句并执行：

```
CREATE TRIGGER add_grade
ON grade
AFTER INSERT
AS
    IF( SELECT score FROM inserted) NOT BETWEEN 0 AND 100
    BEGIN
        PRINT '成绩不符合规范,请核查!'
        ROLLBACK TRANSACTION
    END
```

说明：ROLLBACK TRANSACTION 语句用于事务回滚，当成绩不符合规范时，拒绝向 grade 表中添加信息。

add_grade 触发器创建后，执行以下语句：

```
INSERT INTO grade VALUES
('16001','404',119)
```

执行结果如图 10-9 所示。

执行以下语句：

```
INSERT INTO grade VALUES
('16001','404',76)
```

执行结果如图 10-10 所示。

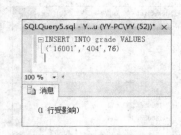

图 10-9　使用 INSERT 触发器(1)　　　　图 10-10　使用 INSERT 触发器(2)

【例 10-13】　对 stu 数据库中的 grade 表创建 DELETE 触发器 delete_grade。当某一位学生的信息被删除时,显示他的相关信息。

在查询分析器中输入如下 T-SQL 语句并执行:

```
CREATE TRIGGER delete_grade
ON grade
AFTER DELETE
AS
    SELECT sno,cno,score FROM deleted
```

delete_grade 触发器创建后,执行以下语句:

```
DELETE FROM grade WHERE sno = '16005'
```

执行结果如图 10-11 所示。

【例 10-14】　对 stu 数据库中的 student 表创建 UPDATE 触发器 update_student。当修改 student 表中的学生姓名时,触发该触发器。

在查询分析器中输入如下 T-SQL 语句并执行:

```
CREATE TRIGGER update_student
ON student
FOR UPDATE
AS
IF UPDATE(sname)
    BEGIN
        PRINT '该事务不能被处理,学生姓名无法修改!'
        ROLLBACK TRANSACTION
    END
```

update_student 触发器创建后,执行以下语句:

```
UPDATE student SET sname = '王芳'
WHERE sno = '16005'
```

执行结果如图 10-12 所示。

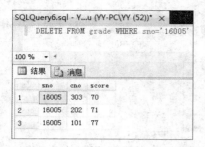

图 10-11　使用 DELETE 触发器

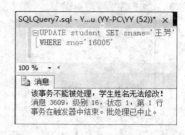

图 10-12　使用 UPDATE 触发器

2）创建 DDL 触发器

创建 DDL 触发器的语法格式如下所示：

```
CREATE TRIGGER trigger_name
ON{ALL SERVER|DATABASE}
[WITH<dml_trigger_option>[,…n]]
{FOR|AFTER}{event_type|event_group}[,…n]
{[INSERT][,][UPDATE][,][DELETE]}
AS{sql_statement[;][,…n]}
```

说明如下。

（1）ALL SERVER：表示 DDL 触发器的作用域是整个服务器。

（2）DATABASE：表示 DDL 触发器的作用域是整个数据库。

（3）event_type：执行之后，将导致激发 DDL 触发器的 T-SQL 语言事件的名称。

（4）event_group：预定义的 T-SQL 语言事件分组的名称。

【例 10-15】　创建一个 DDL 触发器，用于防止删除或修改 stu 数据库中的表。

在查询分析器中输入如下 T-SQL 语句并执行：

```
CREATE TRIGGER protect_table
ON DATABASE
FOR DROP_TABLE,ALTER_TABLE
AS
  BEGIN
    PRINT '该数据库受到保护,无法对其中的表进行删除或修改!'
    ROLLBACK TRANSACTION
  END
```

protect_table 触发器创建后，执行以下语句：

```
USE stu
DROP TABLE grade
```

执行结果如图 10-13 所示。

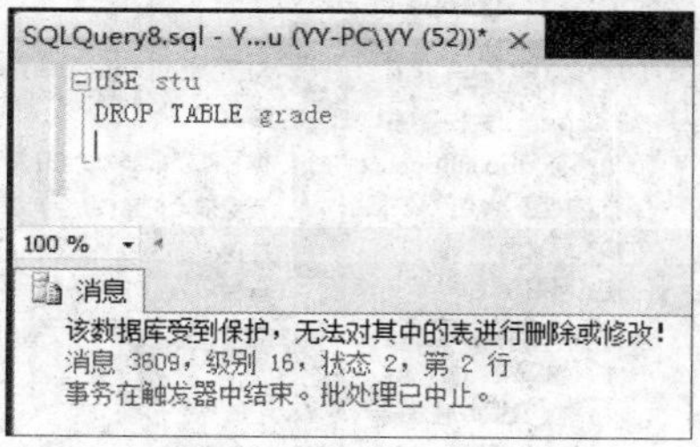

图 10-13　使用 DDL 触发器

10.5.2　启用/禁用触发器

用户可以禁用、启用一个指定的触发器或一个表的所有触发器。触发器在创建后将自动启用。不需要该触发器起作用时，可以禁用它，需要使用时，再次启用它。

1. 启用触发器

启用触发器的语法格式如下所示：

```
ENABLE TRIGGER{[schema_name.]trigger_name[,...n]|ALL}
ON{object_name|DATABASE|ALL SERVER}
```

【例 10-16】　启用 DML 触发器 add_grade。
在查询分析器中输入如下 T-SQL 语句并执行：

```
ENABLE TRIGGER add_grade ON grade
```

【例 10-17】　启用 DDL 触发器 protect_table。
在查询分析器中输入如下 T-SQL 语句并执行：

```
ENABLE TRIGGER protect_table ON DATABASE
```

说明：启用/禁用触发器也可通过 SSMS 实现，如图 10-14 所示。这里不再举例说明。

2. 禁用触发器

禁用触发器的语法格式如下所示：

```
DISABLE TRIGGER{[schema_name.]trigger_name[,...n]|ALL}
ON{object_name|DATABASE|ALL SERVER}
```

说明如下。
（1）schema_name：触发器所属架构名称。该选项只针对 DML 触发器。

243

图 10-14　"禁用"触发器快捷菜单

（2）trigger_name：触发器名称。

（3）ALL：指示禁用在 ON 子句作用域中定义的所有触发器。

（4）object_name：触发器所在的表或视图名称。

（5）DATABASE|ALL SERVER：针对 DDL 触发器，指定数据库范围或服务器范围。

【例 10-18】　禁用 DML 触发器 add_grade。

在查询分析器中输入如下 T-SQL 语句并执行：

```
DISABLE TRIGGER add_grade ON grade
```

【例 10-19】　禁用 DDL 触发器 protect_table。

在查询分析器中输入如下 T-SQL 语句并执行：

```
DISABLE TRIGGER protect_table ON DATABASE
```

10.5.3　查看触发器

使用 T-SQL 语句查看触发器，需要使用系统存储过程。使用 sp_helptext 查看触发器的定义；使用 sp_help 查看有关触发器的信息；使用 sp_depends 查看触发器的依赖关系。

10.5.4　修改触发器

修改触发器可以通过 SSMS 和 T-SQL 语句两种方法实现。

1. 使用 SSMS 修改触发器

（1）打开 SQL Server Management Studio，连接到 SQL Server 上的数据库引擎。

（2）展开服务器|"数据库"|相应的数据库|"表"|相应的表|"触发器"节点，选择并右

击相应的触发器,从弹出的快捷菜单中选择"修改"命令。

(3) 打开"触发器脚本编辑"窗口,即可进行修改。修改完毕,单击"执行"按钮。

说明:被设置成 WITH ENCRYPTION 的触发器是不能被修改的。

2. 使用 T-SQL 语句修改触发器

(1) 修改 DML 触发器,语法格式如下所示:

```
ALTER TRIGGER [schema_name.]trigger_name
ON{table|view}
[WITH<dml_trigger_option>[,...n]]
{FOR|AFTER|INSTEAD OF}
{[INSERT][,][UPDATE][,][DELETE]}
AS{sql_statement[;][,...n]}
```

(2) 修改 DDL 触发器,语法格式如下所示:

```
ALTER TRIGGER trigger_name
ON{ALL SERVER|DATABASE}
[WITH<dml_trigger_option>[,...n]]
{FOR|AFTER}{event_type|event_group}[,...n]
{[INSERT][,][UPDATE][,][DELETE]}
AS{sql_statement[;][,...n]}
```

ALTER TRIGGER 语句的其他语法与 CREATE TRIGGER 语句类似,这里不再重复说明。

10.5.5　删除触发器

删除触发器同样可以通过 SSMS 和 T-SQL 语句两种方法实现。

1. 使用 SSMS 删除触发器

(1) 删除 DML 触发器:选择并右击要删除的触发器,从弹出的快捷菜单中选择"删除"命令,然后在弹出的"删除对象"窗口中单击"确定"按钮。

(2) 删除 DDL 触发器:选择并右击要删除的触发器,然后选择"删除"命令。

2. 使用 T-SQL 语句删除触发器

删除 DML 触发器和 DDL 触发器,语法格式不同。

(1) 删除 DML 触发器,语法格式如下所示:

```
DROP TRIGGER trigger_name[,...n]
```

【例 10-20】　删除 DML 触发器 add_grade。

在查询分析器中输入如下 T-SQL 语句并执行:

```
DROP TRIGGER add_grade
```

(2) 删除 DDL 触发器,语法格式如下所示:

```
DROP TRIGGER trigger_name[,...n]
ON{DATABASE|ALL SERVER}
```

在创建或修改触发器时如指定了 DATABASE,删除时也必须指定 DATABASE; ALL SERVER 也是如此。

【例 10-21】 删除 DDL 触发器 protect_table。

在查询分析器中输入如下 T-SQL 语句并执行:

```
DROP TRIGGER protect_table ON DATABASE
```

实训: 存储过程和触发器

1. 实训内容

在本章工作实战场景中的 stugrade 数据库中创建存储过程和触发器,实现如下功能:

(1) 创建存储过程,用来查询指定系部的学生信息。

(2) 创建存储过程,实现根据专业名查询学生的信息。

(3) 创建触发器,不允许对 grade 表进行修改操作。

2. 实训目的

(1) 掌握存储过程和触发器的工作原理。

(2) 掌握操作存储过程和触发器的方法。

3. 实训过程

(1) 使用对象资源管理器参照 10.2.1 小节创建存储过程、10.5.1 小节创建 DML 触发器和 DDL 触发器。

(2) 使用 T-SQL 语句参照例 10-8、例 10-15。

4. 技术支持

实训内容应训练使用对象资源管理器和 T-SQL 语句两种方法来完成。

本 章 小 结

本章主要介绍了存储过程与触发器。

存储过程是存放在数据库服务器中的一组预编译的 T-SQL 语句组成的模块。它能够向用户返回数据,向数据库表插入和修改数据,还可以执行系统函数和管理操作。在SQL Server 2012 中,可以使用的存储过程类型分为用户定义的存储过程、扩展存储过程和系统存储过程三种。简单存储过程的操作主要包括创建、执行、查看、修改和删除存储过程。

触发器是一种特殊的存储过程,是被指定关联到一张表的数据对象。在满足某种特定条件时,触发器被激活并自动执行,完成各种复杂的任务。在 SQL Server 2012 中,按照触发事件的不同,将触发器分为 DML 触发器和 DDL 触发器。触发器的操作包括创建、启用/禁用、查看、修改和删除触发器。

习　题

一、简答题

(1) 什么是存储过程?分为哪几种类型?

(2) 什么是触发器?分为哪几种类型?

(3) DML 触发器和 DDL 触发器有什么不同?

二、上机实践

1. 实践目的

(1) 掌握存储过程和触发器的基本知识。

(2) 掌握使用 T-SQL 语句和 SSMS 方法操作存储过程与触发器。

2. 实践内容

(1) 使用 T-SQL 语句在 stu 数据库中创建一个名为 s_student 的存储过程,要求该存储过程返回 student 表中所有籍贯为"徐州"的学生信息。

(2) 使用 T-SQL 语句执行第(1)题中创建的 s_student 存储过程。

(3) 使用 T-SQL 语句修改第(1)题中创建的 s_student 存储过程,要求根据用户输入的籍贯进行查询,并要求加密。

(4) 使用 T-SQL 语句在 stu 数据库中创建一个名为 s_grade 的存储过程,要求该存储过程返回 grade 表中学号为"09002"的学生的课程成绩。

(5) 使用 SSMS 删除存储过程 s_student。

(6) 使用 T-SQL 语句删除存储过程 s_grade。

(7) 在 stu 数据库的 student 表上创建一个触发器 s_trigger1。当执行 INSERT 操作时,显示一条"数据插入成功"的消息。

(8) 在 stu 数据库的 course 表上创建一个触发器 s_trigger2。当执行 DELETE 操作时,显示该课程的相关信息。

(9) 在 stu 数据库的 student 表上创建一个触发器 s_trigger3。该触发器将被UPDATE 操作激活,不允许用户修改表中的 sname 列。

(10) 分别使用 SSMS 和 T-SQL 语句删除第(7)题和第(8)题创建的触发器。

第11章 备份与还原数据库

11.1 备 份 概 述

虽然数据库管理系统中采取了多种措施来保证数据库的安全性和完整性，但在实际应用中，可能由于软件错误、病毒、用户操作失误、硬件故障或自然灾害等，造成运行事务的异常中断，破坏数据的正确性，甚至全部业务瘫痪。为防止这种情况的发生，数据备份成为数据的保护手段，用于确保数据的正确性和完整性。

11.1.1 备份的概念

备份就是制作数据库结构、对象和数据的副本，存储在备份设备上，如磁盘或磁带，一旦系统发生崩溃，或者执行了错误的数据库操作，用户可以利用备份将数据库恢复。

11.1.2 备份的类型

数据库的备份有四种类型。

1. 完整备份

完整备份是指备份整个数据库,包括所有的数据文件和事务日志。完整备份是在某一时间点对数据库进行备份,以这个时间点作为恢复数据库的基点。它是数据库的完整副本,所以备份时间较长,所占存储空间较大。完整备份是任何备份策略中都要求完整的第一种备份类型,也就是说,无论采用何种备份类型或备份策略,在对数据库备份之前,必须首先对其完整备份。

2. 差异备份

差异备份是完整备份的补充,只备份上次完整备份以来变化的数据。差异备份比完整备份工作量小,而且备份速度快。在还原数据时,先还原完整备份,后还原差异备份。

3. 事务日志备份

事务日志备份只备份事务日志里的内容,包括自上一次事务日志备份后数据库事务的日志记录。事务日志备份比完整备份节省时间和空间,而且在还原时,可以指定还原到某一个事务。在还原时,首先还原最近的完整备份,然后还原在该完整备份以后的所有事务日志备份。

4. 文件和文件组备份

文件和文件组备份只备份特定的数据库文件或文件组。使用文件和文件组备份,可以使用户仅还原已损坏的文件或文件组。

11.1.3　备份设备

备份设备是用来存储数据库、事务日志备份或文件和文件组备份的存储介质。常见的备份设备分为以下三种类型。

1. 磁盘备份设备

磁盘备份设备是存储在硬盘或其他磁盘媒体上的文件。用户可以在服务器的本地磁盘上或共享网络资源的远程磁盘上定义磁盘备份设备。磁盘备份设备根据需要可大可小,最大文件大小相当于磁盘上的可用磁盘空间。若磁盘备份设备定义在网络的远程设备上,需要使用统一命名方式引用该文件,以\\Servername\Sharename\Path\Filename来指定文件的位置。

2. 磁带备份设备

磁带备份设备与磁盘备份设备不同,必须物理连接到运行 SQL Server 实例的计算机上,不支持备份到远程磁带设备上。

如果磁带备份设备在备份过程中已满,但仍需写入一些数据,SQL Server 将提示更换新磁带,并继续备份。

3. 物理和逻辑备份设备

物理备份设备是操作系统对备份设备进行引用和管理,例如 C:\backups\data\full.bak。

逻辑备份设备是对数据库对象利用工具进行导出工作。使用逻辑备份设备的优点是引用它比引用物理设备名称简单。例如,上述物理设备的逻辑设备名称可以是 data_backup。

逻辑备份设备名称永久保存在 SQL Server 的系统表中。

11.1.4 备份设备的创建与删除

备份设备的创建与删除可以通过 SSMS 和 T-SQL 语句完成。

1. 使用 SSMS 创建和删除备份设备

【例 11-1】 创建 stu 数据库的备份设备 stu_bac。

(1) 打开 SQL Server Management Studio,连接到 SQL Server 上的数据库引擎。

(2) 展开"服务器对象"节点,右击"备份设备"节点,从弹出的快捷菜单中选择"新建备份设备"命令,如图 11-1 所示。

(3) 弹出"备份设备"对话框,在"设备名称"文本框中输入 stu_bac,在"文件"文本框中选择备份设备路径。这里保持默认值,如图 11-2 所示。

图 11-1 "新建备份设备"
快捷菜单

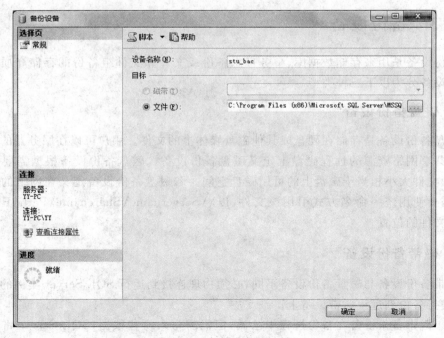

图 11-2 "备份设备"对话框

（4）单击"确定"按钮，完成备份设备的创建。

【例 11-2】　删除例 11-1 中创建的备份设备。

（1）打开 SQL Server Management Studio，连接到 SQL Server 上的数据库引擎。

（2）展开"服务器对象"|"备份设备"节点，选择并右击 stu_bac 备份设备，右击，从弹出的快捷菜单中选择"删除"命令。

（3）弹出"删除对象"对话框，单击"确定"按钮，删除备份设备。

2. 使用 T-SQL 语句创建和删除备份设备

可以使用系统存储过程创建和删除备份设备。

使用系统存储过程创建备份设备的语法格式如下所示：

```
SP_ADDUMPDEVICE[@devtype = ]'device_type',
        [@logicalname = ]'logical_name',
        [@physicalname = ]'physical_name'
        [,{[@cntrltype = ]controller_type|
            [@devstatus = ]'device_status'}
          ]
```

说明如下。

（1）[@devtype＝]'device_type'：指定备份设备的类型。

（2）[@logicalname＝]'logical_name'：指定在 BACKUP 和 RESTORE 语句中使用的备份设备的逻辑名称。

（3）[@physicalname＝]'physical_name'：指定备份设备的物理名称。

（4）[@cntrltype＝]controller_type：若 cntrltype 值是 2，表示是磁盘；若 cntrltype 值是 5，表示是磁带。

（5）[@devstatus＝]'device_status'：device_status 若是 noskip，表示读 ANSI 磁带头；若是 skip，表示跳过 ANSI 磁带头。

【例 11-3】　在本地硬盘上创建一个名为 mybac 的备份设备。

在查询分析器中输入如下 T-SQL 语句并执行：

```
USE stu
EXEC sp_addumpdevice 'disk','mybac','C:\Program Files (x86)\Microsoft SQL Server\MSSQL11.
MSSQLSERVER\MSSQL\Backup\mybac.bak'
```

【例 11-4】　在磁带上创建一个名为 tapemybac 的备份设备。

在查询分析器中输入如下 T-SQL 语句并执行：

```
USE stu
EXEC sp_addumpdevice 'tape','tapemybac','\\.\tape0'
```

使用系统存储过程 sp_dropdevice 删除备份设备时，若被删除的备份设备类型是磁盘，需要制定 DELFILE 选项。

如要删除例 11-3 中创建的 mybac 备份设备，语句如下：

```
EXEC sp_dropdevice 'mybac',DELFILE
```

假设 mybac 备份设备未被删除,后续例题需使用。

11.2 备 份 数 据

备份设备创建成功后,就可以备份数据了。备份数据可以通过 SSMS 和 T-SQL 语句完成。

11.2.1 完整备份

完整备份将备份所有的数据和日志。它是其他类型备份的基础,只有在执行了完整备份后,才可以执行差异备份或事务日志备份。

1. 使用 SSMS 执行完整备份

【例 11-5】 为 stu 数据库进行完整备份。

(1) 打开 SQL Server Management Studio,连接到 SQL Server 上的数据库引擎。

(2) 展开"数据库"文件夹,右击 stu 数据库,从弹出的快捷菜单中选择"属性"命令。

(3) 弹出"数据库属性-stu"对话框,打开"选项"页面,在"恢复模式"下拉列表框中选择"完整"选项,如图 11-3 所示,然后单击"确定"按钮。

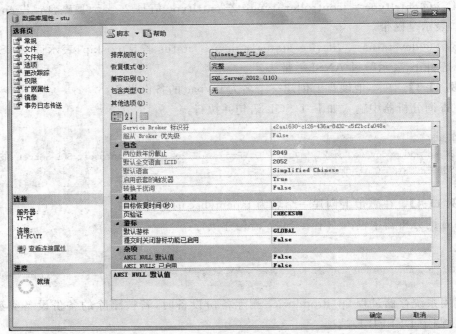

图 11-3 "数据库属性-stu"对话框

（4）右击 stu 数据库，从弹出的快捷菜单中选择"任务"|"备份"命令，弹出"备份数据库-stu"对话框，如图 11-4 所示。

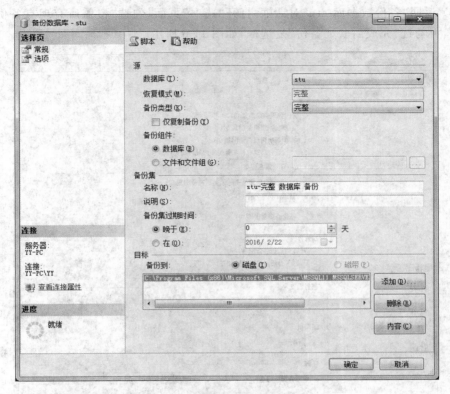

图 11-4　"备份数据库-stu"对话框(1)

（5）在"数据库"下拉列表框中选择 stu 数据库，在"备份类型"下拉列表框中选择"完整"选项，"名称"不变。

（6）设置备份到磁盘的目标位置。先单击"删除"按钮，删除已存在的目标；然后单击"添加"按钮，打开"选择备份目标"对话框，如图 11-5 所示。

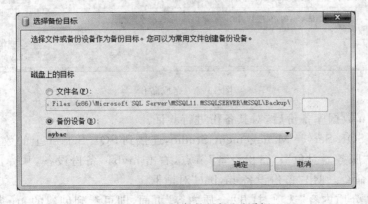

图 11-5　"选择备份目标"对话框

（7）在"选择备份目标"对话框，勾选"备份设备"单选按钮，选择 mybac 选项，然后单击"确定"按钮。

（8）返回"备份数据库-stu"对话框，打开"选项"页面，勾选"覆盖所有现有备份集"单选按钮，再勾选"完成后验证备份"复选框，如图 11-6 所示。

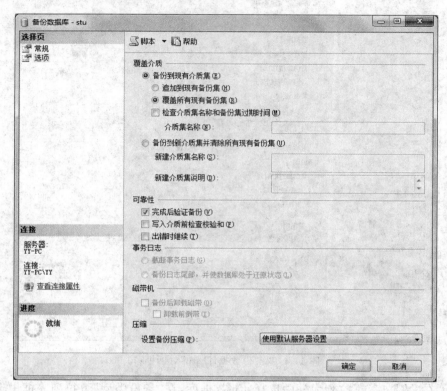

图 11-6 "备份数据库-stu"对话框（2）

（9）单击"确定"按钮，开始备份。完成备份后，弹出对话框，如图 11-7 所示。

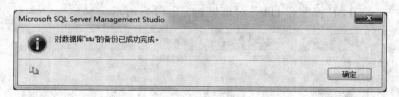

图 11-7 完成备份

当完成 stu 数据库备份后，对其备份进行验证。

（1）打开 SQL Server Management Studio，连接到 SQL Server 上的数据库引擎。

（2）展开"服务器对象"|"备份设备"节点，右击 mybac 备份设备，从弹出的快捷菜单中选择"属性"命令，弹出"备份设备-mybac"对话框。

（3）选择"介质内容"选项，打开"介质内容"页面，即可看到创建的 stu 数据库的完整备份，如图 11-8 所示。

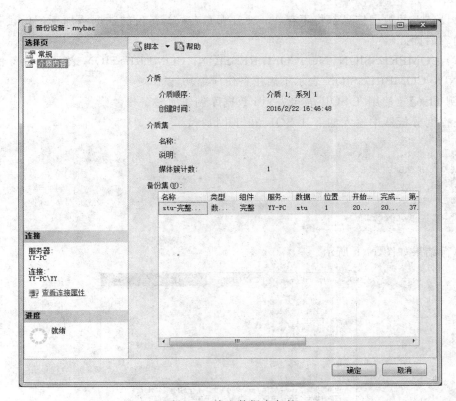

图 11-8　检查数据库备份

2. 使用 T-SQL 语句执行完整备份

对数据库执行完整备份的语法格式如下所示：

```
BACKUP DATABASE database_name
TO < backup_device >[,...n]
[WITH
[[,]NAME = backup_set_name]
[ [,]DESCRIPTION = 'TEXT']
[ [,]{INIT|NOINIT}]
[ [,]{COMPRESSION|NO_COMPRESSION}]
]
```

说明如下。

（1）database_name：指定备份的数据库名称。

（2）backup_device：指定备份设备名称。

（3）WITH 子句：指定备份选项。

（4）NAME＝backup_set_name：指定备份的名称。

（5）DESCRIPTION＝'TEXT'：指定备份的描述。

（6）INIT|NOINIT：INIT 表示新备份的数据覆盖当前备份设备上的每项内容，即原

255

来在此设备上的数据信息都将不存在；NOINIT 表示新备份的数据添加到备份设备上已有的内容后面。

（7）COMPRESSION｜NO_COMPRESSION：COMPRESSION 表示启用备份压缩功能，NO_COMPRESSION 表示不启用备份压缩功能。

【例 11-6】 使用 T-SQL 语句为 stu 数据库创建完整备份。

在查询分析器中输入如下 T-SQL 语句并执行：

```
USE stu
BACKUP DATABASE stu
TO disk = 'mybac'
WITH INIT,
NAME = 'stu 完整备份'
```

执行结果如图 11-9 所示。

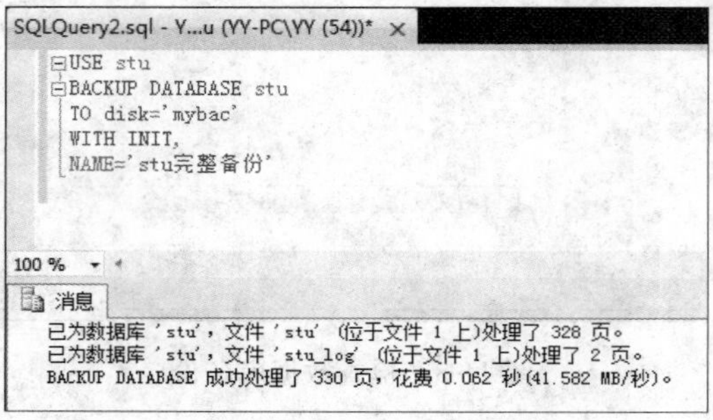

图 11-9　为 stu 数据库创建完整备份

11.2.2　差异备份

在进行差异备份时，SQL Server 将备份从最近的完整备份后数据库发生了变化的部分。只有当执行了完整备份之后，才能执行差异备份。

1．使用 SSMS 执行差异备份

【例 11-7】 为 stu 数据库创建差异备份，将其备份到 mybac 备份设备中。

（1）打开 SQL Server Management Studio，连接到 SQL Server 上的数据库引擎。

（2）展开"数据库"文件夹，右击 stu 数据库，从弹出的快捷菜单中选择"任务"｜"备份"命令，弹出"备份数据库-stu"对话框。

（3）从"数据库"下拉列表框中选择 stu 数据库，"备份类型"选择"差异"，"名称"文本框的内容不变，"目标"选择 mybac 备份设备，如图 11-10 所示。

（4）打开"选项"页面，勾选"追加到现有备份集"单选按钮，勾选"完成后验证备份"复选框，如图 11-11 所示。

（5）单击"确定"按钮，完成备份后，弹出对话框，如图 11-12 所示。

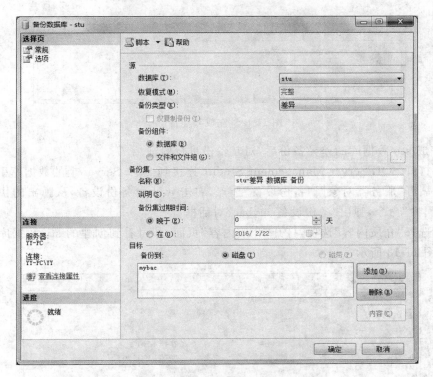

图 11-10　"备份数据库-stu"对话框

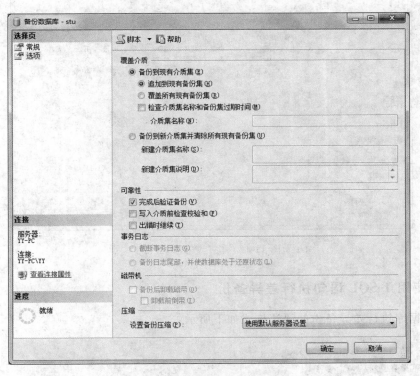

图 11-11　设置"选项"页面

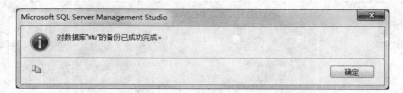

图 11-12　完成差异备份

当完成 stu 数据库的差异备份后，对其备份进行验证。

（1）打开 SQL Server Management Studio，连接到 SQL Server 上的数据库引擎。

（2）展开"服务器对象"|"备份设备"节点，右击 mybac 备份设备，从弹出的快捷菜单中选择"属性"命令，弹出"备份设备-mybac"对话框。

（3）选择"介质内容"选项，打开"介质内容"页面，即可看到创建的 stu 数据库的差异备份，如图 11-13 所示。

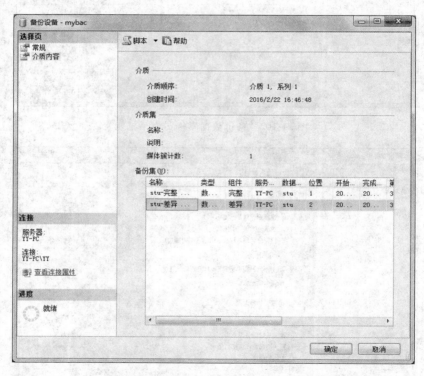

图 11-13　检查数据库备份

2. 使用 T-SQL 语句执行差异备份

对数据库执行差异备份的语法格式如下所示：

```
BACKUP DATABASE database_name
TO < backup_device >[,...n]
```

```
WITH DIFFERENTIAL
[[ ,]NAME = backup_set_name]
[ [,]DESCRIPTION = 'TEXT']
[ [,]{INIT | NOINIT}]
[ [,]{COMPRESSION | NO_COMPRESSION}
]
```

说明如下。

（1）WITH DIFFERENTIAL 子句：指明本次备份是差异备份。

（2）其他参数与完整备份相同。

【例 11-8】 为 stu 数据库执行差异备份。

在查询分析器中输入如下 T-SQL 语句并执行：

```
USE stu
BACKUP DATABASE stu
TO disk = 'mybac'
WITH NOINIT,
DIFFERENTIAL,
NAME = 'stu 差异备份'
```

执行结果如图 11-14 所示。

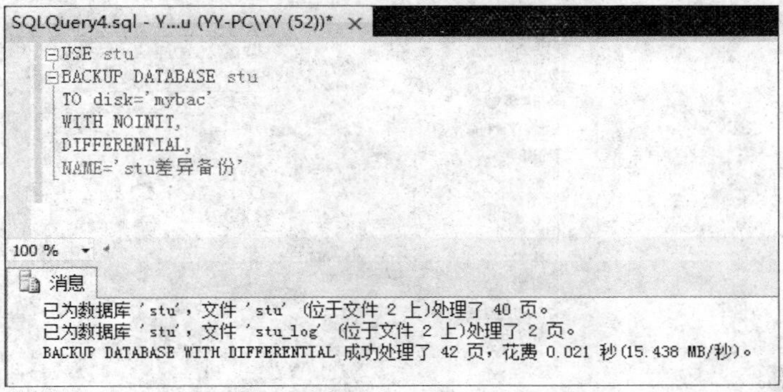

图 11-14　为 stu 数据库执行差异备份

11.2.3　事务日志备份

事务日志备份可以记录数据库的更改。如果没有执行事务日志备份，数据库可能无法正常工作。事务日志备份只记录事务日志的适当部分。在 SQL Server 2012 系统中，事务日志备份有三种类型：纯日志备份、大容量操作日志备份和尾日志备份。具体情况如表 11-1 所示。

表 11-1　事务日志备份类型

日志备份类型	描　述
纯日志备份	仅包含一定间隔的事务日志记录,不包含在大容量操作日志恢复模式下执行的任何大容量更改的备份
大容量操作日志备份	包含日志记录以及由大容量操作更改的数据页的备份。不允许对大容量操作日志备份进行时间点恢复
尾日志备份	对可能已损坏的数据库进行的日志备份,用于捕获尚未备份的日志记录。尾日志备份在出现故障时执行,用于防止丢失工作数据,可以包含纯日志记录或大容量操作日志记录

1. 使用 SSMS 执行事务日志备份

【例 11-9】　为 stu 数据库执行事务日志备份。

（1）打开 SQL Server Management Studio,连接到 SQL Server 上的数据库引擎。

（2）展开“数据库”文件夹,右击 stu 数据库,从弹出的快捷菜单中选择“任务”|“备份”命令,弹出“备份数据库-stu”对话框。

（3）从“数据库”下拉列表框中选择 stu 数据库,“备份类型”选择“事务日志”,“名称”文本框的内容不变,“目标”选择 mybac 备份设备,如图 11-15 所示。

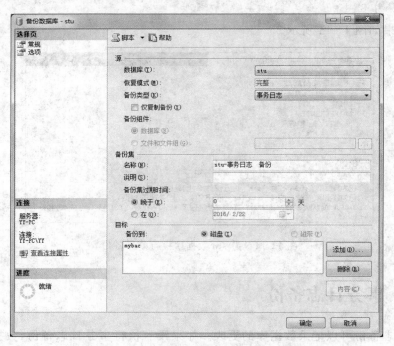

图 11-15　“备份数据库-stu”对话框

（4）打开“选项”页面,勾选“追加到现有备份集”单选按钮,勾选“完成后验证备份”复选框,勾选“截断事务日志”按钮,如图 11-16 所示。

（5）单击“确定”按钮,开始备份。

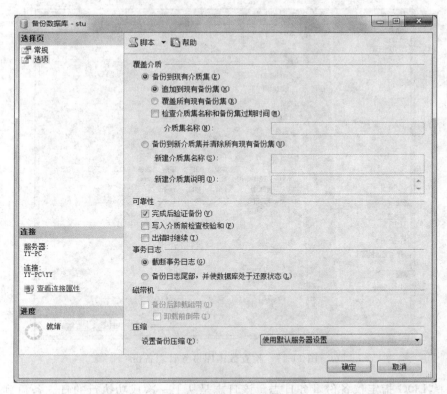

图 11-16　设置"选项"页面

当完成 stu 数据库的事务日志备份后,对其备份进行验证。

(1) 打开 SQL Server Management Studio,连接到 SQL Server 上的数据库引擎。

(2) 展开"服务器对象"|"备份设备"节点,右击 mybac 备份设备,从弹出的快捷菜单中选择"属性"命令,弹出"备份设备-mybac"对话框。

(3) 选择"介质内容"选项,打开"介质内容"页面,即可看到创建的 stu 数据库的事务日志备份,如图 11-17 所示。

说明:使用简单恢复模型时,不能备份事务日志。

2. 使用 T-SQL 语句执行事务日志备份

对数据库执行事务日志备份的语法格式如下所示:

```
BACKUP LOG database_name
TO < backup_device >[,...n]
WITH
[[,]NAME = backup_set_name]
[ [,]DESCRIPTION = 'TEXT']
[ [,]{INIT|NOINIT}]
[ [,]{COMPRESSION|NO_COMPRESSION}
]
```

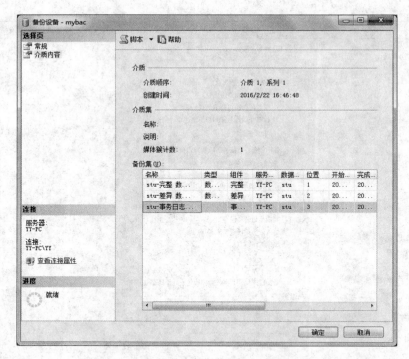

图 11-17　检查数据库事务日志备份

其中,LOG 指定仅备份事务日志。该日志是从上一次成功执行的日志备份到当前日志的末尾。

【例 11-10】　使用 T-SQL 语句创建 stu 数据库的事务日志备份。

在查询分析器中输入如下 T-SQL 语句并执行:

```
USE stu
BACKUP LOG stu
TO disk = 'mybac'
WITH NOINIT,
NAME = 'stu 日志备份'
```

执行结果如图 11-18 所示。

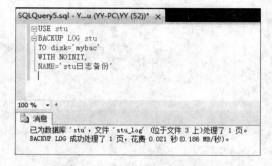

图 11-18　创建事务日志备份

262

说明：必须创建完整备份，才能创建第一个日志备份。

11.2.4 文件和文件组备份

当数据库非常大时，可以进行数据库文件或文件组的备份。

1. 使用 SSMS 执行文件组备份

【例 11-11】 为 stu 数据库创建文件组备份（假设 stu 数据库中有文件组 stu_group，其下有一个文件 stu_data）。

（1）打开 SQL Server Management Studio，连接到 SQL Server 上的数据库引擎。

（2）展开"数据库"文件夹，右击 stu 数据库，从弹出的快捷菜单中选择"任务"|"备份"命令，弹出"备份数据库-stu"对话框。

（3）在"备份数据库-stu"对话框中，"备份组件"选择"文件和文件组"，弹出"选择文件和文件组"对话框，如图 11-19 所示。

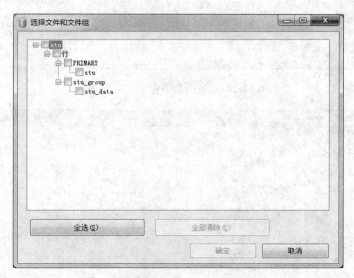

图 11-19 "选择文件和文件组"对话框

（4）在"选择文件和文件组"对话框中，选择需要备份的文件组 stu_group 及下属文件，然后单击"确定"按钮。

（5）返回"备份数据库-stu"对话框，选择"数据库"为 stu，"备份类型"为"完整"，选择备份设备为 mybac，如图 11-20 所示。

（6）打开"选项"页面，勾选"追加到现有备份集"单选按钮，勾选"完成后验证备份"复选框。

（7）设置完成后，单击"确定"按钮，开始备份。

完成 stu 数据库的文件组备份后，对其备份进行验证。同样查看备份设备 mybac 的介质内容，结果如图 11-21 所示。

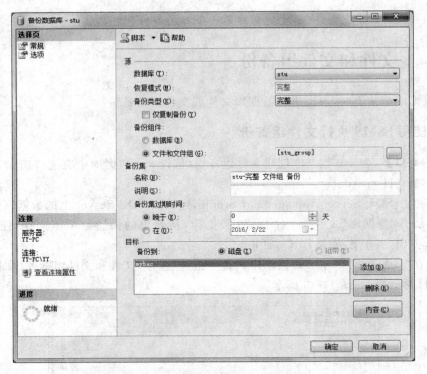

图 11-20 "备份数据库-stu"对话框

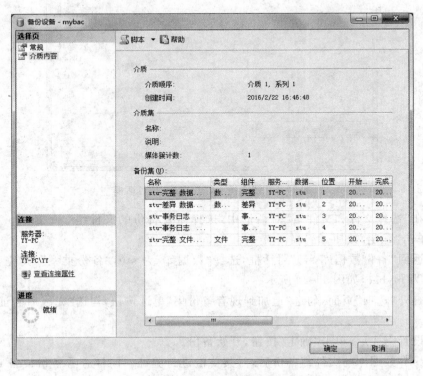

图 11-21 检查数据库文件组备份

2. 使用 T-SQL 语句执行文件组备份

使用 T-SQL 语句执行文件组备份的语法格式如下所示：

```
BACKUP DATABASE database_name
<file_or_filegroup>[,...n]
TO <backup_device>[,...n]
WITH options
```

说明如下。

（1）file_or_filegroup：指定要备份的文件或文件组。

（2）WITH options：用于指定备份选项。

【例 11-12】　使用 T-SQL 语句，将 stu_group 文件组备份到 mybac 备份设备中。

在查询分析器中输入如下 T-SQL 语句并执行：

```
BACKUP DATABASE stu
FILEGROUP = 'stu_group'
TO disk = 'mybac'
WITH
NAME = 'stu 文件组备份'
```

执行结果如图 11-22 所示。

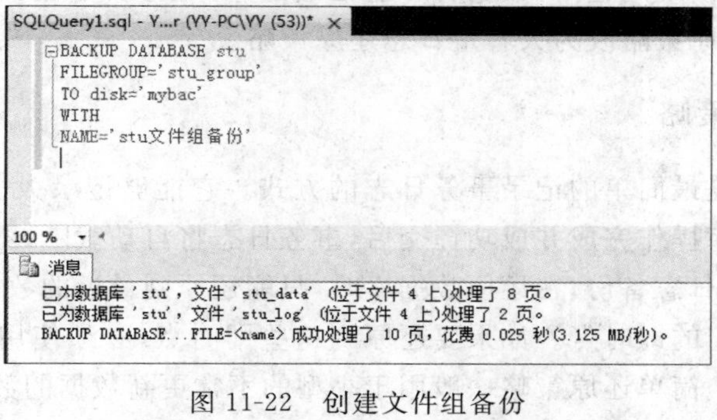

图 11-22　创建文件组备份

11.3　还 原 概 述

还原是与备份相对应的操作。数据备份后，当系统崩溃或发生错误时，可以从备份文件还原数据库。当还原数据库时，SQL Server 自动将备份文件中的数据全部复制到数据库，并回滚任何未完成的事务，保证数据完整性。

11.3.1　还原的概念

还原是从一个或多个备份中还原数据，并在还原最后一个备份后，使数据库处于一致且可用的状态并使其在线的一组完整的操作。

11.3.2　还原策略

SQL Server 2012 有三种还原策略，不同的还原策略在 SQL Server 备份、还原方式和性能方面存在不同。每个数据库必须选择这三种还原策略中的一种来确定备份数据库的备份方式。

1. 完整还原策略

完整还原策略是 SQL Server 2012 数据库还原策略中提供的最全面保护的一种模式。它完整记录了所有的事务，并保留所有的事务日志记录，直到将它们备份。可以将数据库还原到任意时间点。完整还原策略可在最大范围内防止出现故障时丢失数据。它包括数据库备份和事务日志备份，使得数据库避免受到媒体故障的影响。该策略的主要问题是事务日志文件较大，以及由此导致较大的存储量和性能开销。

2. 大容量日志还原策略

大容量日志还原策略是对完整还原策略的补充，也是使用数据库和事务日志备份来还原数据库。该策略对某些大规模或大容量数据操作进行最小记录，并提供最佳性能。但是若日志不完整，出现问题时，数据有可能无法还原。因此，一般只有在需要进行大量数据操作时，才将还原策略改为大容量日志还原策略。

3. 简单还原策略

简单还原策略是最简单的记录事务日志的方式。它能够记录大多数事务，确保数据库的一致性。数据库操作完成并成功提交后，事务日志将自动截断，不活动的日志将被删除。但是，没有事务日志备份，在还原数据库时，只能还原到最近的数据备份时间，不可能还原到故障点或特定的即时点。如果要还原到这些即时点，必须使用完整还原策略或大容量日志还原策略。简单还原策略一般用于小型的不常更新数据的数据库。

11.4　还　原　数　据

还原数据是指让数据库根据备份的数据回到备份时的状态。还原数据库可以通过 SSMS 和 T-SQL 语句执行。在还原之前，要确保没有用户使用数据库，否则无法执行还原。

11.4.1　常规还原

在执行还原之前，先说明 RECOVERY 选项。它用于通知 SQL Server 2012，数据库还原过程已经结束,用户可以重新开始使用数据库。它只能用于还原过程的最后一个文件。

【例 11-13】 还原 stu 数据库。

（1）打开 SQL Server Management Studio,连接到 SQL Server 上的数据库引擎。

（2）展开"数据库"文件夹,右击 stu 数据库,从弹出的快捷菜单中选择"任务"|"还原"|"数据库"命令,打开"还原数据库-stu"对话框。

（3）在"还原数据库-stu"对话框中,勾选"源设备"按钮,然后单击后面的"浏览"按钮,弹出"选择备份设备"对话框。在"备份介质类型"下拉列表框中选择"备份设备"选项,单击"添加"按钮,然后选择 mybac 备份设备,如图 11-23 所示。

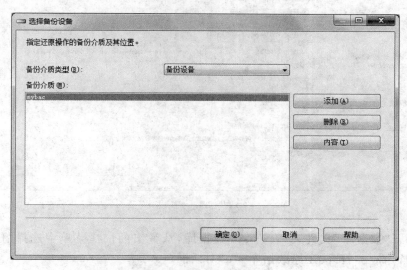

图 11-23 "选择备份设备"对话框

（4）单击"确定"按钮,返回"还原数据库-stu"对话框。打开"选项"页面,在"还原选项"中勾选"覆盖现有数据库"复选框,在"恢复状态"中选择第一个按钮,如图 11-24 所示。

（5）设置完成后,单击"确定"按钮,开始还原。

11.4.2　时间点还原

在 SQL Server 2012 中进行事务日志备份时,不仅给事务日志中的每个事务标上日志号,还给它们标上一个时间。这个时间与 RESTORE 语句的 STOPAT 从句结合起来,允许将数据返回到前一个状态。但这个过程不适用于完整备份与差异备份,只适用于事务日志备份,将失去 STOPAT 时间之后整个数据库上所发生的任何修改。

【例 11-14】 一个数据库每天有大量的数据,每天 17:00 会定时做事务日志备份。0:00 的时候,服务器出现故障,误清除许多重要的数据。通过对日志备份的时间点还原,可以把时间点设置在 0:00,既保存 0:00 之前的数据修改,又忽略 0:00 之后的错误操作。

（1）打开 SQL Server Management Studio,连接到 SQL Server 上的数据库引擎。

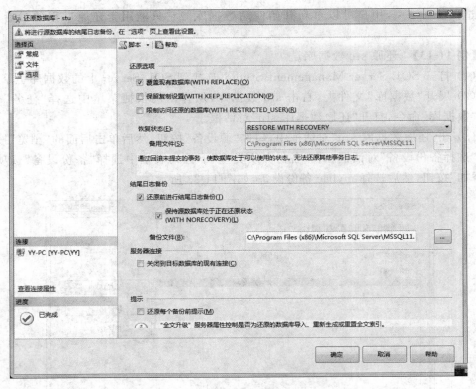

图 11-24　设置还原状态

（2）展开"数据库"文件夹，右击 stu 数据库，从弹出的快捷菜单中选择"任务"|"还原"|"数据库"命令，打开"还原数据库-stu"对话框。

（3）单击"时间线"按钮，打开"备份时间线：stu"对话框，然后勾选"特定日期和时间"单选按钮，并输入时间"0：00：00"，如图 11-25 所示。

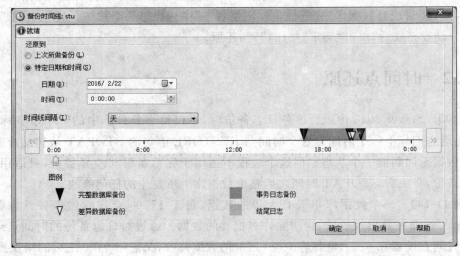

图 11-25　"备份时间线：stu"对话框

（4）单击"确定"按钮返回，还原备份。

11.4.3　使用 T-SQL 语句还原

使用 T-SQL 语句还原数据的语法格式如下所示：

```
RESTORE DATABASE{ database_name | @database_name_var }
[ FROM < backup_device > [ ,...n ] ]
  [ WITH
    {
     [ RECOVERY | NORECOVERY | STANDBY =
          {standby_file_name | @standby_file_name_var }
     ]
    | , < general_WITH_options > [ ,...n ]
    | , < replication_WITH_option >
    | , < change_data_capture_WITH_option >
    | , < service_broker_WITH options >
    | , < point_in_time_WITH_options—RESTORE_DATABASE >
    } [ ,...n ]
  ]
[ ; ]
```

说明如下。

（1）database_name：指定还原的数据库名称。

（2）backup_device：指定还原操作要使用的逻辑或物理备份设备。

（3）WITH 子句：指定备份选项。

（4）RECOVERY | NORECOVERY：RECOVERY 是指如果所有的备份都已还原；NORECOVERY 是指当还原事务日志需要还原时。

（5）STANDBY：指定撤销文件名，以便取消恢复效果。

【例 11-15】　从 mybac 备份设备中还原 stu 整个数据库。

在查询分析器中输入如下 T-SQL 语句并执行：

```
RESTORE DATABASE stu
FROM disk = 'mybac'
WITH FILE = 1, REPLACE
```

执行结果如图 11-26 所示。

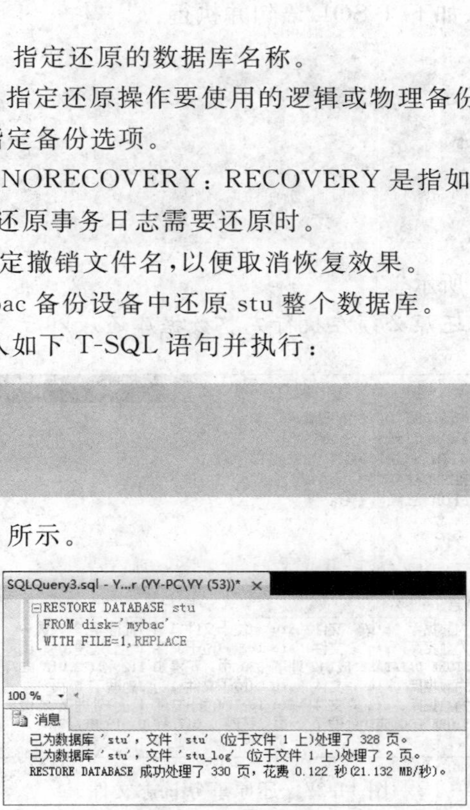

图 11-26　还原 stu 数据库

269

说明：在还原前，需要打开备份设备的属性，查看数据库备份在备份设备中的位置。若备份的位置为 2，那么 WITH 子句的 FILE 选项值就要设置为 2。

使用 T-SQL 语句还原事务日志备份的语法格式如下所示：

```
RESTORE LOG{ database_name | @database_name_var }
 [ <file_or_filegroup_or_pages>[ ,...n ] ]
 [ FROM <backup_device>[,...n ] ]
  [ WITH
    {
      [ RECOVERY | NORECOVERY | STANDBY =
         {standby_file_name | @standby_file_name_var }
      ]
      | , <general_WITH_options>[ ,...n ]
      | , <replication_WITH_option>
      | , <point_in_time_WITH_options—RESTORE_LOG>
    } [ ,...n ]
  ]
[;]
```

【例 11-16】 还原 stu 数据库的事务日志文件。

在查询分析器中输入如下 T-SQL 语句并执行：

```
RESTORE DATABASE stu
FROM disk = 'mybac'
WITH NORECOVERY, REPLACE
RESTORE LOG stu
FROM disk = 'mybac'
```

执行结果如图 11-27 所示。

说明：执行事务日志还原必须在执行完整数据库还原以后。

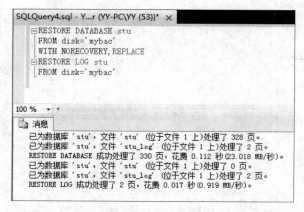

图 11-27 还原事务日志文件

11.5　复制数据库

复制数据库是企业级分布式数据库用到的重要而强大的技术。通过它,可以在企业内多台服务器上分布式地存储数据,执行存储过程。

使用复制数据库向导前,需要启动 SQL Server 代理服务。在 SSMS 中右击"SQL Server 代理",从弹出的快捷菜单中选择"启动"命令,如图 11-28 所示。从弹出的"确认"对话框中单击"是"按钮,启动"SQL Server 代理"服务。

【例 11-17】　使用"复制数据库向导"复制 stu 数据库。

(1) 打开 SQL Server Management Studio,连接到 SQL Server 上的数据库引擎。

(2) 右击"管理",从弹出的快捷菜单中选择"复制数据库"命令,打开"欢迎使用复制数据库向导"窗口,然后单击"下一步"按钮。

(3) 进入"选择源服务器"窗口,如图 11-29 所示。保持默认值,单击"下一步"按钮。

图 11-28　启动"SQL Server 代理"服务

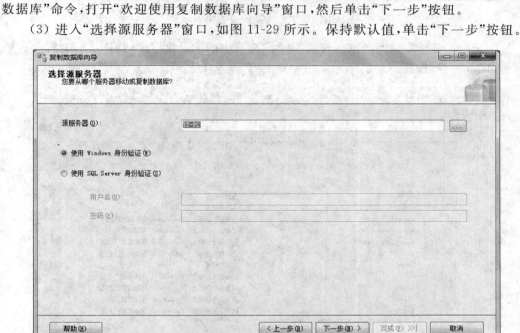

图 11-29　选择源服务器

(4) 进入"选择目标服务器"窗口,保持默认值,单击"下一步"按钮。

(5) 进入"选择传输方法"窗口,选择如何传输数据,如图 11-30 所示。保持默认值,单击"下一步"按钮。

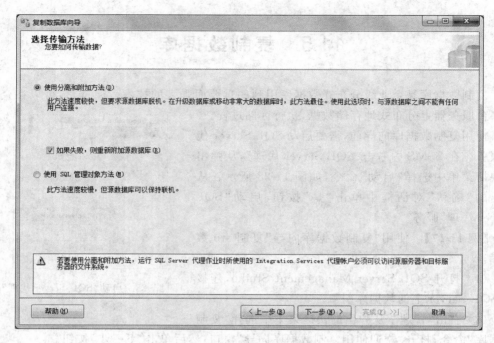

图 11-30　选择传输方法

　　(6) 进入"选择数据库"窗口,勾选"复制"选项中的 stu 数据库,如图 11-31 所示。然后,单击"下一步"按钮。

图 11-31　选择数据库

（7）进入"配置目标数据库"窗口，修改目标数据库名称、逻辑文件和日志文件的文件名及路径，如图 11-32 所示。这里保持默认值，单击"下一步"按钮。

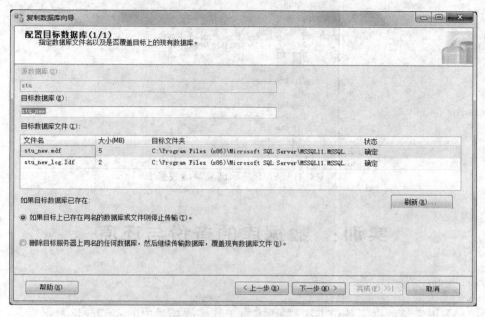

图 11-32　配置目标数据库

（8）进入"配置包"窗口，保持默认值，单击"下一步"按钮。

（9）进入"安排运行包"窗口，保持默认值，单击"下一步"按钮。

（10）进入"正在执行操作"窗口，单击"完成"按钮，开始复制数据库，如图 11-33 所示。

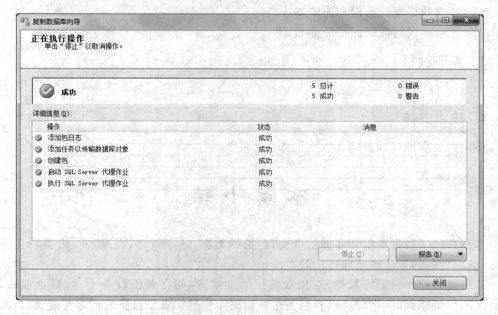

图 11-33　成功复制数据库

(11) 在"复制数据库向导"窗口中,单击"关闭"按钮,展开 SSMS 的"数据库"节点,列出已复制的数据库 stu_new,如图 11-34 所示。

图 11-34　SSMS 显示已复制的数据库

实训: 数据库的备份与还原

1. 实训内容

(1) 采用完整数据库备份方法,备份本章工作实战场景中的 stugrade 数据库。

(2) 将其中一张表里的数据删除一条,使用差异备份数据库的方法进行备份。

(3) 还原数据库,看删除的那条数据是否存在。

2. 实训目的

(1) 掌握数据库的备份和还原方法。

(2) 体会不同的数据库备份类型。

3. 实训过程

参照例 11-5、例 11-7、例 11-13。

4. 技术支持

使用对象资源管理器完成以上操作。

本 章 小 结

本章介绍了数据备份和还原的概念,备份的类型,还原策略,以及备份设备的创建和删除,备份数据的方法和还原数据的方法。

备份就是制作数据库结构、对象和数据的副本,存储在备份设备上,如磁盘或磁带。当数据库发生错误时,用户可以利用备份将数据库恢复。备份设备的创建与删除,以及备份数据,都可以通过 SSMS 方法和 T-SQL 语句完成。

还原是从一个或多个备份中还原数据，在还原最后一个备份后，使数据库处于一致且可用的状态并使其在线的一组完整的操作。还原数据库可以通过 SSMS 和 T-SQL 语句执行。

复制数据库是企业级分布式数据库用到的重要而强大的技术。通过它可以在企业内多台服务器上分布式地存储数据，执行存储过程。

习　　题

一、填空题

（1）在 SQL Server 中，数据库备份的类型有_____、_____、_____和_____。

（2）创建备份设备可以使用 SSMS，也可以使用系统存储过程_____来添加备份设备。

二、简答题

（1）什么是备份？什么是还原？

（2）还原有哪些策略？

（3）什么是复制数据库？

三、上机实践

1. 实践目的

（1）掌握备份和还原的概念。

（2）掌握使用 T-SQL 语句和 SSMS 方法对数据进行备份与还原。

（3）掌握复制数据库的方法。

2. 实践内容

（1）建立备份设备 backupdump。

（2）完整备份 stu 到 backupdump。

（3）差异备份 stu 到 backupdump。

（4）事务日志备份 stu 到 backupdump。

（5）在 stu 数据库中添加一个文件组 xx，并在其中添加一个文件 xx_data。将此文件组和文件备份到 backupdump。

（6）查看备份设备中的备份集。

（7）利用完整备份还原 stu。

（8）还原 stu 数据库的事务日志文件。

（9）复制数据库 stu，复制的数据库副本名称为 stu_copy，逻辑文件和日志文件的存放路径自定义。

（10）将第（1）～第（9）题用 SSMS 方法和 T-SQL 语句分别实现。

第 12 章　数据库的安全维护

学习目标

(1) 掌握：创建、删除登录名和用户的方法，角色的使用，权限和架构管理。

(2) 理解：常见的角色类型。

(3) 了解：SQL Server 安全机制。

工作实战场景

信息管理员王明创建了学生成绩数据库，创建了相关表，输入了所有数据，实现了存储过程、触发器等。为保证数据库中数据的安全，需要王明进行数据库的安全维护，给不同的用户分配不同的权限。

引导问题

(1) 你是否想过给数据库创建相应的登录名和用户，并给该用户分配相应的权限？

(2) 管理用户的权限，是否对数据库的安全性有极大的好处？

12.1　SQL Server 的安全性机制

随着电子信息技术的发展，数据库系统在工作、生活中的应用越来越广泛。管理数据库系统的安全，保护数据不受内部和外部侵害，是非常重要和关键的工作。为此，SQL Server 2012 提供了完善的管理机制和操作手段。

12.1.1　安全简介

数据库的安全性是指保护数据库，防止不合法的使用导致的数据泄露、篡改或破坏。系统安全保护措施是否有效，是数据库系统的主要指标之一。

在 SQL Server 2012 中，数据库中的所有对象都位于架构内。每一架构的所有者是角色，而不是独立的用户，允许多用户管理数据库对象。用户只需修改架构的所有权，而不需要修改每个对象的所有权。

12.1.2　安全机制

在以往的 SQL Server 中采用的安全机制是 SQL Server 层次的登录以及数据库层次的角色和用户，即从 SQL Server 自身的角度确认哪些访问实体可以访问数据库。SQL Server 2012 采用分级的安全机制，从上到下等级递增，分为五个等级：客户机安全机制、网络传输的安全机制、实例级别安全机制、数据库级别安全机制和对象级别安全机制。所有的层级之间相互联系，用户只有通过了高一层级的安全验证，才能继续访问数据库中低一层级的内容。

1．客户机安全机制

客户机安全机制，主要是指用户使用客户端计算机通过网络访问 SQL Server 2012 服务器时，需要先获取客户端计算机操作系统的使用权。

一般情况下，如果能够实现网络互连，用户没有必要向运行 SQL Server 2012 服务器的主机登录，除非 SQL Server 2012 服务器就运行在本地计算机上。SQL Server 2012 可以直接访问网络端口，可实现对 Window NT 安全体系以外的服务器及其数据库的访问。

2．网络传输的安全机制

网络传输的安全机制主要是指对数据库中的数据进行加密。SQL Server 2012 提供了数据加密和备份加密两种加密方式。

在 SQL Server 2012 中，通过使用数据库引擎加密功能来定制 T-SQL，实现对数据库中的数据进行加密。SQL Server 2012 备份加密可以防止数据泄露和篡改。

3．实例级别安全机制

实例级别安全机制主要是指用户访问 SQL Server 2012 时需要先登录服务器。SQL Server 2012 提供了标准 SQL Server 登录和集成 Windows 登录两种方式。用户登录服务器后，才能获得对 SQL Server 2012 的访问权限。

4．数据库级别安全机制

数据库级别安全机制主要是指对用户可以访问的数据库进行限制。默认情况下，数据库的拥有者可以访问该数据库的对象，可以分配访问权限给其他用户，以便让其他用户也拥有该数据库的访问权限。

5．对象级别安全机制

对象级别安全机制主要是指对用户访问数据库对象的权限进行限制。该安全机制是 SQL Server 2012 安全机制的最后一个安全等级，也是最复杂的一个安全管理机制。

12.2 管理登录名和用户

登录数据库需要有服务器账户。登录成功后,如果想要对数据库数据和数据对象进行操作,还需要成为数据库用户。

12.2.1 创建登录名

创建登录名,可以使用 SSMS 和 T-SQL 语句两种方式实现。

1. 使用 SSMS 创建登录名

1) 创建 Windows 登录名

【例 12-1】 使用 SSMS 创建以 Windows 身份验证的登录名 tuser1。

(1) 打开操作系统的"控制"面板,选择"管理工具"|"计算机管理"命令,打开"计算机管理"窗口。

(2) 展开"本地用户和组"节点,右击"用户"节点,从弹出的快捷菜单中选择"新用户"命令,弹出"新用户"对话框。

(3) 在"新用户"对话框中,输入用户名 test_user1,密码为 123456,然后单击"创建"按钮,完成新用户的创建。

(4) 打开 SQL Server Management Studio,连接到 SQL Server 上的数据库引擎。

(5) 展开"安全性"节点,右击"登录名",从弹出的快捷菜单中选择"新建登录名"命令,如图 12-1 所示。

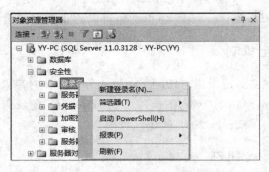

图 12-1 "新建登录名"快捷菜单

(6) 弹出"登录名-新建"对话框,单击"搜索"按钮,弹出"选择用户或组"对话框,如图 12-2 所示。

(7) 单击"高级"按钮,再单击"立即查找"按钮,在弹出的对话框中选中用户名 tuser1,然后单击"确定"按钮。

(8) 返回"选择用户或组"对话框,单击"确定"按钮,返回"登录名-新建"对话框,然后单击"确定"按钮,完成创建。

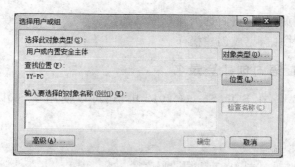

图 12-2　"选择用户或组"对话框

2）创建 SQL Server 登录名

【例 12-2】　使用 SSMS 创建以 SQL Server 身份验证的登录名 tuser2。

（1）打开 SQL Server Management Studio，连接到 SQL Server 上的数据库引擎。

（2）展开"安全性"节点，右击"登录名"，从弹出的快捷菜单中选择"新建登录名"命令，弹出"登录名-新建"对话框。

（3）在"登录名"文本框输入登录名 tuser2。

（4）勾选"SQL Server 身份验证"复选框，然后在"密码"和"确认密码"文本框中输入密码 123456，并取消勾选"强制实施密码策略"复选框。

（5）"默认数据库"和"默认语言"保持系统提供的默认值。

（6）打开"用户映射"选项，勾选 stu。在 stu 中勾选 db_owner 和 public，如图 12-3 所示。此时，tuser2 拥有 stu 的所有操作权限。

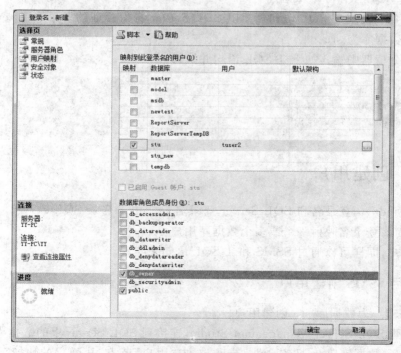

图 12-3　用户映射

279

(7) 打开"状态"页面,该页面选项保持默认值。

(8) 单击"确定"按钮,完成创建操作。

2. 使用 T-SQL 语句创建登录名

除了使用 SSMS 外,在 SQL Server 2012 中,还可以使用 T-SQL 语句创建登录名。语法格式如下所示:

```
CREATE LOGIN login_name
< WITH PASSWORD = 'password'>|< FROM WINDOWS >
```

说明如下。

(1) login_name:创建的登录名。

(2) WITH 子句:用于创建 SQL Server 身份验证的登录名。

(3) FROM WINDOWS 子句:用于创建 Windows 身份验证的登录名。

1) 创建 Windows 登录名

【例 12-3】 使用 T-SQL 语句创建以 Windows 身份验证的登录名 tuser3(假设 Windows 用户 tuser3 已经创建,本地计算机名为 YY-PC)。

在查询分析器中输入如下 T-SQL 语句并执行:

```
CREATE LOGIN [ YY - PC\tuser3]
    FROM WINDOWS
```

2) 创建 SQL Server 登录名

【例 12-4】 使用 T-SQL 语句创建以 SQL Server 身份验证的登录名 tuser4,密码为 12345,默认数据库为 stu。

在查询分析器中输入如下 T-SQL 语句并执行:

```
CREATE LOGIN tuser4
    WITH PASSWORD = '123456',
      DEFAULT_DATABASE = stu
```

12.2.2 创建用户

上述 Windows 登录名和 SQL Server 登录名只能用来登录 SQL Server。访问数据库,还需要为该登录名映射一个或多个数据库用户。

创建用户,同样可以通过 SSMS 和 T-SQL 语句来实现。

1. 使用 SSMS 创建用户

【例 12-5】 为数据库 stu 创建用户。

(1) 打开 SQL Server Management Studio,连接到 SQL Server 上的数据库引擎。

(2) 展开"数据库"|stu|"安全性"节点,右击"用户"节点,从弹出的快捷菜单中选择

"新建用户"命令,弹出"数据库用户-新建"对话框。

(3) 单击"登录名"文本框后面的"浏览"按钮,弹出"选择登录名"对话框。

(4) 单击"浏览"按钮,在"查找对象"对话框中,选择匹配的对象为 tuser4,将新用户映射到这个登录名,如图 12-4 所示。

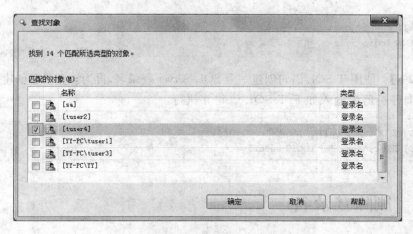

图 12-4 选择登录名

(5) 单击"确定"按钮,返回"选择登录名"对话框。单击"确定"按钮,返回"数据库用户-新建"对话框。设置用户名为 tina,并打开"成员身份"选项,勾选"数据库角色成员身份"列表框中的 db_owner 复选框,如图 12-5 所示。

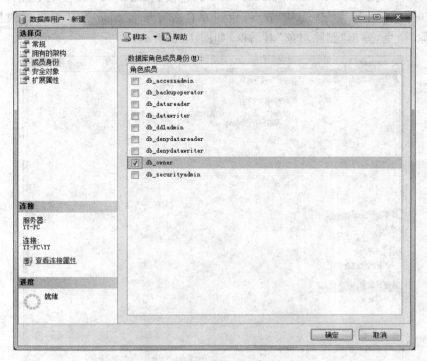

图 12-5 "数据库用户-新建"对话框

（6）单击"确定"按钮，完成新用户 tina 的创建。

2. 使用 T-SQL 语句创建用户

除了使用 SSMS 外，还可以使用 T-SQL 语句创建用户。语法格式如下所示：

```
CREATE USER user_name
FOR LOGIN login_name
```

【例 12-6】 使用 T-SQL 语句创建一个 SQL Server 登录名，再为该登录名创建一个用户。在查询分析器中输入如下 T-SQL 语句并执行：

```
CREATE LOGIN tuser5 WITH PASSWORD = '123456'
CREATE USER tinanew FOR LOGIN tuser5
```

12.2.3 删除登录名

对于不必要的登录名，应该及时删除。删除登录名，可以通过 SSMS 和 T-SQL 语句完成。

1. 使用 SSMS 删除登录名

【例 12-7】 使用 SSMS 删除登录名 tuser2。

（1）打开 SQL Server Management Studio，连接到 SQL Server 上的数据库引擎。

（2）展开"安全性"|"登录名"节点，找到并右击登录名 tuser2，从弹出的快捷菜单中选择"删除"命令，弹出"删除对象"对话框，如图 12-6 所示。

图 12-6 "删除对象"对话框

（3）单击"确定"按钮,弹出是否确定删除对象的消息对话框,如图 12-7 所示。单击"确定"按钮,删除该登录名。

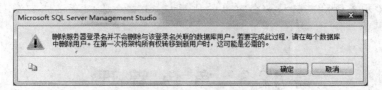

图 12-7　消息对话框

2. 使用 T-SQL 语句删除登录名

删除登录名的语法格式如下所示:

```
DROP LOGIN login_name
```

【例 12-8】　使用 T-SQL 语句删除登录名 tuser4。

在查询分析器中输入如下 T-SQL 语句并执行:

```
DROP LOGIN tuser4
```

说明:不能删除正在登录的登录名,也不能删除拥有任何安全对象、服务器级对象或 SQL Server 代理作业的登录名。

12.2.4　删除用户

对于不必要的用户,应该及时删除。删除用户,同样可以通过 SSMS 和 T-SQL 语句完成。

1. 使用 SSMS 删除用户

【例 12-9】　使用 SSMS 删除用户 tina。

（1）打开 SQL Server Management Studio,连接到 SQL Server 上的数据库引擎。

（2）展开"数据库"|stu|"安全性"|"用户"节点,找到用户 tina 并右击,从弹出的快捷菜单中选择"删除"命令,弹出"删除对象"对话框。

（3）单击"确定"按钮,删除用户 tina。

2. 使用 T-SQL 语句删除用户

删除用户的语法格式如下所示:

```
DROP USER user_name
```

【例 12-10】　使用 T-SQL 语句删除用户 tinanew。

在查询分析器中输入如下 T-SQL 语句并执行:

```
DROP USER tinanew
```

说明：必须先删除或转移安全对象的所有权，才能删除拥有这些安全对象的数据库用户。

12.3 角 色 管 理

角色是 SQL Server 用来集中管理数据库或服务器的权限。在 SQL Server 中，数据库的权限分配是通过角色来实现的。数据库管理员将操作数据库的权限赋予角色，再将这些角色赋予数据库用户或登录名，使数据库用户或登录名拥有相应的权限。

12.3.1 固定服务器角色

SQL Server 2012 在安装时会创建一系列固定服务器角色。服务器角色是预定义的，角色的种类和每个角色的权限都是固定的。不能更改、添加或删除固定服务器角色，只能为其添加成员或删除成员。

SQL Server 2012 提供了 9 个固定服务器角色，如表 12-1 所示。

表 12-1 SQL Server 2012 中的固定服务器角色

固定服务器角色	描 述
sysadmin	系统管理员。可以对 SQL Server 服务器进行所有的管理工作。这个角色仅适合于数据库管理员（DBA）
securityadmin	安全管理员。可以管理登录名及其属性，可以对服务器级与数据库级权限执行授予、拒绝和撤销操作，可以重置 SQL Server 登录名的密码
severadmin	服务器管理员。可以设置及关闭服务器
setupadmin	安全程序管理员。可以添加和删除链接服务器，执行某些系统存储过程
processadmin	进程管理员。可以管理 SQL Server 进程
diskadmin	磁盘管理员。可以管理磁盘文件
dbcreator	数据库创建者。可以创建、更改、删除和还原任何数据库。此角色适合于助理 DBA 或开发人员
bulkadmin	可以执行 BULK INSERT 语句
public	每个 SQL Server 登录名都属于 public 服务器角色。如果未向某个服务器主体授权，或拒绝对某个安全对象的特定权限，该用户将继承授予该对象的 public 服务器角色的权限

1. 使用 SSMS 为登录名指派固定服务器角色

【例 12-11】 使用 SSMS 为例 12-6 中创建的登录名 tuser5 指派固定服务器角色 dbcreator。

（1）打开 SQL Server Management Studio，连接到 SQL Server 上的数据库引擎。

（2）展开"安全性"|"服务器角色"节点，双击 dbcreator 角色选项，弹出 Server Role Properties-dbcreator 对话框。

（3）单击"添加"按钮，弹出"选择服务器登录名或角色"对话框。单击"浏览"按钮，弹出"查找对象"对话框，勾选 tuser5 复选框，如图 12-8 所示。

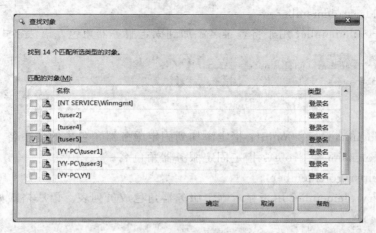

图 12-8　"查找对象"对话框

（4）单击"确定"按钮，返回"选择服务器登录名或角色"对话框。单击"确定"按钮，返回 Server Role Properties-dbcreator 对话框，如图 12-9 所示。

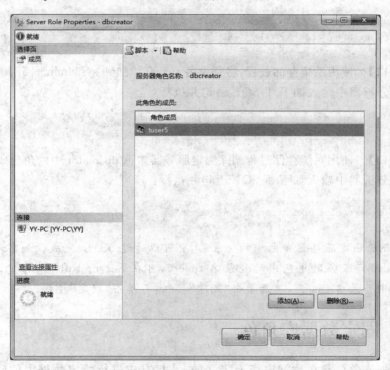

图 12-9　Server Role Properties-dbcreator 对话框

（5）单击"确定"按钮,完成向登录名 tuser5 指派 dbcreator 角色的操作。

2. 使用系统存储过程管理固定服务器角色

管理固定服务器角色的系统存储过程有三个。

1）sp_addsrvrolemember

sp_addsrvrolemember 用于将登录名添加到固定服务器角色。语法格式如下所示：

```
sp_addsrvrolemember[@loginname = ]'login',
    [@rolename = ]'role'
```

说明如下。

（1）[@loginname＝]'login'：指定添加到固定服务器角色中的登录名。

（2）[@rolename＝]'role'：指定固定服务器角色名。

2）sp_helpsrvrolemember

sp_helpsrvrolemember 用于显示固定服务器角色成员列表。语法格式如下所示：

```
sp_helpsrvrolemember[[@srvrolemember = ]'role']
```

3）sp_dropsrvrolemember

sp_dropsrvrolemember 用于删除固定服务器角色成员。语法格式如下所示：

```
sp_dropsrvrolemember[@loginname = ]'login',
    [@rolename = ]'role'
```

【例 12-12】 使用系统存储过程,将登录名 tuser5 添加到 sysadmin 固定服务器角色。在查询分析器中输入如下 T-SQL 语句并执行：

```
EXEC sp_addsrvrolemember 'tuser5','sysadmin'
```

【例 12-13】 使用系统存储过程删除固定服务器角色 dbcreator 中的角色成员 tuser5。在查询分析器中输入如下 T-SQL 语句并执行：

```
EXEC sp_dropsrvrolemember 'tuser5','dbcreator'
```

说明：删除固定服务器角色中的登录名,也可以通过 SSMS 完成。如需删除例 12-12 中 sysadmin 固定服务器角色中的登录名 tuser5,可在 Server Role Properties-sysadmin 对话框中选中登录名 tuser5,然后单击"删除"按钮,再单击"确定"按钮。

12.3.2　固定数据库角色

固定数据库角色是在数据库级上定义的,并且有权进行特定数据库的管理及操作。用户无法添加或删除固定数据库角色,也无法更改授予固定数据库角色的权限。

SQL Server 2012 中有 10 个固定数据库角色,如表 12-2 所示。

表 12-2 SQL Server 2012 中的固定数据库角色

固定数据库角色	描　述
db_owner	数据库所有者。可以执行数据库的所有管理操作
db_accessadmin	数据库访问管理员。可以添加、删除用户
db_securityadmin	数据库安全管理员。可以修改角色成员身份和管理权限
db_ddladmin	数据库 DDL 管理员。可以添加、更改或删除数据库中的对象
db_backupoperator	数据库备份操作员。可以备份数据库
db_datareader	数据库数据读取者。可以读取所有用户表中的所有数据
db_datawriter	数据库数据写入者。可以添加、删除和更改所有用户表中的所有数据
db_denydatareader	数据库拒绝数据读取者。不能读取数据库中任何表的内容
db_denydatawriter	数据库拒绝数据写入者。不能添加、删除或更改数据库内用户表中的任何数据
public	每个数据库用户都属于 public 数据库角色。如果未向某个用户授予或拒绝对安全对象的特定权限,该用户将继承授予该对象的 public 角色的权限

1. 使用 SSMS 为数据库用户指派固定数据库角色

【例 12-14】　为数据库用户 tina 指派固定数据库角色 db_denydatawriter。

(1) 打开 SQL Server Management Studio,连接到 SQL Server 上的数据库引擎。

(2) 展开“数据库”|stu|“安全性”|“角色”|“数据库角色”节点。

(3) 双击 db_denydatawriter 角色选项,弹出“数据库角色属性-db_denydatawriter”对话框。单击“添加”按钮,弹出“选择数据库用户或角色”对话框。单击“浏览”按钮,在“查找对象”对话框中,勾选 tina 复选框,如图 12-10 所示。

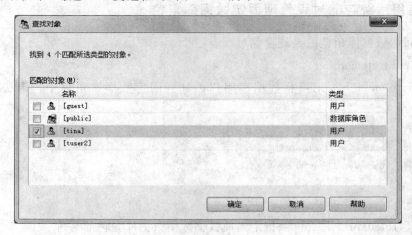

图 12-10　“查找对象”对话框

(4) 单击“确定”按钮,返回“选择数据库用户或角色”对话框。单击“确定”按钮,返回“数据库角色属性-db_denydatawriter”对话框,如图 12-11 所示。

(5) 单击“确定”按钮,完成操作。

图 12-11 "数据库角色属性-db_denydatawriter"对话框

2. 使用系统存储过程管理固定数据库角色

管理固定数据库角色的系统存储过程有三个。

1）sp_addrolemember

sp_addrolemember 用于将数据库用户添加到固定数据库角色中。语法格式如下所示：

```
sp_addrolemember[@rolename = ]'role',
    [@membername = ]'security_account'
```

说明如下。

（1）[@rolename＝]'role'：指定当前数据库中数据库角色的名称。

（2）[@membername＝]'security_account'：指定添加到该角色的安全账户。该账户可以是数据库用户、数据库角色、Windows 登录或 Windows 组。

2）sp_helprolemember

sp_helprolemember 用于显示固定数据库角色的成员列表。语法格式如下所示：

```
sp_helprolemember[[@rolename = ]'role']
```

3) sp_droprolemember

sp_droprolemember 用于从固定数据库角色中删除成员。语法格式如下所示：

```
sp_droprolemember[@rolename = ]'role',
    [@membername = ]'security_account'
```

【例 12-15】　使用系统存储过程删除固定数据库角色 db_denydatawriter 中的角色成员 tina。

在查询分析器中输入如下 T-SQL 语句并执行：

```
EXEC sp_droprolemember 'db_denydatawriter','tina'
```

12.3.3　自定义数据库角色

从前面的内容发现，固定服务器角色和固定数据库角色的权限是固定的，有时可能不满足实际应用中的需求，这时需要创建自定义数据库角色。

在实际应用中，创建自定义数据库角色时，先将需要的权限赋予自定义角色，然后将数据库用户指派给该角色。

1. 使用 SSMS 管理自定义数据库角色

【例 12-16】　使用 SSMS 创建自定义数据库角色 trole，并为其指派数据库用户 tina。

(1) 打开 SQL Server Management Studio，连接到 SQL Server 上的数据库引擎。

(2) 展开"数据库"|stu|"安全性"节点，右击"角色"节点，从弹出的快捷菜单中选择"新建"|"新建数据库角色"命令，弹出"数据库角色-新建"对话框。

(3) 输入角色名称 trole，设置所有者为 dbo。

(4) 打开"安全对象"页面。单击"搜索"按钮，弹出"添加对象"对话框。单击"确定"按钮，再单击"对象类型"按钮，在"选择对象类型"对话框中勾选"表"复选框，然后单击"确定"按钮。

(5) 返回"选择对象"对话框，单击"浏览"按钮。在"查找对象"对话框中勾选[dbo].[course]复选框，然后单击"确定"按钮。

(6) 返回"选择对象"对话框。单击"确定"按钮，返回"数据库角色-新建"对话框。

(7) 在"dbo.course 的权限"列表框中勾选"更改""删除"和"选择"选项所在行的"授予"复选框，如图 12-12 所示。

(8) 打开"常规"页面，单击"添加"按钮，将 tina 添加为数据库用户，如图 12-13 所示。

(9) 单击"确定"按钮，完成角色创建，并为其指派数据库用户。

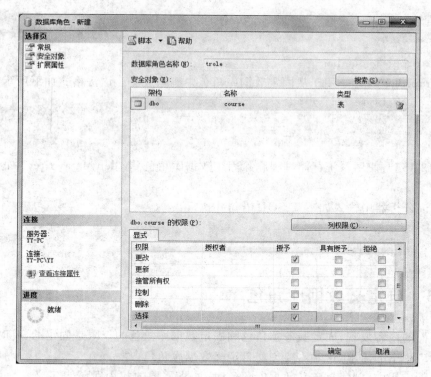

图 12-12　启用表权限

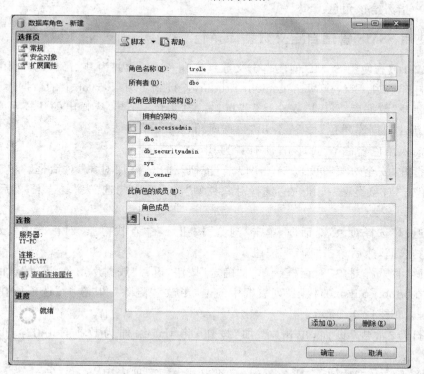

图 12-13　为角色指派数据库用户

2. 使用 T-SQL 语句管理自定义数据库角色

使用 T-SQL 语句创建用户自定义数据库角色的语法格式如下所示：

```
CREATE ROLE role_name[AUTHORIZATION owner_name]
```

说明如下。

（1）role_name：指定要创建的数据库角色的名称。

（2）AUTHORIZATION owner_name：指定新的数据库角色的所有者。

为创建的用户自定义数据库角色指派用户，也使用存储过程 sp_addrolemember，方法与之前介绍的类似。

删除数据库角色的语法格式如下所示：

```
DROP ROLE role_name
```

【例 12-17】　使用 T-SQL 语句在 stu 数据库中创建名为 trolenew 的新角色，并指定 dbo 为该角色的所有者。

在查询分析器中输入如下 T-SQL 语句并执行：

```
USE stu
CREATE ROLE trolenew
    AUTHORIZATION dbo
```

【例 12-18】　将 SQL Server 登录名创建的 stu 数据库用户 tom（假设已创建）指派给 trolenew 角色。

在查询分析器中输入如下 T-SQL 语句并执行：

```
USE stu
EXEC sp_addrolemember 'trolenew','tom'
```

【例 12-19】　删除数据库角色 test_role1。

在查询分析器中输入如下 T-SQL 语句并执行：

```
EXEC sp_droprolemember 'trole','tina'
DROP ROLE trole
```

说明：在删除 trole 之前，首先需要将该角色中的成员 tina 删除。

删除数据库角色，也可以使用 SSMS 方式。在"角色"节点中找到该角色并右击，然后选择"删除"命令。

12.3.4　应用程序角色

应用程序角色没有默认的角色成员，它是一个数据库主体，使应用程序能够用其自身的、类似用户的权限来运行。使用应用程序角色，可以只允许通过特定应用程序连接的用户访问特定数据。

与服务器角色和数据库角色不同,在 SQL Server 2012 中,应用程序角色在默认情况下不包含任何成员,并且应用程序角色必须激活之后才能发挥作用。当激活某个应用程序角色之后,连接将失去用户权限,转而获得应用程序权限。

【例 12-20】 为数据库 stu 创建应用程序角色 myrole。

(1) 打开 SQL Server Management Studio,连接到 SQL Server 上的数据库引擎。

(2) 展开"数据库"|stu|"安全性"|"角色"节点,右击"应用程序角色"选项,从弹出的快捷菜单中选择"新建应用程序角色"命令,弹出"应用程序角色-新建"对话框。

(3) 输入角色名称 myrole,默认架构为 dbo,密码和确认密码为 123456,如图 12-14 所示。

图 12-14 "应用程序角色-新建"对话框

(4) 打开"安全对象"页面。单击"搜索"按钮,弹出"添加对象"对话框。

(5) 单击"确定"按钮,弹出"选择对象"对话框。单击"对象类型"按钮,勾选"表"复选框。

(6) 单击"确定"按钮,返回"选择对象"对话框。单击"浏览"按钮,在"查找对象"对话框中勾选[dbo].[course]复选框。

(7) 单击"确定"按钮,返回"选择对象"对话框。单击"确定"按钮,返回"应用程序角色-新建"对话框。在"dbo.course 的权限"列表库中勾选"更新"选项所在行的"授予"复选框,如图 12-15 所示。

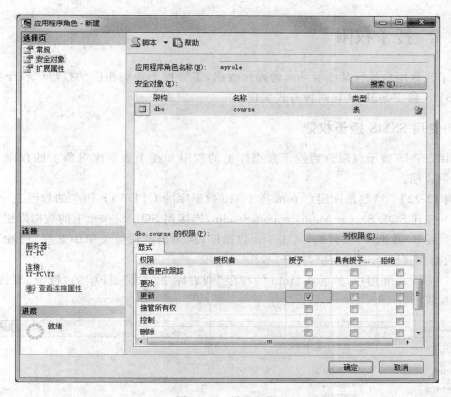

图 12-15　设置权限

（8）单击"确定"按钮，完成应用程序角色的创建。

接下来，需要激活创建的应用程序角色，语法格式如下所示：

```
sp_setapprole[@rolename = ]'role',
    [@password = ]{encrypt N'password'}
```

说明如下。

（1）［@rolename＝］'role'：指定当前数据库中定义的应用程序角色的名称。

（2）［@password＝］{encrypt N'password'}：表示激活应用程序角色所需要的密码。

【例 12-21】　使用系统存储过程，激活例 12-20 中创建的应用程序角色 myrole。

```
EXEC sp_setapprole 'myrole','123456'
```

12.4　数据库权限的管理

数据库的权限指明了用户能够获得哪些数据库对象的使用权，能够对哪些对象执行何种操作。权限对于数据库来说至关重要，是保证数据库安全的必要因素。

12.4.1　授予权限

为了允许用户执行某些活动或者操作数据，需要授予他们相应的权限。授予权限可通过 SSMS 和 T-SQL 语句两种方式实现。

1. 使用 SSMS 授予权限

使用 SSMS 授予权限分为授予数据库上的权限和授予数据库对象上的权限。下面分别举例说明。

【例 12-22】　给数据库用户 tom 授予 stu 数据库的 UPDATE 语句的权限。

（1）打开 SQL Server Management Studio，连接到 SQL Server 上的数据库引擎。

（2）展开"数据库"文件夹，右击 stu 数据库，从弹出的快捷菜单中选择"属性"命令，弹出"数据库属性-stu"对话框，打开"权限"页面。

（3）选择 tom 用户，然后在"tom 的权限"列表库中勾选"更改"的"授予"复选框，如图 12-16 所示。

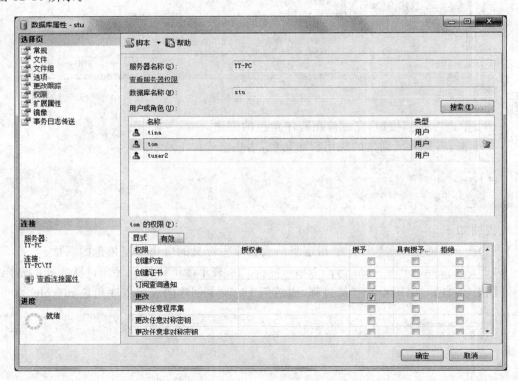

图 12-16　"数据库属性-stu"对话框

（4）单击"确定"按钮，完成权限的授予。

【例 12-23】　给数据库用户 tom 授予 course 表的 INSERT 权限。

（1）打开 SQL Server Management Studio，连接到 SQL Server 上的数据库引擎。

（2）展开"数据库"|stu|"表"|节点，右击 course，从弹出的快捷菜单中选择"属性"命令，弹出"表属性-course"对话框。打开"权限"页面。

（3）单击"搜索"按钮，弹出"选择用户或角色"对话框。单击"浏览"按钮，选择用户 tom，如图 12-17 所示。单击"确定"按钮，返回"选择用户或角色"对话框。单击"确定"按钮，返回"表属性-course"对话框。

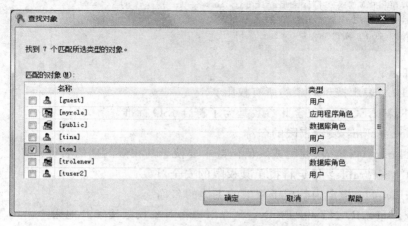

图 12-17　选择用户

（4）在"表属性-course"对话框中选择用户 tom，在"tom 的权限"列表库中勾选"插入"的"授予"复选框，如图 12-18 所示。

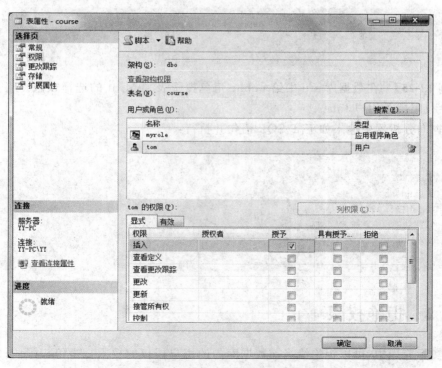

图 12-18　授予用户数据库对象上的权限

（5）单击"确定"按钮，完成权限的授予。

2. 使用 T-SQL 语句授予权限

使用 T-SQL 语句授予权限的语法格式如下所示：

```
GRANT {ALL[PRIVILEGES]}|permission[(column[,...n])][,...n]
    [ON securable] TO principal[,...n]
    [WITH GRANT OPTION][AS principal]
```

说明如下。

（1）ALL：表示授予对象的所有权限。

（2）PRIVILEGES：包含此参数是为了符合 ISO 标准。

（3）permission：表示权限的名称。

（4）column：指定表、视图或表值函数中要授予其权限的列的名称。

（5）ON securable：指定将授予其权限的安全对象。

（6）principal：指定为其授予权限的主体的名称。

（7）WITH GRANT OPTION：允许用户将对象权限授予其他用户。

（8）AS principal：指定当前数据库中执行 GRANT 语句的用户所属的角色名或组名。

【例 12-24】 给 stu 数据库上的用户 tina 和 tom 授予创建表的权限。

在查询分析器中输入如下 T-SQL 语句并执行：

```
USE stu
GRANT CREATE TABLE
    TO tina,tom
```

【例 12-25】 在数据库 stu 中给 public 角色授予表 student 的选择权限。将更新、插入、删除权限授予用户 tina。

在查询分析器中输入如下 T-SQL 语句并执行：

```
USE stu
GRANT SELECT
    ON student
    TO public
GRANT INSERT,UPDATE,DELETE
    ON student
    to tina
```

12.4.2 拒绝权限

在实际应用中，可以拒绝给当前数据库内的用户授权的权限。拒绝权限同样可以通过 SSMS 和 T-SQL 语句两种方式实现。

使用 SSMS 方式拒绝权限,如图 12-18 所示,在相应的"拒绝"复选框中选择即可。
使用 T-SQL 语句拒绝权限的语法格式如下所示:

```
DENY {ALL[PRIVILEGES]}
    |permission[(column[,...n])][,...n]
    [ON securable] TO principal[,...n]
    [CASCADE][AS principal]
```

其中,CASCADE 表示拒绝授予指定用户或角色该权限,同时对该用户或角色授予该权限的所有其他用户和角色也拒绝授予该权限。

【例 12-26】 对 tom 用户不允许使用 CREATE TABLE 语句。
在查询分析器中输入如下 T-SQL 语句并执行:

```
USE stu
DENY CREATE TABLE
    TO tom
```

【例 12-27】 拒绝用户 tina 对表 student 的一些权限。
在查询分析器中输入如下 T-SQL 语句并执行:

```
USE stu
DENY INSERT,UPDATE,DELETE
    ON student
    TO tina
```

12.4.3 撤销权限

通过撤销某种权限,可以停止以前授予或拒绝的权限。撤销权限也可以通过 SSMS 和 T-SQL 语句两种方式实现。SSMS 方式与拒绝权限类似,下面只介绍 T-SQL 语句的方式。

语法格式如下所示:

```
REVOKE [GRANT OPTION FOR]
    {[ALL[PRIVILEGES]]}
     |permission[(column[,...n])][,...n]
    }
    [ON securable]
    {TO|FROM}principal[,...n]
    [CASCADE][AS principal]
```

【例 12-28】 取消已授权用户 susan 的 CREATE TABLE 权限。
在查询分析器中输入如下 T-SQL 语句并执行:

```
USE stu
REVOKE CREATE TABLE
    FROM tina
```

【例 12-29】 取消以前对 tina 授予或拒绝的在 student 表上的 INSERT 权限。
在查询分析器中输入如下 T-SQL 语句并执行：

```
USE stu
REVOKE INSERT
    ON student
    FROM tina
```

12.5 架 构 管 理

架构是对象的容器，是一个独立于数据库用户的非重复命名空间。一个架构只能有一个所有者，所有者可以是用户、数据库角色等。架构用于简化管理和创建可以共同管理的对象子集。

12.5.1 创建架构

创建架构可以通过 SSMS 和 T-SQL 语句实现，但必须具有 CREATE SCHEMA 权限。

1. 使用 SSMS 创建架构

【例 12-30】 使用 SSMS 创建一个新的架构。

（1）打开 SQL Server Management Studio，连接到 SQL Server 上的数据库引擎。

（2）展开"数据库"|stu|"安全性"节点，右击"架构"节点，从弹出的快捷菜单中选择"新建架构"命令，弹出"架构-新建"对话框。输入"架构名称"tschema，指定"架构所有者"为 dbo，如图 12-19 所示。

（3）完成设置后，单击"确定"按钮，创建架构。

2. 使用 T-SQL 语句创建架构

语法格式如下所示：

```
CREATE SCHEMA schema_name_clause [ < schema_element > [ ,...n ] ]
```

其中，

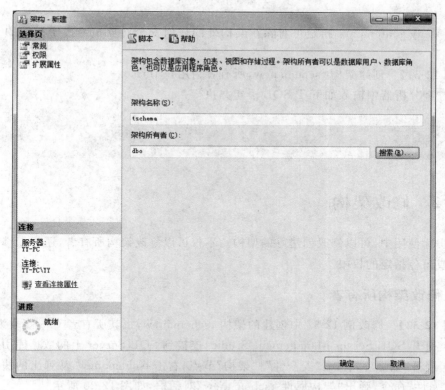

图 12-19　"架构-新建"对话框

```
< schema_name_clause > : : =
    {
        schema_name
    | AUTHORIZATION owner_name
    | schema_name AUTHORIZATION owner_name
    }
< schema_element > : : =
    {
        table_definition | view_definition | grant_statement |
        revoke_statement | deny_statement
    }
```

说明如下。

（1）schema_name：在数据库内标识架构的名称。

（2）AUTHORIZATION owner_name：指定将拥有架构的数据库级主体的名称。

（3）table_definition：指定在架构内创建表的 CREATE TABLE 语句。

（4）view_definition：指定在架构内创建视图的 CREATE VIEW 语句。

（5）grant_statement：指定可对除新架构外的任何安全对象授予权限的 GRANT
语句。

（6）revoke_statement：指定可对除新架构外的任何安全对象撤销权限的 REVOKE

299

语句。

（7）deny_statement：指定可对除新架构外的任何安全对象拒绝授予权限的 DENY
语句。

【例 12-31】　创建架构 tschemanew，所有者为用户 tina。

在查询分析器中输入如下 T-SQL 语句并执行：

```
CREATE SCHEMA tschemanew
    AUTHORIZATION tina
```

12.5.2　修改架构

在实际使用中，可以修改创建好的架构。不仅可以修改架构所有者，还可以修改架构
中用户或角色指定的权限。

1. 修改架构所有者

【例 12-32】　修改例 12-31 中创建的架构 tschemanew，将其所有者 tina 修改为 tom。

（1）打开 SQL Server Management Studio，连接到 SQL Server 上的数据库引擎。

（2）展开"数据库"|stu|"安全性"|"架构"节点，右击 tschemanew，从弹出的快捷菜单
中选择"属性"命令，弹出"架构属性-tschemanew"对话框，如图 12-20 所示。

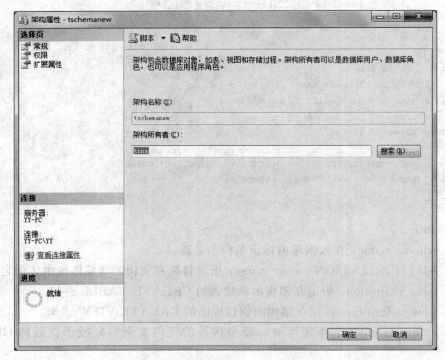

图 12-20　"架构属性-tschemanew"对话框

（3）单击"搜索"按钮，弹出"搜索角色和用户"对话框。单击"浏览"按钮，在"查找对象"对话库中选择用户 tom，如图 12-21 所示。

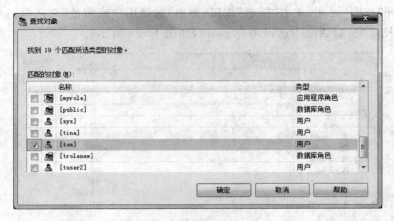

图 12-21　选择新用户

（4）单击"确定"按钮，返回"搜索角色和用户"对话框。单击"确定"按钮，返回"架构属性-tschemanew"对话框，如图 12-22 所示。单击"确定"按钮，完成对架构所有者的修改。

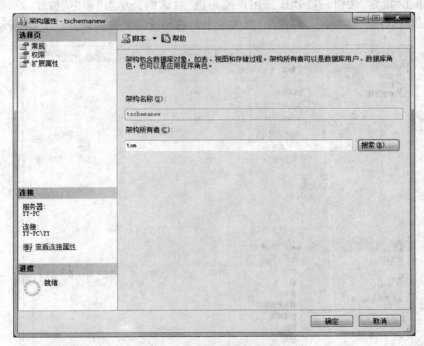

图 12-22　修改架构所有者

2. 修改权限

【例 12-33】　修改例 12-30 中创建的架构 tschema 的权限。

（1）打开 SQL Server Management Studio，连接到 SQL Server 上的数据库引擎。

（2）展开"数据库"|stu|"安全性"|"架构"节点，右击 tschema，从弹出的快捷菜单中选择"属性"命令，弹出"架构属性-tschema"对话框。

（3）打开"权限"页面，单击"搜索"按钮，弹出"选择用户或角色"对话框。单击"浏览"按钮，在"查找对象"对话框中选择用户 guest，如图 12-23 所示。

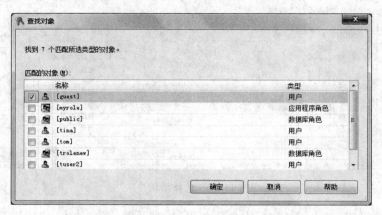

图 12-23　选择用户

（4）单击"确定"按钮，返回"选择用户或角色"对话框。单击"确定"按钮，返回"架构属性-tschema"对话框。在"guest 的权限"列表库中勾选相应的复选框，如图 12-24 所示。

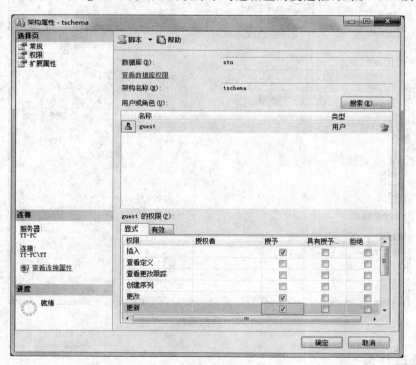

图 12-24　修改权限

（5）设置完成后，单击"确定"按钮，修改权限。

12.5.3　删除架构

删除架构可以通过 SSMS 和 T-SQL 语句两种方式完成。

1. 使用 SSMS 删除架构

【例 12-34】　使用 SSMS 删除 tschema 架构。

（1）打开 SQL Server Management Studio，连接到 SQL Server 上的数据库引擎。

（2）展开"数据库"|stu|"安全性"|"架构"节点，右击 tschema，从弹出的快捷菜单中选择"删除"命令，弹出"删除对象"对话框，如图 12-25 所示。

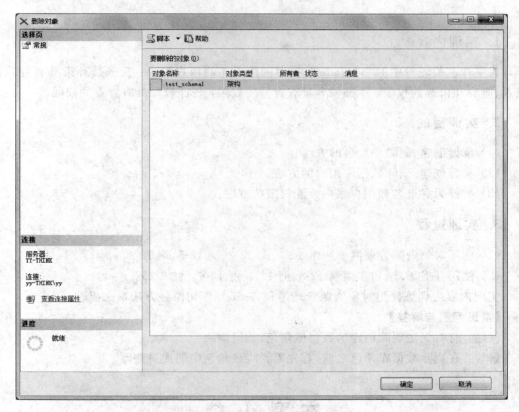

图 12-25　"删除对象"对话框

（3）单击"确定"按钮，完成删除架构的操作。

2. 使用 T-SQL 语句删除架构

语法格式如下所示：

```
DROP SCHEMA schema_name
```

【例 12-35】 使用 T-SQL 语句删除架构 tschemanew。

在查询分析器中输入如下 T-SQL 语句并执行：

```
USE stu
DROP SCHEMA tschemanew
```

说明：删除架构，首先必须在架构上拥有 CONTROL 权限，并且保证架构中没有对象，否则操作将失败。

实训： 数据库的安全机制

1. 实训内容

为工作实战场景中的 stugrade 数据库创建不同的用户账户：教务员孙康具有查看、录入、删除和修改的权限；系部领导具有查看的权限；任课教师具有查看的权限。

2. 实训目的

（1）掌握创建、删除登录名的方法。
（2）掌握创建、删除数据库用户的方法。
（3）掌握为登录名和用户账户分配权限的方法。

3. 实训过程

（1）使用对象资源管理器参照例 12-1、例 12-2、例 12-5、例 12-22、例 12-23。
（2）使用 T-SQL 语句参照例 12-3、例 12-4、例 12-6、例 12-25。
实训内容应训练使用对象资源管理器和 T-SQL 语句两种方法来完成。

【常见问题与解答】
问题：有时无法删除创建的数据库角色，如何解决？
解答：在删除数据库角色之前，首先需要将该角色中的成员删除。

本 章 小 结

本章介绍了 SQL Server 的安全性机制，管理登录名和用户的方法，角色的概念和角色管理，以及数据库权限和架构的管理。

SQL Server 2012 采用分级的安全机制，从上到下等级递增，分为五个等级：客户机安全机制、网络传输的安全机制、实例级别安全机制、数据库级别安全机制和对象级别安全机制。

角色是 SQL Server 用来集中管理数据库或服务器的权限。

　　数据库的权限指明了用户能够获得哪些数据库对象的使用权,能够对哪些对象执行何种操作。

　　架构是对象的容器,是一个独立于数据库用户的非重复命名空间。一个架构只能有一个所有者。所有者可以是用户、数据库角色等。

习　　题

一、简答题

(1) 固定服务器角色分为哪几类? 每一类的权限是什么?

(2) 固定数据库角色分为哪几类? 每一类的权限是什么?

(3) 什么是权限?

(4) 什么是架构?

二、上机实践

1. 实践目的

(1) 掌握创建登录名和用户的方法。

(2) 掌握角色管理的方法。

(3) 掌握权限管理和架构管理的方法。

2. 实践内容

(1) 创建一个 SQL Server 登录名 testlogin,密码为 123456,再为其创建一个数据库用户 manager。

(2) 将 stu 数据库 student 表和 grade 表的 SELECT、INSERT、UPDATE 和 DELETE 对象权限授予数据库用户 manager。

(3) 使用 testlogin 登录至 SQL Server,测试权限。

(4) 使用系统管理员登录至 SQL Server,创建架构 testschema,并设置架构的所有者为 dbo。

(5) 修改架构 testschema 的所有者为 susan,并修改其权限。

(6) 删除架构 testschema。

(7) 将第(1)～第(4)题和第(6)题使用 SSMS 和 T-SQL 语句两种方式实现。

参 考 文 献

[1] 郑阿奇.SQL Server 实用教程[M].3 版.北京：电子工业出版社,2009.

[2] 詹英,林苏映.数据库技术与应用——SQL Server 2012 教程[M].2 版.北京：清华大学出版社,2014.

[3] 刘勇军,张丽,蒋文君.SQL Server 2012 数据库应用教程[M].北京：电子工业出版社,2016.

[4] 郭鲜凤,郭翠英.SQL Server 数据库应用开发技术[M].北京：北京大学出版社,2009.

[5] 唐好魁.数据库技术及应用[M].3 版.北京：电子工业出版社,2015.

[6] 杨莉,杨明,等.数据库系统应用[M].北京：清华大学出版社,2015.

[7] 孔丽红,等.数据库原理[M].北京：清华大学出版社,2015.

[8] 王爱赪,王耀,等.SQL Server 2012 实例教程[M].北京：清华大学出版社,2015.